建筑工程专业
新形态丛书

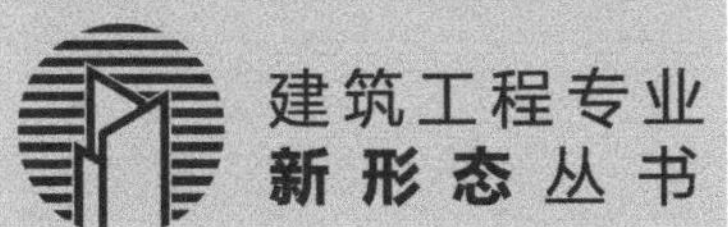

建筑材料

吴庆令　黄泓萍　主编
刘　欣　纪晓佳　徐锦楠　副主编

化学工业出版社
·北京·

内容简介

本书主要介绍了建筑材料的基本性质、气硬性胶凝材料、水泥、混凝土、建筑砂浆、墙体材料、建筑钢材、防水材料、建筑塑料与胶黏剂、绝热材料与吸声材料、建筑装饰材料、常用建筑材料性能试验等内容。

本书以性能和应用为主线，注重理论与实际应用相结合，突出实用性。本书可作为高等职业院校土木建筑类专业和其他相关专业的教学用书，也可作为电大、函大、中等职业学校及本专业相关培训的教学用书，还可供有关技术人员参考使用。

图书在版编目（CIP）数据

建筑材料/吴庆令，黄泓萍主编．—北京：化学工业出版社，2022.1（2023.4重印）

（建筑工程专业新形态丛书）

ISBN 978-7-122-40327-8

Ⅰ.①建… Ⅱ.①吴… ②黄… Ⅲ.①建筑材料-高等职业教育-教材 Ⅳ.①TU5

中国版本图书馆CIP数据核字（2021）第239782号

责任编辑：徐　娟　　　　加工编辑：冯国庆
责任校对：田睿涵　　　　装帧设计：王晓宇

出版发行：化学工业出版社（北京市东城区青年湖南街13号　邮政编码100011）
印　　装：涿州市般润文化传播有限公司
787mm×1092mm　1/16　印张16　字数430千字　　2023年4月北京第1版第2次印刷

购书咨询：010-64518888　　　　售后服务：010-64518899
网　　址：http://www.cip.com.cn
凡购买本书，如有缺损质量问题，本社销售中心负责调换。

定　　价：68.00元

丛书编委会名单

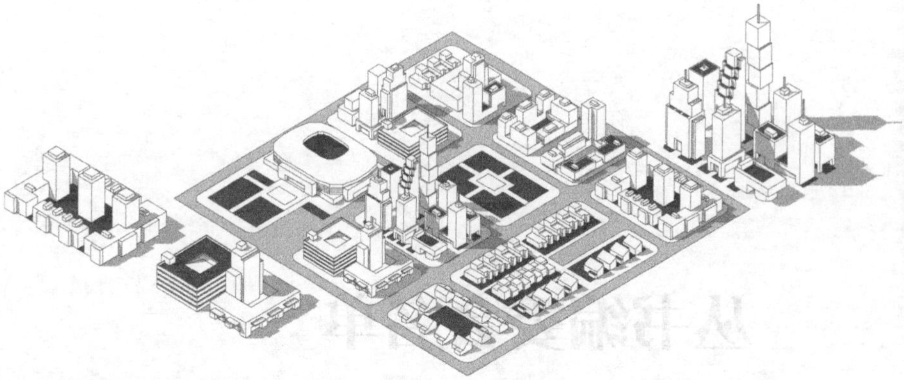

序

百年大计，教育为本；教育大计，教材为基。教材是教学活动的核心载体，教材建设是直接关系到“培养什么人”“怎样培养人”“为谁培养人”的铸魂工程。建筑工程专业新形态丛书紧跟建筑产业升级、技术进步和学科发展变化的要求，以立德树人为根本任务，以工作过程为导向，以企业真实项目为载体，以培养建设工程生产、建设、管理和服务一线所需要的高素质技术技能人才为目标。依托国家教学资源库、MOOC 等在线开放课程、虚拟仿真资源等数字化教学资源同步开发和建设，数字资源包括教学案例、教学视频、动画、试题库、虚拟仿真系统等。

建筑工程专业新形态丛书共 8 册，分别为《建筑施工组织与项目管理》(主编刘跃伟)、《建筑制图与 CAD》(主编卢明真、彭雯霏)、《Revit 建筑建模基础与实战》(主编赵志)、《建设工程资料管理》(主编李建华)、《建筑材料》(主编吴庆令、黄泓萍)、《结构施工图识读与实战》(主编陶莉)、《平法钢筋算量(基于 16G 平法图集)》(主编臧朋)、《安装工程计量与计价》(主编刘晓霞、方力炜)。本丛书的编写具备以下特色。

1. 坚持以习近平新时代中国特色社会主义思想为指导，牢记“三个地”的政治使命和责任担当，对标建设“重要窗口”的新目标新定位，按照“把牢方向、服务大局，整体设计、突出重点，立足当下、着眼未来”的原则整体规划，切实发挥教材铸魂育人的功能。

2. 对接国家职业标准，反映我国建筑产业升级、技术进步和学科发展变化要求，以提高综合职业能力为目标，以就业为导向，理论知识以“必需”和“够用”为原则，注重职业岗位能力和职业素养的培养。

3. 融入“互联网 +”思维，将纸质资源与数字资源有机结合，通过扫描二维码，为读者提供文字、图片、音频、视频等丰富学习资源，既方便读者随时随地学习，也确保教学资源的动态更新。

4. 校企合作共同开发。本丛书由企业工程技术人员、学校一线教师共同完成，教师到一线收集企业鲜活的案例资料，并与企业技术专家进行深入探讨，确保教材的实用性、先进性并能反映生产过程的实际技术水平。

为确保本丛书顺利出版，我们在一年前就积极主动联系了化学工业出版社，我们学术团队多次特别邀请了出版社的编辑线上指导本丛书的编写事宜，并最终敲定了部分图书选择活页式形式，部分图书选择四色印刷。在此特别感谢化学工业出版社给予我们团队的大力支持与帮助。

我作为本丛书的丛书主编深知责任重大，所以我直接参与了每一本书的编撰工作，认真地进行了校稿工作。在编写过程中以丛书主编的身份多次召集所有编者召开专业撰写书稿推进会，包括体例设计、章节安排、资源建设、思政融入等多方面工作。另外，卢声亮博士作为本系列丛书的主审，也对每本书的目录、内容进行了审核。

虽然在编写中所有编者都非常认真地多次修正书稿，但书中难免还存在一些不足之处，恳请广大的读者提出宝贵的意见，便于我们再版时进一步改进。

温州职业技术学院教授　卓菁

2021 年 5 月 31 日　于温州职业技术学院

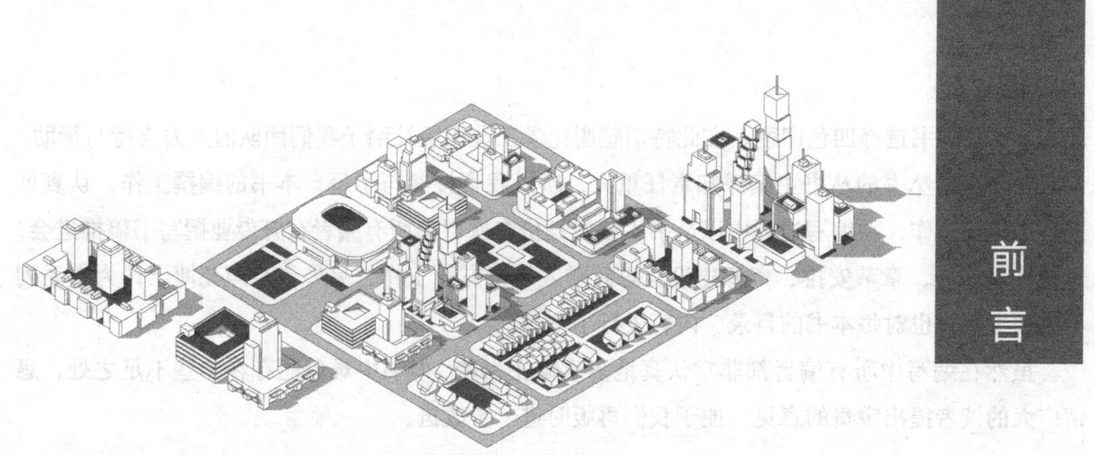

前言

建筑材料是人类建造活动所用一切材料的总称，和人们的生产生活息息相关，了解常用建筑材料的生产工艺，熟悉建筑材料的性质与应用，是进行建筑设计、材料研发和工程管理的前提条件。建筑材料作为建筑类专业的技术基础课，主要介绍建筑材料的组成与构造、性质与应用、技术标准、检验方法及保管等知识。

本书根据高等职业技术教育培养目标和培养要求，针对高职高专建筑工程技术、工程造价、工程管理等相关专业的课程标准进行编写。全书在编写内容安排上以适应实际需要为宗旨，以理论知识适度、培养技术应用和实际动手能力为目标，力求内容实用、突出重点，注重理论与实践结合。

本书主要阐述了建筑材料的基本性质、气硬性胶凝材料、水泥、混凝土、建筑砂浆、墙体材料、建筑钢材、防水材料、建筑塑料与胶黏剂、绝热材料与吸声材料、建筑装饰材料、常用建筑材料性能试验等内容。在教学设计和内容组织上，本书具有以下特点：校企双元育人，注重实践操作；以应用为主线，优化知识体系；图文并茂，易于理解；课后习题，巩固成果；有机融入课程思政素材；提供数字化资源。

本书为温州职业技术学院课程思政优秀教材，由温州职业技术学院吴庆令、绍兴职业技术学院黄泓萍担任主编，山东城市建设职业学院刘欣、浙江安防职业技术学院纪晓佳、温州职业技术学院徐锦楠担任副主编，参加编写的还有南京工业职业技术大学马好霞，浙江建设职业技术学院胡月莲，温州职业技术学院赵志、游家豪、倪定宇、虞甜甜等。另外，非常感谢温州职业技术学院卓菁、刘跃伟的认真审核，感谢温州泓森建筑科技有限公司、中国电建华东勘测设计研究院有限公司等单位的大力支持。

在编写本书的过程中，我们参考了大量的资料和教材，在此对这些资料的作者表示衷心的感谢。由于编写人员水平有限，书中不尽如人意之处在所难免，希望广大读者批评指正。

编者

2021 年 10 月

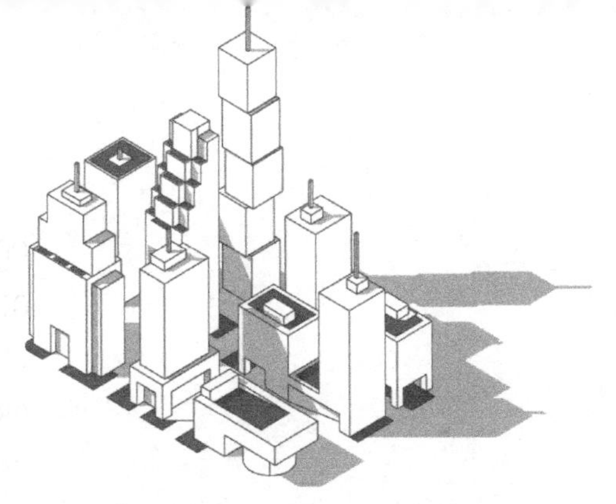

目录
CONTENTS

二维码清单

绪　论

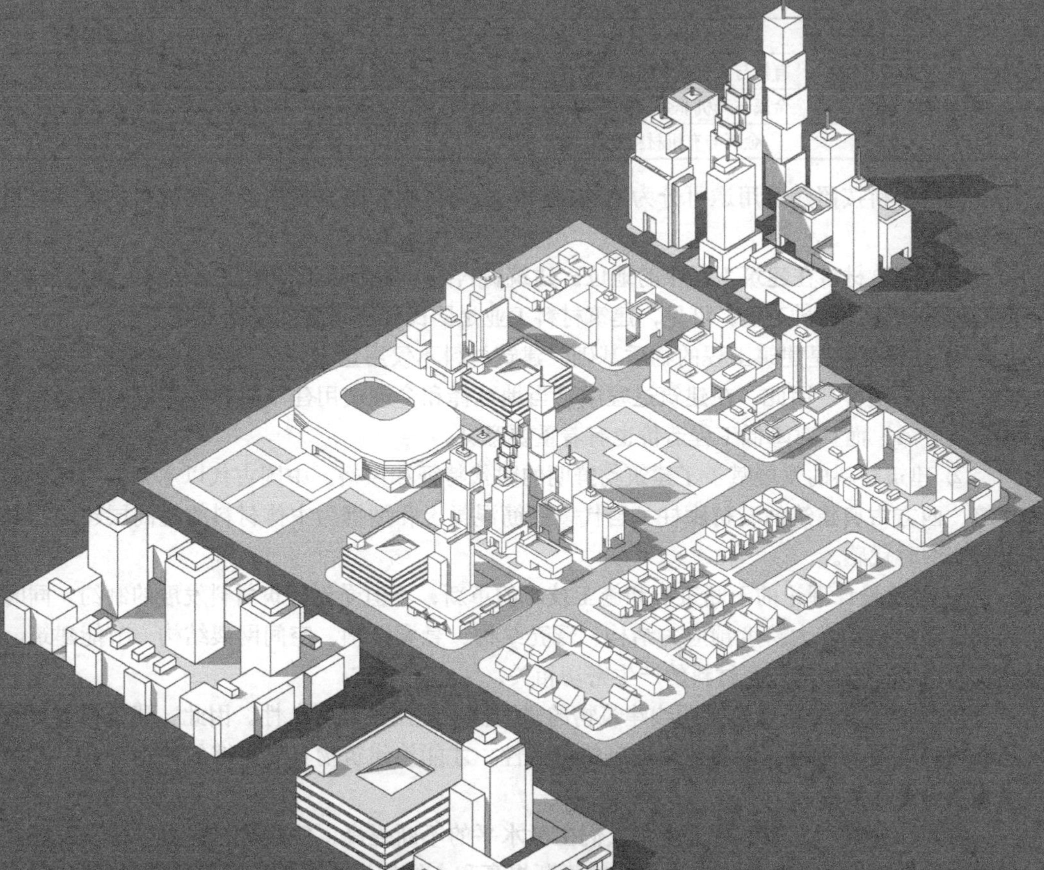

（1）建筑材料的定义。建筑材料是用于建筑物或构筑物的所有材料的总称，有广义和狭义之分。广义的建筑材料是指用于建筑工程中的所有材料，包括三部分：一是构成建筑物、构筑物的材料，如石灰、水泥、混凝土、钢材、防水材料等；二是施工过程中所需要的辅助材料，如脚手架、模板等；三是各种建筑器材，如消防设备、给排水设备等。狭义的建筑材料是指直接构成建筑工程实体的材料。本书所讨论的建筑材料，是指用于建筑物地基、基础、地面、墙体、梁、板、柱、屋顶和建筑装饰的建造材料。

（2）建筑材料的分类。建筑材料按照化学成分可分为无机材料、有机材料和复合材料三大类，如表 0-1 所示。

表 0-1　建筑材料按化学成分分类

分类	举　例		
无机材料	金属材料	黑色金属	钢、铁及其合金、合金钢、不锈钢等
		有色金属	铝、铜、铝合金等
	非金属材料	天然石材	砂、石及石材制品等
		烧土制品	黏土砖、瓦、陶瓷制品等
		胶凝材料及制品	石灰、石膏及制品、水泥及混凝土制品等
		玻璃制品	普遍平板玻璃、特种玻璃等
		无机纤维材料	玻璃纤维、矿物棉等
有机材料	植物材料		木材、竹材、植物纤维及制品等
	沥青材料		煤沥青、石油沥青及其制品等
	合成高分子材料		塑料、涂料、胶黏剂、合成橡胶等
复合材料	有机与无机非金属材料复合		聚合物混凝土、玻璃纤维增强塑料等
	金属与无机非金属材料复合		钢筋混凝土、无机纤维混凝土等
	金属与有机材料复合		PVC（聚氯乙烯）钢板、有机涂层铝合金板等

建筑材料按照建筑用途可分为结构材料、墙体材料、防水材料、绝热材料、吸声材料、装饰材料。

（3）建筑材料在建筑工程中的地位。建筑材料是一切建筑工程的物质基础。要发展建筑业，就必须发展建筑材料工业。可见，建筑材料工业是国民经济重要的基础工业之一。

① 建筑材料是建筑工程的物质基础。建筑材料不仅用量大，而且有很强的经济性，直接影响工程的总造价。因此，在建筑过程中恰当地选择和合理使用建筑材料，不仅能提高建筑物质量及其寿命，而且对降低工程造价也有着重要意义。

② 建筑材料的发展赋予了建筑物鲜明的时代特征和风格。中国古代以木架构为代表的宫廷建筑、西方古典建筑的石材廊柱、当代以钢筋混凝土和型钢为主体材料的超高层建筑，都体现了鲜明的时代感。

③ 建筑设计理论的不断进步和施工技术的革新，不但受到建筑材料发展的制约，同时亦受到其发展的推动。大跨度预应力结构、薄壳结构、悬索结构、空间网架结构、节能建筑、绿色建筑的出现，无疑都与新材料的产生密切相关。

④ 建筑材料的质量直接影响建筑物的坚固性、适用性及耐久性。因此，建筑材料只有具有足够的强度及与使用环境条件相适应的耐久性，才能使建筑物具有足够的使用寿命，并最大限度地减少维修费用。

人类社会生产力的不断进步和人们生活水平的不断提高，使建筑材料得以持续发展。而现代科学技术的发展，又为生产力水平的不断提高和人们生活水平的不断改善提供了坚实的基础，它要求建筑材料的品种更加丰富、性能更加完备，不仅要求其经久耐用，而且要求建筑材料具有轻质、高强美观、保温、吸声、防水、防震、防火、节能等功能。

（4）建筑材料的发展历史、发展趋势

① 原始时代。在原始时代，人们为了抵御雨雪风寒和防止野兽的侵袭，采用天然材料加工居住所处，如木材、岩石、竹、黏土等天然材料。

② 石器、铁器时代。在这个时代，人们开始利用简单的工具砍伐树木和苇草，搭建房屋，开凿石材建造房屋，建造出舒适性较好的建筑物。这个阶段典型的世界级建筑如金字塔（公元前 2000 ～ 3000 年）、万里长城（公元前 200 年）、布达拉宫（公元 700 年）、罗马剧场（公元 70 ～ 80 年）等，它们大多采用石材、石灰砂浆石材、砖等建筑材料。

③ 钢筋混凝土阶段。1824 年英国利兹城的泥水匠约瑟夫·阿斯普丁（J. Aspdin）发现了波特兰水泥（Portland Cement），从此建筑材料进入了一个新的发展阶段。进入 19 世纪，钢筋混凝土大量应用于大跨度厂房、高层建筑和桥梁等土木工程建设中，给人类的工业文明注入了强心剂。随着建筑工程的要求越来越高，预应力混凝土、高分子材料也广泛应用于建筑工程中。进入 21 世纪，为了适应经济建设和社会发展的需求，人们开始追求轻质、高强、节能及高性能绿色建材。

（5）建筑材料的技术标准。产品标准化是现代社会化大生产的产物，是组织现代化大生产的重要方式，也是科学管理的重要组成部分。目前我国针对绝大部分建筑材料均制定了技术标准，生产单位按标准生产合格的产品，使用部门根据使用要求，参照标准量材选用即可。

常见的标准，按等级高低依次为国家标准（GB）、行业标准、地方标准（DB）、企业标准（QB）。其中，行业标准是指对没有国家标准而又需要在全国某个行业范围内统一的技术要求。行业不同，其行业标准代号不同，如“JC”表示建材行业，“YJ”表示冶金行业，“SH”表示石化行业等。

国家标准分为强制性标准和推荐性标准两类，如“GB”为强制性国家标准代号，“GB/T”为推荐性国家标准代号。

根据技术标准的发布单位与适用范围不同，建筑材料技术标准可分为国家标准、行业标准和企业及地方标准三级。各种技术标准都有自己的代号、编号和名称。标准代号反映该标准的等级、含义或发布单位，用汉语拼音字母表示。我国现行建材标准代号见表 0-2。

表 0-2 我国现行建材标准代号

所属行业	标准代号	所属行业	标准代号
国家标准化管理委员会	GB	交通运输部	JT
中国建筑材料联合会	JC	中国石油和化学工业联合会	SY
住房和城乡建设部	JG	中国石油和化学工业联合会	HG
中国钢铁工业协会	YB	生态环境部	HJ

（6）本书的学习任务和目的。建筑材料是建筑工程技术、建筑工程管理、房地产经营与管理、工程造价等土建类专业的一门专业基础课，涉及工程中常用的建筑材料，内容多而杂。

通过本书的学习应达到两个目的：一是为其他专业课提供建筑材料的基础知识；二是为将来从事技术工作打下基础。通过本书的学习，要掌握建筑材料的性能及应用的基本理论知识，了解建筑材料有关技术标准，掌握常用建筑材料检测的基本技能。所以，正确地选择建筑材料、合理地使用建筑材料、准确地鉴定建筑材料、科学地开发建筑材料是本书的学习任务。

建筑材料的基本性质

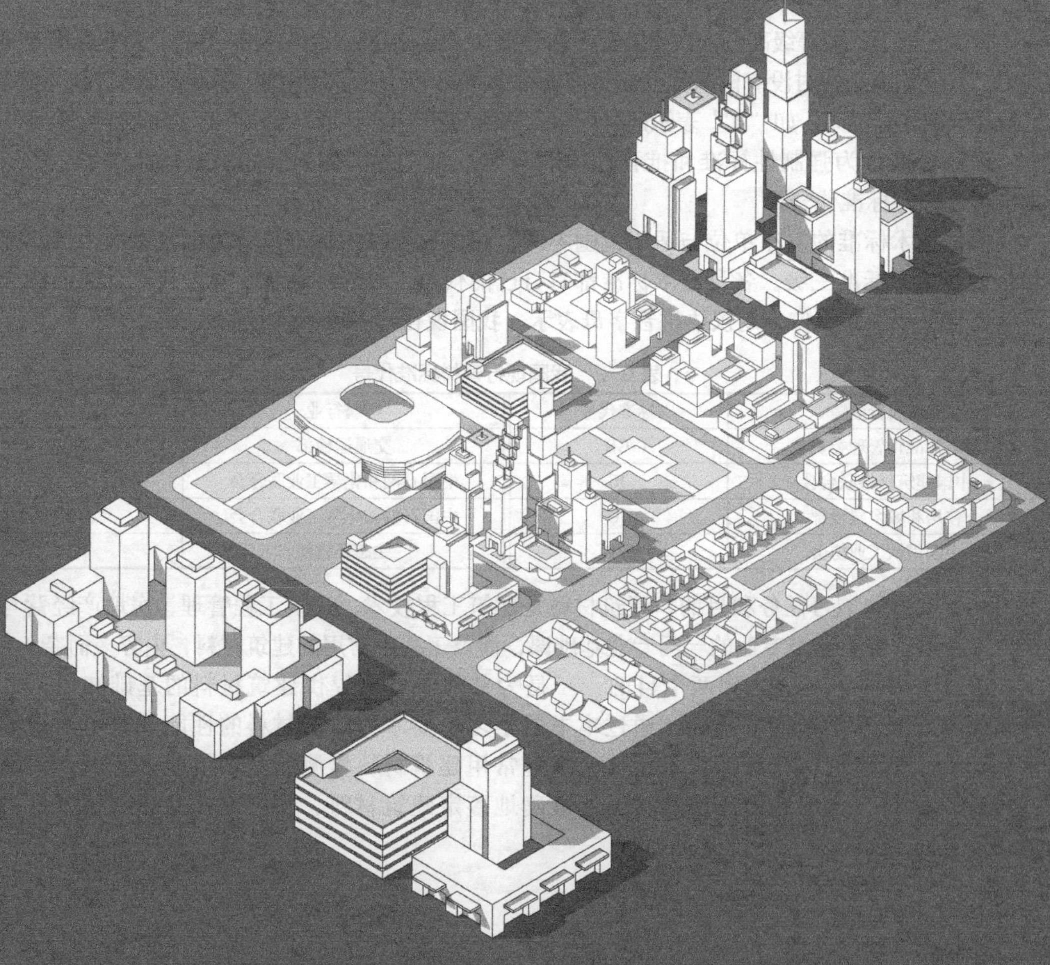

任务1.1

材料与质量有关的性质

建议课时： 2学时

教学目标

知识目标：掌握材料与质量的性质；
知道密实度与孔隙率、填充率与空隙率的作用。

技能目标：能够掌握建筑材料物理性质的能力；
能够正确进行物理性质指标的计算。

思政目标：培养理论与实践相结合的能力；
形成严谨认真、求真务实的科学态度；
激发学习热情。

1.1.1　密度、表观密度与堆积密度

三大密度

由于材料在自然界中所处的环境和状态不同，它们的内部结构、空隙和空隙特征的分布情况也不同，从而导致材料单位体积的质量在不同环境和状态下存在一些差别，这些差别分别表现为密度、表观密度和堆积密度，它们对材料的有关性质及其工程应用有着重要影响。

1.1.1.1　密度

密度是指材料在绝对密实状态下单位体积的质量，其计算公式为

$$\rho = \frac{m}{V} \tag{1-1}$$

式中　ρ——材料的密度，g/cm³或kg/m³；

m——材料在干燥状态下的质量，g或kg；

V——干燥材料在绝密状态下的体积，cm³ 或 m³，简称绝对密实体积或实体积。

绝对密实是指不含任何孔隙，因此，绝对密实状态下的体积也称密实体积或实体积，而密度也称为实际密度。

材料密度的大小取决于组成该物质的原子量和分子结构，原子量越大，分子结构越紧密，材料的密度就越大。

建筑材料中，除钢材、玻璃等少数材料外，绝大多数材料内部都有一些孔隙。在自然状态下含孔隙材料的体积 V_0 是由固体物质的体积 V（即绝对密实状态下材料的体积）和孔隙体积 $V_孔$ 两部分组成的，如图 1-1 所示。

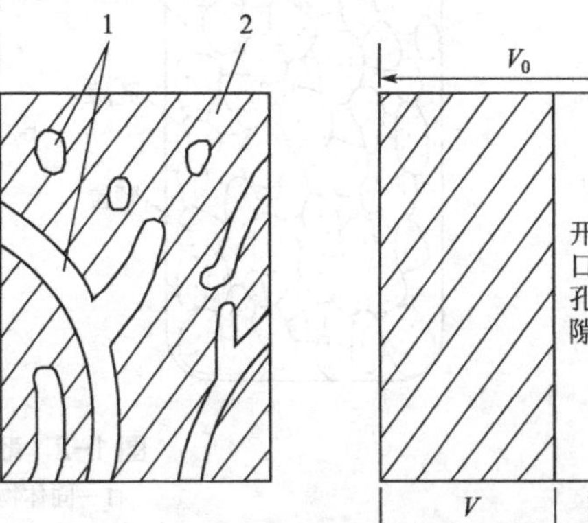

图 1-1　材料组成示意
1—孔隙；2—固体物质

实际中，对于绝对密实材料，其绝对密实体积可以直接通过测量得出。对于大多数有孔隙的材料如砖、石材等，应将材料磨成细粉，干燥后用李氏

瓶测定其绝对密实体积。材料磨得越细，测定的密度值越精确。

利用材料的密度可以初步了解材料的品质，并可用它进行材料的孔隙率计算和混凝土配合比计算。

1.1.1.2 表观密度

表观密度是指材料在自然状态下单位体积的质量，其计算公式为

$$\rho_0=\frac{m}{V_0} \tag{1-2}$$

式中 ρ_0——材料的表观密度，g/cm^3或kg/m^3；

m——材料的质量，g或kg；

V_0——材料在自然状态下的体积，cm^3 或 m^3，简称自然体积或表观体积，包括固体材料本身的体积和材料所含孔隙的体积，即 $V_0=V+V_{孔}$。

自然体积包括实体积、闭口孔隙体积和开口孔隙体积。对于形状规则的材料，只要测得材料的质量和体积，即可算得表观密度；对于形状不规则的材料，可采用排水法测定其表观体积，其中，对于吸水材料，测定时应在表面涂蜡，以防水渗入材料内部而影响测定值。

材料含水时，自然状态下的质量和体积都会发生变化，因此，含水率不同的同种材料，其表观密度也不同。测定材料表观密度时，需注明含水情况，未注明者，通常指的是在空气中测量的干燥状态下的表观密度。

工程上可以利用表观密度推算材料用量，计算构件自重，确定材料的堆放空间。

1.1.1.3 堆积密度

堆积密度是指散粒材料如水泥、砂石等在堆积状态下单位体积的质量，其计算公式为

$$\rho_0'=\frac{m}{V_0'} \tag{1-3}$$

式中 ρ_0'——材料的堆积密度，g/cm^3或kg/m^3；

m——材料的质量，g或kg；

V_0'——材料的自然堆积体积，cm^3 或 m^3，包括颗粒体积和颗粒间空隙的体积（图 1-2）。

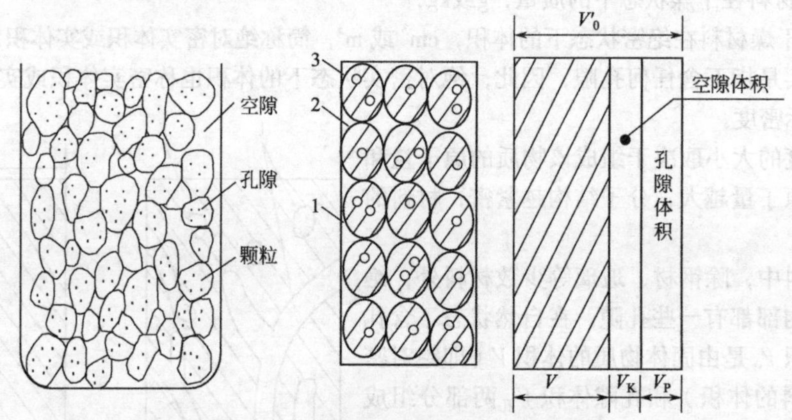

图 1-2 散粒材料堆积及体积示意

1—固体物质；2—空隙；3；—孔隙

测定散粒状材料的堆积密度时，材料的质量是指填充在一定容积的容器内的材料质量，其堆积体积是指所用容器的容积。

材料的堆积密度取决于材料的表观密度，以及测定材料的装运方式和疏密程度。松堆积方式的堆积密度测定值要明显小于紧堆积时的测定值。工程中通常采用松散堆积密度来确定颗粒状材料的堆放空间。

【例 1-1】烧结普通砖的尺寸为 240mm×115mm×53mm，已知其孔隙率为 37%，干燥质量为 2487g，浸水饱和后质量为 2984g。试求该砖的密度、干表观密度。

解：

（1）密度

$$\rho = \frac{m}{V} = \frac{2487}{24 \times 11.5 \times 5.3 \times (1-37\%)} = 2.7(\mathrm{g/cm^3})$$

（2）干表观密度

$$\rho_0 = \frac{m}{V_0} = \frac{2487}{24 \times 11.5 \times 5.3} = 1.7(\mathrm{g/cm^3})$$

1.1.2 密实度与孔隙率

密实度与孔隙率

1.1.2.1 密实度

密实度是指材料自然体积内被固体物质所填充的程度，即材料的密实体积与材料的自然体积之比，用 D 表示，其计算公式为

$$D = \frac{V}{V_0} \times 100\% = \frac{\rho_0}{\rho} \times 100\% \tag{1-4}$$

绝对密实材料的密实度为 1，除绝对密实材料之外的材料密实度都小于 1。材料的表观密度与密度越接近，则密实度越大，材料越密实。

1.1.2.2 孔隙率

孔隙率是指材料中的孔隙体积与材料的自然体积之比（%），用 P 表示，其计算公式为

$$P = \frac{V_0 - V}{V_0} \times 100\% = (1 - \frac{V}{V_0}) \times 100\% = (1 - \frac{\rho_0}{\rho}) \times 100\% \tag{1-5}$$

密实度 D 和孔隙率 P 是从不同角度反映材料的致密程度，它们的大小取决于材料的组成、结构以及制造工艺，工程上一般常用孔隙率表示材料的致密程度。密实度与孔隙率的关系为：$P + D = 1$。

材料的许多工程性质，如强度、吸水性、抗渗性、抗冻性、导热性、吸声性等都与材料的孔隙有关。这些性质不仅取决于孔隙率的大小，还与孔隙的形状、分布、是否连通等构造特征密切相关。材料内部开口孔隙增多会使材料的吸水性、吸湿性、透水性、吸声性提高，但是抗冻性和抗渗性变差。而内部闭口孔隙增多则会提高材料的保温性能、隔热性能和耐久性。

由上可见，材料的密度、表观密度、孔隙率等是认识材料、了解材料性质与应用的重要指标，常称为材料的基本物理性质。建筑工程中，常用建筑材料的一些基本物理参数如表 1-1 所示。

表 1-1 常用建筑材料的一些基本物理参数

材料	密度 / (g/cm³)	表观密度 / (kg/m³)	堆积密度 / (kg/m³)	孔隙率 /%
石灰岩	2.60	1800 ～ 2600	—	—
花岗岩	2.60 ～ 2.90	2500 ～ 2800	—	0.5 ～ 3.0
碎石（石灰岩）	2.60	—	1400 ～ 1700	—

续表

材料	密度 / （g/cm³）	表观密度 / （kg/m³）	堆积密度 / （kg/m³）	孔隙率 /%
砂	2.60	—	1450 ～ 1650	—
黏土	2.60	—	1600 ～ 1800	—
普通黏土砖	2.50 ～ 2.80	1600 ～ 1800	—	20 ～ 40
黏土空心砖	2.50	1000 ～ 1400	—	—
水泥	3.10	—	1200 ～ 1300	—
普通混凝土	—	2000 ～ 2800	—	5 ～ 20
轻集料混凝土	—	800 ～ 1900	—	—
木材	1.55	400 ～ 800	—	55 ～ 75
钢材	7.85	7850	—	0
泡沫塑料	—	20 ～ 50	—	—
玻璃	2.55	—	—	—

1.1.3　填充率与空隙率

1.1.3.1　填充率

填充率是指散粒材料的自然体积与堆积体积之比（%），用 D' 表示，其计算公式为

$$D'=\frac{V}{V_0'}\times 100\%=\frac{\rho_0'}{\rho}\times 100\% \tag{1-6}$$

填充率越大，散粒材料间的相互填充度越高。

1.1.3.2　空隙率

空隙率是指散粒材料中颗粒之间的空隙体积与散粒材料堆积体积之比（%），用 P' 表示，计算公式为

$$P'=\frac{V_0'-V_0}{V_0'}\times 100\%=(1-\frac{V_0}{V_0'})\times 100\%=(1-\frac{\rho_0'}{\rho_0})\times 100\% \tag{1-7}$$

空隙率和填充率从不同角度反映了材料的堆积紧密程度，工程上一般采用空隙率。空隙率和填充率的关系为：$P'+D'=1$。空隙率越小，散粒材料间的相互填充度越高。在配置混凝土时，砂石的空隙率可以作为控制混凝土骨料级配和调整砂率的依据。

【例 1-2】已知某卵石的密度是 2.65g/cm³，表观密度为 2610kg/m³，堆积密度为 1680kg/m³。求石子的孔隙率和空隙率？

解：

（1）孔隙率

$$P=(1-\frac{\rho_0}{\rho})\times 100\%=1.5\%$$

（2）空隙率

$$P'=(1-\frac{\rho_0'}{\rho_0})\times 100\%=35.6\%$$

任务1.2

材料与水有关的性质

建议课时： 1学时

教学目标

知识目标：掌握材料与水的性质；
了解亲水性与憎水性的作用。

技能目标：能够掌握材料与水的物理性质；
能够正确进行吸水性、吸湿性与耐水性的计算。

思政目标：树立独立剖析、勇于探索的学习精神；
激发细致入微、领略匠心的学习态度。

1.2.1　亲水性与憎水性

亲水性与憎水性

材料与水接触时会出现两种不同的现象，根据能否被水润湿，材料可分为亲水性材料和憎水性材料。润湿是材料本身的性质，润湿角可以反映材料被水润湿的情况。当材料与水接触时，材料（固相）、水（液相）、空气（气相）三相的交点处，水滴表面的切线与材料和水接触面的夹角即为润湿角，用 θ 表示，如图 1-3 所示。θ 越小，水分越容易被材料表面吸附，说明材料被水润湿的程度越高，即材料亲水性越好。

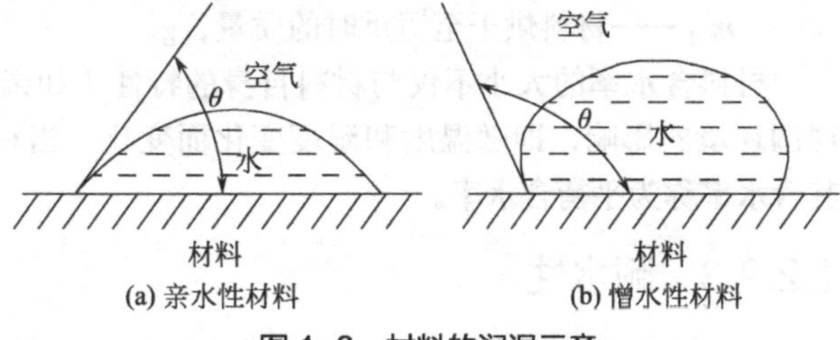

图 1-3　材料的润湿示意

通常认为，$\theta \leqslant 90°$ 的材料为亲水性材料；$\theta > 90°$ 的材料为憎水性材料。在建筑材料中，天然石材、木材、砖、混凝土等大多数建筑材料是亲水性材料；石蜡、沥青、塑料等是憎水性材料，常用作防水材料或亲水性材料表面的憎水处理，提高材料的防水性和防潮性。

1.2.2　吸水性、吸湿性与耐水性

1.2.2.1　吸水性

吸水性是指材料在浸水状态下吸收水分的能力。吸水性的大小可用吸水率表示，一般用质量吸水率和体积吸水率来表示。

（1）质量吸水率

材料吸水饱和时，其所吸收水分的质量占材料干燥时质量的比例（%），其计算公式为

$$W_{质} = \frac{m_{湿} - m_{干}}{m_{干}} \times 100\% \tag{1-8}$$

式中　$W_{质}$——材料的质量吸水率，%；

$m_{湿}$——材料吸水饱和状态下的质量，g；

$m_{干}$——材料烘干至恒重时的质量，g。

（2）体积吸水率

材料吸水饱和时，吸入水分的体积占干燥材料自然体积的比例（%），其计算公式为

$$W_{体}=\frac{V_{水}}{V_0}=\frac{m_{湿}-m_{干}}{V_0}\times\frac{1}{\rho_{水}}\times100\% \tag{1-9}$$

式中 $W_{体}$——材料的体积吸水率，%；

$\rho_{水}$——水的密度，g/cm³。

材料的吸水性不仅与材料的亲水性或憎水性有关，而且与孔隙率的大小及孔隙特征有关。如果是亲水性材料且具有细小的开口孔隙，则孔隙率越大，材料的吸水性越强。

对于某些轻质材料，如加气混凝土、软木等，由于具有很多开口而微小的孔隙，所以它的质量吸水率往往超过100%，此时用体积吸水率更能反映其吸水能力的强弱，因为体积吸水率不可能超过100%。

1.2.2.2 吸湿性

吸湿性是指材料吸收潮湿空气中水分的性质。吸湿性的大小通常以含水率表示，其计算公式为

$$W_{含}=\frac{m_{含}-m_{干}}{m_{干}}\times100\% \tag{1-10}$$

式中 $W_{含}$——材料的含水率，%；

$m_{含}$——材料含水时的质量，g；

$m_{干}$——材料烘干至恒重时的质量，g。

材料含水率的大小不仅与材料自身的特性（如亲水性、孔隙率和孔隙特征等）有关，还受周围环境的影响，即随温度和湿度变化而变化。当材料的含水率与环境湿度保持相对平衡时，其含水率称为平衡含水率。

1.2.2.3 耐水性

耐水性是指材料长期在饱和水作用下不破坏，强度也无明显降低的性质。材料的耐水性可用软化系数来表示，其计算公式为

$$K_{软}=\frac{f_{饱}}{f_{干}}\times100\% \tag{1-11}$$

式中 $K_{软}$——材料的软化系数；

$f_{饱}$——材料在饱和状态下的抗压强度，MPa；

$f_{干}$——材料在干燥状态下的抗压强度，MPa。

软化系数一般为0～1，其值越小，说明材料吸水饱和后强度越低，材料的耐久性越差。钢、玻璃、沥青等材料的软化系数基本为1。软化系数大于0.8的材料，通常可认为是耐水材料。对于经常位于水中或处于潮湿环境中的重要建筑物，其所用材料的软化系数不得低于0.85，对于受潮较轻或者次要结构所用材料，软化系数允许稍有降低，但不宜小于0.75。

1.2.2.4 案例分析

某地发生历史罕见的洪水，洪水退后，许多砖房倒塌。其砌筑用的砖多为未烧透的多孔的红砖，见图1-4。房屋倒塌的原因分析如下。

由于红砖未烧透，砖内开口孔隙率大，吸水率高；吸水后，红砖强度下降，特别是当有水

进入砖内时，未烧透的黏土遇水分散，强度下降更大，不能承受房屋的重量，从而导致房屋倒塌。

图1-4 未烧透的多孔红砖

1.2.3 抗渗性

材料抵抗有压力水或其他液体渗透的性质称为抗渗性（俗称不透水性）。抗渗性的高低与材料的亲水性、孔隙率及孔隙特征有关。绝对密实或具有闭口孔隙的材料，实际上是不透水的，具有很高的抗渗性。材料的抗渗性有以下两种表示方法。

1.2.3.1 渗透系数

抗渗性与抗冻性

材料在压力水作用下透过水量的多少遵守达西定律，即在一定时间内，透过材料试件的水量与试件的渗水面积及水头差成正比，与试件的厚度成反比，其计算公式为

$$Q = K\frac{\Delta hAt}{d} \tag{1-12}$$

式中 K——材料的渗透系数，cm/h；

Q——渗水量，cm^3；

t——渗水时间，h；

A——渗水面积，cm^2；

Δh——静水压力水头差，cm；

d——试件厚度，cm。

1.2.3.2 抗渗等级

材料的抗渗性也可用抗渗等级 P 来表示。抗渗等级是以规定的试件，在标准试验方法下所能承受的最大水压力来确定，以符号“P”表示，如P4、P6、P8等分别表示材料能承受0.4MPa、0.6MPa、0.8MPa的水压而不渗水。P 值越大，材料的抗渗性越好。混凝土和砂浆抗渗性的好坏常用抗渗等级表示。

1.2.4 抗冻性

抗冻性是指材料在吸水饱和状态下，能够经受多次冻融循环而不破坏，同时强度又无明显降低的性质。抗冻性的大小用抗冻等级表示。抗冻等级用材料能经受最大冻融循环的次数表示，如F15、F25、F50、F100等。

冻融循环对材料的破坏作用有两方面：一方面是由材料内部孔隙中的水在受冻结冰时体积膨胀而引起的；另一方面是在冻融循环过程中，材料内外温差引起的应力会导致内部微裂纹的产生或加速微裂的扩展。

抗冻性好的材料，抵抗温度变化、干湿交替等风化作用的能力较强。因此，抗冻性常作为矿物材料抵抗大气物理作用的一种耐久性指标。对抗冻等级的选择应根据工程种类、结构部位、使用条件、气候条件等因素来确定。

任务1.3

材料与热有关的性质

建议课时： 1学时

教学目标

知识目标：能了解材料与热的性质；
能了解保温隔热性的作用。

技能目标：能够掌握材料与热的物理性质；
能够正确认识材料保温隔热性能的重要性。

思政目标：培养理论与实践相结合的能力；
树立美好人居、绿色节能的专业意识。

在建筑物中，建筑材料除需满足强度、耐久性等要求外，还需使室内维持一定的温度，为人们的工作和生活创造一个舒适的环境，同时也为降低建筑物的使用能耗。因此在选用围护结构材料时，要求材料具有一定的保温隔热性、耐燃性和耐火性。

1.3.1 导热性

导热性

当材料的两侧存在温度差时，热量从材料的一侧传递至另一侧的性质，称为材料的导热性。导热性大小可用热导率 λ 表示，其计算公式如下。

$$\lambda=\frac{Qd}{A(T_1-T_2)t} \tag{1-13}$$

式中　λ——热导率，W/（m·K）；

Q——传导的热量，J；

d——材料的厚度，m；

A——传热面积，m^2；

T_1-T_2——材料两侧的温度差，K；

t——传热时间，s。

热导率λ的物理意义是：λ表示单位厚度的材料，当两侧温差为1K时，在单位时间内通过单位面积的热量，见图 1-5。

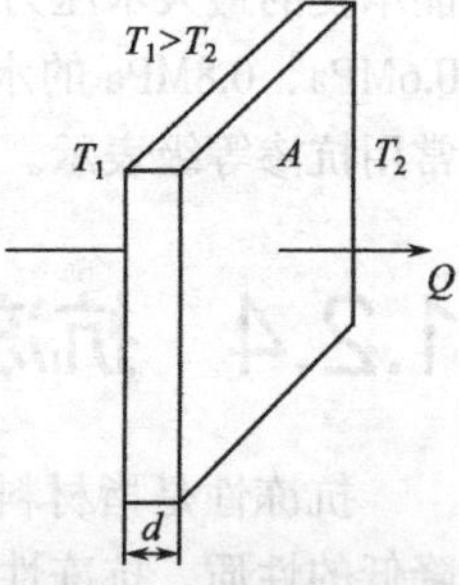

图 1-5　材料的导热示意

热导率是评定建筑材料保温隔热性能的重要指标，热导率越小，材料的保温隔热性能越好。热导率越大，则导热性越强。建筑材料的热导率差别很大，工程上通常把 $\lambda < 0.23$W/(m·K) 的材料作为保温隔热材料。几种常用建筑材料的热导率见表 1-2。

表 1-2　几种常用建筑材料的热导率

材料	热导率 /［W/（m·K）］	材料	热导率 /［W/（m·K）］
钢材	58.00	黏土空心砖	0.64
花岗石	3.49	松木	横纹 0.17，顺纹 0.35
普通混凝土	1.28	泡沫塑料	0.03
水泥砂浆	0.93	冰	2.20

续表

材料	热导率 / [W/ (m・K)]	材料	热导率 / [W/ (m・K)]
白灰砂浆	0.81	水	0.60
普通黏土砖	0.81	密闭空气	0.023

1.3.2　保温隔热性

在建筑中常把 $1/\lambda$ 称为材料的热阻，用 R 表示，单位为（m・K）/W。热导率 λ 和热阻 R 都是评定建筑材料保温隔热性能的重要指标。人们习惯把防止室内热量的散失称为保温，把防止外部热量的进入称为隔热，将保温热统称为绝热。材料的热导率越小，热阻值就越大，则材料的导热性能越差，其保温隔热的性能就越好，常将 $\lambda < 0.23$W/（m・K）的材料作为保温隔热材料。

1.3.3　耐燃性

耐燃性是评定建筑物防火和耐火等级的重要因素。材料的燃烧性能等级有四种。

A 级材料——不燃性材料，即在空气中受高温作用不起火、不微燃、不炭化的材料。

B_1 级材料——难燃性材料，即在空气中受高温作用难起火、难微燃、难炭化，当火源移开后燃烧会立即停止的材料。

B_2 级材料——可燃性材料，即在空气中受高温作用会自行起火或微燃，当火源移开后仍能继续燃烧或微燃的材料。

B_3 级材料——易燃性材料，即在空气中容易起火燃烧的材料。

常用的建筑内部装饰材料燃烧性能等级划分可见《建筑内部装修设计防火规范》（GB 50222—2017）。

1.3.4 耐火性

耐火性是指材料在火焰或高温作用下，保持自身不被破坏、性能不明显下降的能力，常用耐火极限表示。耐火极限用耐受时间（h）来表示。要注意耐燃性和耐火性概念的区别，耐燃的材料不一定耐火，耐火的材料一般都耐燃。如钢材是非燃烧材料，但其耐火极限仅有 0.25h，因此钢材虽为重要的建筑结构材料，但其耐火性较差，使用时需进行特殊的耐火处理。

常用材料的热性能见表 1-3。

表 1-3　常用材料的热性能

材料	温度 /℃	注解	材料	温度 /℃	注解
普通黏土砖砌体	500	最高使用温度	预应力混凝土	400	火灾时最高允许温度
普通钢筋混凝土	200	最高使用温度	钢材	350	火灾时最高允许温度
普通混凝土	200	最高使用温度	木材	260	火灾危险温度
页岩陶粒混凝土	400	最高使用温度	花岗石（含石英）	575	相变发生急剧膨胀温度
普通钢筋混凝土	500	火灾时最高允许温度	石灰岩、大理石	750	开始分解温度

任务1.4

材料的力学性质

建议课时： 1学时

教学目标

知识目标：能认识材料的力学性质；
能认知材料强度的作用。

技能目标：能够掌握力学性质的重要性；
能够正确进行材料强度的计算。

思政目标：培养严谨勤奋的学习态度；
树立安全为先、责任在心的职业意识。

材料受到外力作用后，都会不同程度产生变形，当外力超过一定限值后，材料将被破坏，材料的力学性质是指材料在外力作用下产生变形和抵抗破坏方面的性质。

1.4.1 材料的强度

材料的强度

材料在外力或应力作用下，抵抗破坏的能力称为材料的强度，并以材料在破坏时的最大应力值来表示。材料的实际强度常通过对标准试件在规定试验条件下的破坏试验来测定。根据受力方式不同，可分为抗压强度、抗拉强度、抗剪强度、抗弯（折）强度等。材料的受力状态如图 1-6 所示。

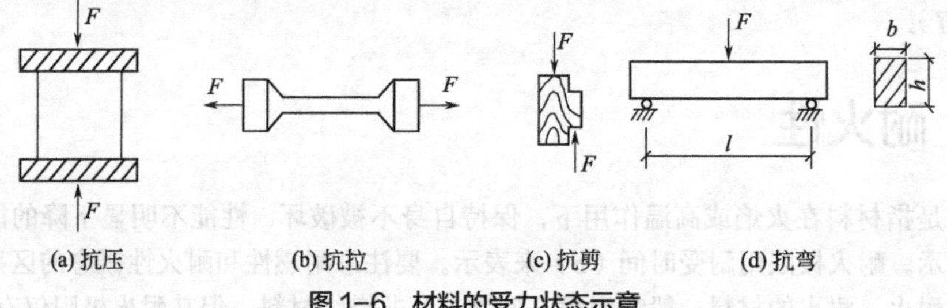

图 1-6 材料的受力状态示意

抗压强度、抗拉强度、抗剪强度的计算公式为

$$f=\frac{P}{A} \tag{1-14}$$

式中 f——材料的强度，MPa；

P——材料破坏时最大荷载，N；

A——试件的受力面积，mm^2。

材料的抗弯（折）强度与材料受力情况有关，对于矩形截面的试件，若两端支撑，中间承受荷载作用，则其抗弯（折）强度公式为

$$f_m=\frac{3Fl}{2bh^2} \tag{1-15}$$

式中 f_m——材料的抗弯（折）强度，MPa；

F——受弯时的破坏荷载，N；

l——两支点间距，mm；

b，h——材料截面宽度、高度，mm。

材料强度的分类见表 1-4。

表 1-4 材料强度的分类

强度类别	举例	公式	备注
抗压强度	F, F	$f_c=\frac{F}{A}$	式中 F——破坏时的最大荷载，N； A——试件受力截面面积，mm^2； l——两支点间的距离，mm； b——试件断面宽度，mm； h——试件断面高度，mm
抗拉强度	F, F	$f_t=\frac{F}{A}$	
抗剪强度	F, F	$f_v=\frac{F}{A}$	
抗弯强度	F, l, b, h	$f_{tm}=\frac{3Fl}{2bh^2}$	

1.4.2 强度等级

为了掌握材料的力学性质，合理选择和正确使用材料，常将建筑材料按其强度值划分为若干个等级，即强度等级。如混凝土按其抗压强度标准值划分为 C15、C20 等 19 个强度等级。硅酸盐水泥按其抗压和抗折强度，划分为 42.5、42.5R 等 6 个强度等级。强度值与强度等级不能混淆。强度值是表示材料力学性质的指标，强度等级是根据强度值划分的级别。

1.4.3 比强度

比强度是指按单位体积质量计算的材料强度，即材料的强度与其表观密度之比 f/ρ_0，其是反映材料轻质高强的力学参数，是衡量材料轻质高强性能的一项重要指标。比强度越大，材料的轻质高强性能越好。表 1-5 是几种主要材料的比强度值。

表 1-5 几种主要材料的比强度值

材料	表观密度 /（kg/m^3）	强度值 /MPa	比强度
普通混凝土	2400	40	0.017
低碳钢（抗拉）	7850	420	0.054
松木（顺纹抗拉）	500	100	0.200
烧结普通砖	1700	10	0.006

1.4.4 弹性与塑性

1.4.4.1 弹性

材料在外力作用下产生变形，当外力取消后能完全恢复到原来状态的性质称为材料的弹性。这种能够完全恢复的变形称为弹性变形，明显具备这种特性的材料称为弹性材料。受力后材料应力与应变的比值称为材料的弹性模量，其值越大，材料受外力作用时越不易产生变形。

材料的弹性变形曲线如图 1-7 所示。材料的弹性变形与荷载成正比，其比例常数为弹性模量，它是衡量材料抵抗变形能力的指标之一。弹性模量越大，材料越不易变形。

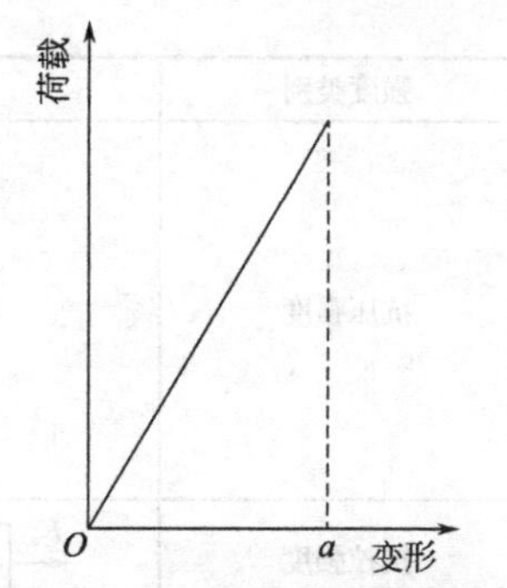

图 1-7 材料的弹性变形曲线

1.4.4.2 塑性

材料在外力作用下产生变形，当外力取消后，材料仍保持变形后的形状且不产生破裂的性质称为材料的塑性。这种不能恢复的变形称为塑性变形（永久变形），具备较高塑性变形的材料称为塑性材料。实际上，单纯的弹性或塑性材料都是不存在的，各种材料在不同应力下，表现出不同的变形性质。有些材料在受力开始时，弹性变形和塑性变形同时产生，如果取消外力，则弹性变形可以消失而塑性变形不消失，这种变形为弹塑性变形，如混凝土。材料的弹塑性变形曲线如图 1-8 所示。

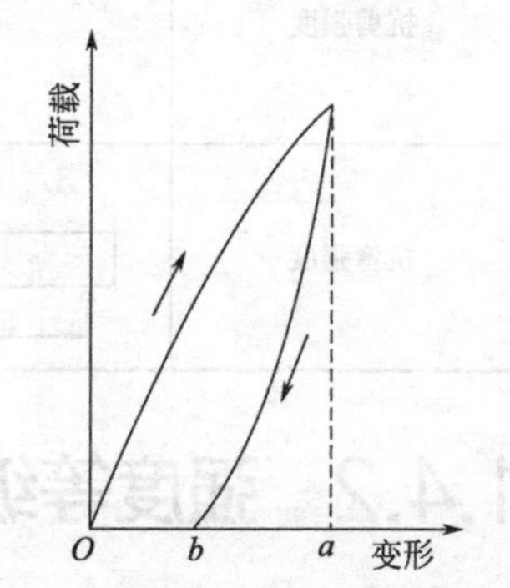

图 1-8 材料的弹塑性变形曲线

ab—可恢复的弹性变形；*bO*—不可恢复的塑性变形

1.4.5 脆性与韧性

1.4.5.1 脆性

脆性是材料受外力作用，在无明显塑性变形的情况下即突然破裂的性质。具有这种性质的材料称为脆性材料，如天然石材、混凝土、普通砖等。脆性材料的抗压能力很强，抗压强度是抗拉强度的很多倍。脆性材料抗振动、冲击荷载的能力差，因而脆性材料常用于承受静压力作用的建筑部位，如基础、墙体、柱子、墩座等。

1.4.5.2 韧性

材料在冲击、振动荷载作用下，能承受很大的变形而不致发生突发性破坏的性质称为韧性（或冲击韧性）。具有这种性质的材料称为韧性材料，如建筑钢材、沥青混凝土等。韧性材料的特点是变形大，特别是塑性变形大，抗拉强度接近或高于抗压强度。路面、桥梁、吊车梁以及有抗震要求的结构都要考虑材料的韧性。材料的韧性用冲击试验来检验。

1.4.6　硬度与耐磨性

1.4.6.1　硬度

硬度是材料抵抗较硬物体压入或刻划的能力。不同材料的硬度测定方法不同。例如，木材、钢材等韧性材料，用钢球或钢锥压入的方法来测定其硬度；天然矿物等脆性材料可用刻划法测定其硬度；混凝土用回弹法测定其硬度，并间接评价其强度。

按刻划法，矿物的硬度分为10级，等级由低到高依次为滑石、石膏、方解石、萤石、磷灰石、正长石、石英、黄玉、刚玉、金刚石。一般来说，硬度大的材料，其强度和耐磨性高，但不易加工。

1.4.6.2　耐磨性

耐磨性是指材料表面抵抗磨损的能力，用磨损率表示。磨损率用磨损前后单位表面的质量损失来表示，其计算公式为

$$N=\frac{m_1-m_2}{A} \tag{1-16}$$

式中　N——材料的磨损率，g/cm^2；

m_1，m_2——材料磨损前、后的质量，g；

A——材料磨损面的面积，cm^2。

材料的耐磨性与材料组成、结构及强度、硬度等有关。建筑中用于地面、踏步、台阶、路面等较易磨损的部位，应适当考虑硬度和耐磨性。

1.4.7　建筑生产安全事故案例

2020年3月7日19时5分，福建省泉州市欣佳酒店发生坍塌事故（图1-9），共有71人被困。经国务院事故调查组认定，泉州市欣佳酒店“3・7”坍塌事故原因是因为业主改变了原有设计用途，违规改建荷载超过了材料设计承载力，因此发生严重变形而倒塌。它是一起主要因违法违规建设、改建和加固施工导致建筑物坍塌的重大生产安全责任事故。福建省纪检监察机关按照干部管理权限，依据有关规定，经福建省委批准、中央纪委国家监委同意，对事故中涉嫌违纪、职务违法、职务犯罪的49名公职人员严肃追责问责。2020年12月21日，应急管理部评定此次事故为建筑施工领域生产安全事故典型案例。

(a)

(b)

图1-9　福建省泉州市欣佳酒店坍塌事故现场照片

任务1.5

材料的耐久性

建议课时：0.5学时

教学目标

知识目标：能了解材料耐久性的含义与作用；
能了解影响耐久性的因素。

技能目标：能够掌握耐久性的重要性；
能够掌握提高耐久性的措施。

思政目标：培养学生养成分析问题、解决问题的能力；
帮助学生树立职业道德和责任意识。

20世纪中期在美国旧金山海湾建造的哈瓦德大桥，由于在浇筑混凝土时没有严格控制微裂缝，在大桥使用几年之后，氯离子轻易侵入，钢筋严重锈蚀，政府最终花巨资维修。美国1992年仅修复由于耐久性不足而损坏的桥梁就耗资910亿美元，如果再加上车库、公路、房屋等因钢筋腐蚀而需要的修补费，则估计高达2580亿美元，几乎占美国债务的6%。因耐久性失效的案例越来越多，这也导致如今人们越来越重视耐久性的重要性。

材料在使用环境中，长期在各种破坏因素的作用下不破坏、不变质，而保持原有性质的能力称为材料的耐久性。耐久性是材料的一项综合性质，它包括材料的抗渗性、抗冻性、耐腐蚀性、抗老化性、抗碳化性、耐热性、耐磨性等。

1.5.1 影响材料耐久性的因素

影响材料耐久性的因素

材料在使用过程中，除受到各种外力作用外，还会受到物理、化学和生物作用而被破坏。金属材料易被氧化腐蚀；无机非金属材料因碳化、溶蚀、热应力、干湿交替而破坏，如混凝土的碳化、水泥石的溶蚀、砖和混凝土的冻融以及处于水中或水位升降范围内的混凝土、石材、砖等因受环境水的化学侵蚀而被破坏等；木材、竹材等其他有机材料，常因生物作用而遭受破坏；沥青等材料因受阳光、空气和热应力的作用而逐渐老化。

材料的组成、结构与性质不同时，其耐久性也不同。当材料的组成易溶于水或其他液体，或易与其他物质发生化学反应时，则材料的耐水性、耐化学腐蚀性等较差。无机非金属脆性材料在温度剧变时易产生开裂，即耐急冷急热性差。当材料的孔隙率，特别是开口孔隙率较大时，则耐久性往往较差。对有机材料，因含有不饱和键等，抗老化性较差。当材料强度较高时，则耐久性往往较好。

材料的用途不同时，对耐久性要求的内容也不相同，如结构材料要求强度不显著降低；装饰材料则主要要求颜色、光泽等不发生显著的变化；寒冷地区室外工程的材料应考虑其抗冻性；处于有压力水作用的水工工程所用材料应有抗渗性；地面材料应有良好的耐磨性等。

1.5.2 提高耐久性的措施

为了提高材料的耐久性，首先应努力提高材料本身对外界作用的抵抗能力（如提高密实度、改变孔隙构造、改变成分等）；其次选用其他材料对主体材料加以保护（如做保护层、刷涂料、做饰面等）；此外还应设法减轻大气或其他介质对材料的破坏作用（如降低湿度、排除侵蚀性物质等）。

对材料耐久性性能的判断应在使用条件下进行长期观测，但这是一项长期观察和测定过程。通常是根据使用条件和要求，在实验室进行快速试验，如干湿循环、冻融循环、碳化、化学介质浸渍等，并据此对材料的耐久性做出评价。

提高材料的耐久性对保证建筑物的正常使用，减少建筑物服役期间的维修费用，延长建筑物的使用寿命，起着举足轻重的作用。

1.5.3 耐久性失效案例分析

浙江某电厂已建成30年，厂区处于甬江下游河口段，濒临东海，属于海洋性气候，受台风潮汐影响较大，最大风力可达12级以上；甬江属于不规则半日潮混合港，氯离子含量高，常年受氯离子侵蚀，电厂的各期混凝土结构均有开裂、剥落及钢筋锈蚀等现象。特别是有些混凝土保护层出现了较宽的纵向张裂缝，钢筋严重锈蚀。

针对电厂的破坏现状和程度，请分析其破坏原因，并对该电厂的混凝土结构耐久性问题提出相应的维修加固决策，同时思考如何提高恶劣环境下混凝土材料的耐久性。

思考与练习

一、单选题

1. 孔隙率增大，材料的________降低。

A. 密度 B. 表观密度 C. 憎水性 D. 抗冻性

2. 材料在水中吸收水分的性质称为________。

A. 吸水性 B. 吸湿性 C. 耐水性 D. 渗透性

3. 含水率为10%的湿砂220g，其中水的质量为________。

A.19.8g B.22g C.20g D.20.2g

4. 材料的孔隙率增大时，其性质保持不变的是________。

A. 表观密度 B. 堆积密度 C. 密度 D. 抗冻性

二、简答题

1. 什么是材料的密度、表观密度和堆积密度？三者有何区别？如何计算？材料含水后对三者有何影响？

2. 某种石料密度为2.65g/cm^3，孔隙率为1.2%。若将该石料破碎成碎石，碎石的堆积密度为1580kg/m^3，问此碎石的表观密度和空隙率各为多少？

3. 某工程使用碎石，堆积密度为1560kg/m^3，拟购进该种碎石15t，问现有的堆料场（长2m、宽4m、高1.5m）能否满足堆放要求？

4. 简述材料的孔隙率与孔隙特征对材料的表观密度、吸湿性、抗渗性、抗冻性、强度、导热性及吸声性有何影响。

5. 某岩石在气干、绝干、水饱和状态下测得的抗压强度分别为172MPa、178MPa、168MPa，求该岩石的软化系数，并指出该岩石可否用于水下工程。

6. 脆性材料与韧性材料有何区别？使用时应注意哪些问题？

7. 什么是耐久性？提高材料的耐久性有哪些措施？

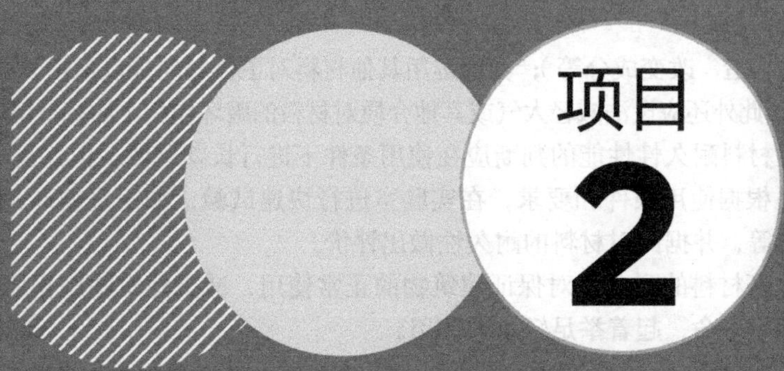

项目2

气硬性胶凝材料

任务2.1

认识石灰

建议课时：1学时

教学目标

知识目标：能识记石灰的成分；
能识记石灰的生产工艺和硬化肌理。

技能目标：能够正确认识石灰的性质特征，并学会灵活选用石灰；
能够正确区分石灰的分类。

思政目标：培养严谨负责的职业精神；
树立工匠精神；
激励团队合作意识。

2.1.1 石灰的生产

认识石灰

石灰是使用较早的无机气硬性胶凝材料之一，土木工程中应用广泛。石灰是用石灰石、白云石、白垩、贝壳等碳酸钙（$CaCO_3$）含量高的原料，经900～1000℃高温煅烧，$CaCO_3$分解，得到的以氧化钙（CaO）为主要成分的产品，称生石灰。其化学反应式为

$$CaCO_3 \xrightarrow{900\sim1000℃} CaO+CO_2$$

由于石灰原料中会含有一些碳酸镁（$MgCO_3$），所以石灰中也会含有一定量的氧化镁（MgO）。按照《建筑生石灰》（JC/T 479—2013）中的规定，按MgO含量的多少，建筑石灰分为钙质石灰和镁质石灰两类。生石灰中的MgO含量小于等于5%的石灰称为钙质石灰，否则为镁质石灰。

在实际生产中，为加快石灰石分解，煅烧温度常提高到1000～1100℃。由于石灰石原料的尺寸大或煅烧时窑中温度分布不匀等原因，石灰中常含有欠火石灰和过火石灰。欠火石灰中的$CaCO_3$没有得到完全分解，使用时缺乏黏结力。过火石灰结构密实，且表面常包覆一层玻璃釉状物，熟化很慢。

如果在石灰浆体硬化后再发生熟化，会因熟化产生的膨胀而引起隆起、开裂。为了消除过火石灰的这种危害，石灰在熟化后，应"陈伏"2周左右。生石灰熟化成石灰膏时，"陈伏"期间，储灰坑内的石灰膏表面应保有一层水分，并与空气隔绝，以免碳化。

煅烧成的块状生石灰经过不同的加工，还可得到石灰的另外三种产品。

（1）生石灰粉：由块状石灰磨细制成。

（2）消石灰粉：将生石灰用适量水经消化、干燥形成的粉末固体，主要成分为$Ca(OH)_2$，亦称石灰。

（3）石灰膏：将块状生石灰用过量水消化，或将消石灰粉和水拌和，所得到的具有一定稠度的膏状物，主要成分为氢氧化钙［$Ca(OH)_2$］和H_2O。

2.1.2 石灰的水化和硬化

2.1.2.1 生石灰的水化

生石灰的水化是指生石灰与水反应生成 $Ca(OH)_2$ 的过程，又称为生石灰的熟化或消化，其反应式为

$$CaO+H_2O \longrightarrow Ca(OH)_2+64.9kJ$$

根据加水量的不同，石灰可熟化成石灰膏或熟石灰粉。生石灰中，均匀加入 60% ～ 80% 的水，可得到颗粒细小、分散均匀的消石灰粉，其主要成分是 $Ca(OH)_2$；若用过量的水熟化块状生石灰，将得到具有一定稠度的石灰膏，其主要成分也是 $Ca(OH)_2$。石灰熟化时放出大量的热，体积将增大 1 ～ 2.5 倍。

2.1.2.2 石灰浆体的硬化

石灰浆体在空气中的硬化，是由下面两个同时进行的过程来完成的。一个是结晶作用，由于干燥失水，引起浆体中 $Ca(OH)_2$ 溶液过饱和，结晶出 $Ca(OH)_2$ 晶体，产生强度；另一个是碳化作用，在大气环境中，$Ca(OH)_2$ 在潮湿状态下会与空气中的二氧化碳（CO_2）反应生成 $CaCO_3$ 并释放出水分，即发生碳化，其反应式为

$$Ca(OH)_2+CO_2+nH_2O \longrightarrow CaCO_3+(n+1)H_2O$$

由于碳化作用主要发生在与空气接触的表层，加上生成的 $CaCO_3$ 膜层较致密，阻碍了空气中 CO_2 的渗入和内部水分向外蒸发，因此硬化速率较慢。

2.1.3 石灰的性质与技术要求

2.1.3.1 石灰的性质

（1）可塑性和保水性好。生石灰熟化后形成的石灰浆中，石灰粒子形成 $Ca(OH)_2$ 胶体结构，颗粒极细（约为 1μm），每克胶体表面积达 10 ～ 30m^2，其表面吸附的水膜，降低了颗粒之间的摩擦力，使其具有良好的塑性。同时石灰可吸附大量的水，具有较强保持水分的能力，即保水性好。将它掺入水泥砂浆中配成混合砂浆，可显著提高砂浆的和易性及可塑性。

（2）生石灰水化时水化热大，体积增大。

（3）硬化缓慢。石灰浆的硬化只能在空气中进行，由于空气中 CO_2 含量少，碳化作用进程缓慢，已硬化的表层对内部的硬化起阻碍作用，所以石灰浆的硬化过程较长。

（4）硬化时体积收缩。由于石灰浆中存在大量游离水，硬化时大量水分蒸发，使内部毛细管失水紧缩，引起体积收缩变形，导致硬化石灰体产生裂纹，因此石灰浆体不适宜单独使用，通常施工时会掺入一定量的骨料（砂）或纤维材料（麻刀、纸筋）等。

（5）硬化后强度低。生石灰消化时的理论需水量为 32.13%，为了使石灰浆具有一定的可塑性便于应用，同时考虑到一部分水因消化时水化热而被蒸发掉，故实际用水量更大。水分在硬化后蒸发，留下大量孔隙，使硬化石灰体密实度更小，强度更低。

（6）耐水性差。由于石灰浆硬化慢、强度低，受潮后尚未碳化的 $Ca(OH)_2$ 易产生溶解，硬化石灰体与水会产生溃散，故石灰不宜用于潮湿环境。

2.1.3.2 石灰的技术要求

（1）建筑生石灰的技术性质。根据 JC/T 479—2013 的规定，钙质石灰和镁质石灰根据其主要技术指标，钙质石灰可分为钙质石灰 90（代号 CL90）、钙质石灰 85（代号 CL85）和钙质石灰 75（代号 CL75）三类；镁质石灰又可分为镁质石灰 85（代号 ML85）和镁质石灰 80（代号 ML80）两类。钙质石灰主要物理指标为产浆量不低于 26%；钙质石灰粉主要物理指标为细度，如表 2-1 所列。

表 2-1 建筑生石灰粉的物理性质

项目		钙质生石灰			镁质生石灰	
		CL90	CL85	CL75	ML85	ML80
细度（最大值）/%	0.2mm 筛筛余	2	2	2	2	7
	90μm 筛筛余	7	7	7	7	2

（2）建筑消石灰粉的化学成分。建筑消石灰粉的化学成分如表 2-2 所列。

表 2-2 建筑消石灰粉的化学成分

项目	钙质消石灰			镁质消石灰	
	HCL90	HCL85	HCL75	HML85	HML80
（CaO+MgO）含量（最小值）%	90	85	75	85	80
氧化镁（MgO）含量 /%	小于等于 5			大于 5	
三氧化硫（SO_3）（最大值）/%	2	2	2	2	2

（3）交通行业生石灰和消石灰的等级划分。交通运输部《公路路面基层施工技术细测》（JTG/TF 20—2015）中对生石灰和消石灰进行了划分。

2.1.4 石灰的应用

石灰在土木工程中应用范围很广。建筑工程中使用的石灰品种主要有块状生石灰、磨细生石灰、消石灰粉和石灰膏。除块状石灰外，其他品种均可在工程中直接使用。

2.1.4.1 建筑室内粉刷

消石灰乳由消石灰粉或消石灰浆与水调制而成，大量用于建筑室内和顶棚粉刷，因其施工方便，在建筑中应用广泛。

2.1.4.2 石灰砂浆

由石灰膏、砂和水按一定配比制成，用于强度要求不高、不受潮湿的砌体和抹灰层。

2.1.4.3 混合砂浆

将石灰膏或消石灰粉与水泥、砂和水按一定比例混合，可配制水泥石灰混合砂浆，用于砌筑或抹灰工程。

2.1.4.4 硅酸盐制品

以石灰（消石灰粉或生石灰粉）与硅质材料（砂、粉煤灰、火山灰、矿渣等）为主要原料，经过配料、拌和、成型和养护后可制得砖、砌块等各种制品。硅酸盐制品，常用的有灰砂砖、粉煤灰砖等。

2.1.4.5 制备生石灰粉

土木工程中采用块状生石灰磨细制成的磨细生石灰粉，可不经熟化和“陈伏”直接应用于工程或硅酸盐制品中，磨细生石灰细度高，比表面积大，水化需水量增大，水化速率提高，水化时体积膨胀均匀；生石灰粉的熟化与硬化过程彼此渗透，熟化过程中所放热量加速了硬化过程；过火石灰和欠烧石灰均被磨细，提高了石灰利用率和工程质量。

2.1.4.6 石灰稳定土

将消石灰粉或生石灰粉掺入各种粉碎或原来松散的土中，经拌和、压实及养护后得到的混合料，称为石灰稳定土。它包括石灰土、石灰稳定沙砾土、石灰碎石土等，广泛用作建筑物的基础、地面的垫层及道路的路面基层。

石灰稳定土具有较高的抗压强度和一定的抗拉强度，多数土都可以用石灰进行稳定，石灰适合用来稳定不适用其他结合料稳定的塑性指数高的黏性土；从加水拌和到完成压实的延迟时间（甚至达 2 ～ 3d）对其压实度和强度没有明显影响，因此石灰稳定土便于施工；在缺乏优质粒料的地区，采用石灰稳定土做路面基层（高速和一级公路除外）和底基层，经常是比较经济的。

但石灰稳定土的强度有一定的限制，强度的可调节范围不大，特别是它的抗拉强度较低，因此不适宜用作重交通、高等级道路路面的基层。

2.1.4.7 石灰工业废渣稳定土

石灰工业废渣稳定土分为石灰粉煤灰稳定土和石灰其他废渣类稳定土。

石灰粉煤灰稳定土是用石灰和粉煤灰按一定比例与土混合后的一种无机材料。它的具体名称视所用土的不同而定，二灰与砂砾称二灰砂砾土，二灰与碎石称二灰碎石土，二灰土与细粒土称二灰土。近年来，石灰、粉煤灰用作添加于天然细粒土或黏土中的稳定性材料越来越常见，特别在道路工程中的路基施工中，这主要是因为路基填料用量较大，石灰和粉煤灰的材料来源比较广泛，而且价格低廉，施工简单，力学性能和水稳性好，成为土质改良的重要方法。

2.1.5 石灰的发展历史

石灰是一种古老的建筑材料，大约在 300 万年前，石灰的生命痕迹就已经开始出现，先人们很早就开始利用石灰石矿山作为居住空间。几千年前，人们使用生石灰制造砂浆，利用消石灰着色、绘画、粉刷，埃及的金字塔、中国的长城、罗马水道的建设都用到了石灰。

明朝杰出的政治家和军事家于谦曾写过一首《石灰吟》诗：“千锤万击出深山，烈火焚烧若等闲。粉骨碎身全不怕，要留清白在人间。”书写了石灰的生产原料、生产工艺、生产过程以及对石灰特征的描述。明末杰出的大旅行家和地理学家徐霞客在其巨著《徐霞客游记》中，最早揭示了中国西南地区的石灰岩地貌，比欧洲人发现石灰岩早一百多年。

今天在使用这种材料的过程中，需要在前人对石灰研究的基础上，以绿色发展理念为基础，充分发挥石灰的性能，更好地服务于现代建筑业。

任务2.2

认识石膏

建议课时： 2学时

教学目标

知识目标：能识记石膏的成分；
能识记石膏的生产工艺和硬化机理。

技能目标：能够正确认识石膏的性质特征；
能够学会灵活应用石膏材料。

思政目标：培养科学严谨的职业精神；
树立工匠精神；
激励一丝不苟的选材意识。

2.2.1　石膏的原料、生产及品种

认识石膏

石膏是一种以硫酸钙（$CaSO_4$）为主要成分的气硬性胶凝材料，在土木工程材料领域中得到了广泛的应用。石膏品种很多，建筑上使用的多为建筑石膏，其次是高强石膏以及无水石膏等。

2.2.1.1　石膏的原料

生产石膏胶凝材料的原料主要是天然二水石膏、天然无水石膏，也可采用化工石膏。天然二水石膏（$CaSO_4 \cdot 2H_2O$）又称软石膏或生石膏，是生产建筑石膏和高强石膏的主要原料。

天然无水石膏（$CaSO_4$）又称硬石膏，其结晶致密、质地坚硬，不能用来生产建筑石膏和高强石膏，仅用于生产硬石膏水泥及水泥调凝剂等。

化工石膏是指含有 $CaSO_4 \cdot 2H_2O$ 成分的化学工业副产品。化工石膏经适当处理后可代替天然二水石膏。

2.2.1.2　石膏的生产与品种

将天然二水石膏或化工石膏经加热煅烧、脱水、磨细即得石膏胶凝材料。

在常压下加热温度达到 107 ～ 170℃时，二水石膏脱水变成 β 型半水石膏（建筑石膏，又称熟石膏），反应式为

$$CaSO_4 \cdot 2H_2O \xrightarrow{107\sim170℃} \beta\text{-}CaSO_4 \cdot \frac{1}{2}H_2O + 1\frac{1}{2}H_2O$$

在压蒸条件下（0.13MPa、125℃）加热可产生 α 型半水石膏（高强石膏），其反应式为

$$CaSO_4 \cdot 2H_2O \xrightarrow[0.13MPa]{123℃} \alpha\text{-}CaSO_4 \cdot \frac{1}{2}H_2O + 1\frac{1}{2}H_2O$$

$$CaSO_4 \cdot 2H_2O \xrightarrow{107\sim170℃} \beta\text{-}CaSO_4 \cdot \frac{1}{2}H_2O + 1\frac{1}{2}H_2O$$

当加热温度升高到 170 ～ 200℃时，半水石膏继续脱水，生成可溶性硬石膏（$CaSO_4$ Ⅲ），与水调和后仍能很快硬化。当温度升高到 200 ～ 250℃时，石膏中仅留很少的水，凝结硬化非常缓慢，但遇水后还能逐渐生成半水石膏直至二水石膏。

当温度高于400℃时，石膏完全失去水分，成为不溶性硬石膏（$CaSO_4$ Ⅱ），失去凝结硬化能力，成为死烧石膏。但加入某些激发剂（如各种硫酸盐、石灰、煅烧白云石、粒化高炉矿渣等）混合磨细后，则重新具有水化硬化能力，成为无水石膏水泥（硬石膏水泥），用于制作石膏灰浆、石膏板和其他石膏制品等。

温度高于800℃时，部分硬石膏分解出CaO，磨细后的产品成为高温煅烧石膏，此时CaO起碱性激发性的作用，硬化后有较高的强度和耐水性，其抗水性也比较好，高温煅烧石膏也称地板石膏。

2.2.2 石膏的水化和硬化

石膏与适量的水相混合，最初成为可塑的浆体，但很快失去塑性并产生强度，并发展成为坚硬的固体。这一过程可从水化和硬化两方面分别说明。

2.2.2.1 石膏的水化

石膏加水后，与水发生化学反应，生成二水石膏并放出热量，反应式为

$$\beta\text{-}CaSO_4\cdot\frac{1}{2}H_2O+1\frac{1}{2}H_2O\longrightarrow CaSO_4\cdot 2H_2O+15.4\text{kJ}$$

石膏加水后首先溶解于水中，由于二水石膏在常温（20℃）下的溶解度仅为半水石膏的溶解度的1/5，半水石膏的饱和溶液对于二水石膏就成了过饱和溶液，所以二水石膏胶体颗粒不断从过饱和溶液中析出。二水石膏的析出，使溶液中的二水石膏含量减少，破坏了原有半水石膏的平衡浓度，促使一批新的半水石膏继续溶解和水化，直至半水石膏全部转化为二水石膏。这一过程仅需7～12min即可完成。

2.2.2.2 石膏的凝结硬化

随着水化的进行，二水石膏胶体颗粒不断增多，且比原来半水石膏颗粒细小，即总表面积增大，可吸附更多的水分，同时石膏浆体中的水分因水化和蒸发逐渐减少，浆体逐渐变稠，颗粒间的摩擦力逐渐增大而使浆体失去流动性，可塑性也开始减小，此时称为石膏的初凝。伴随着水分的进一步蒸发和水化的继续进行，浆体完全失去可塑性，开始产生结构强度，这时称为终凝。其后，随着水分的减少，石膏胶体凝集并逐步转变为晶体，且晶体间相互搭接、交错、连生，使浆体逐变硬产生强度，即为硬化。

2.2.3 石膏的性质、技术要求及应用

2.2.3.1 石膏的性质

（1）凝结硬化快。石膏一般在加水后30min左右可完全凝结，在室内自然干燥条件下，一周左右能完全硬化。

（2）硬化时体积微膨胀。石灰和水泥等胶凝材料硬化时往往产生收缩，而建筑石膏略有膨胀（膨胀率为0.05%～0.15%），这能使石膏制品表面光滑饱满、棱角清晰、干燥时不开裂，有利于制造复杂图案花形的石膏装饰制品。

（3）硬化后孔隙率较大，表观密度和强度较低。建筑石膏在使用时，为获得良好的流动性，

石膏凝结后，多余水分蒸发，在石膏硬化体内留下大量空隙，故其表观密度小，强度较低。

（4）隔热、吸声性良好。石膏硬化体孔隙率高，且均为微细的毛细孔，热导率小，具有良好的绝热能力，大量微孔使声音传导或反射的能力也显著下降，从而具有较强的吸声能力。

（5）防火性能良好。遇火时石膏硬化后的主要成分二水石膏中的结晶水蒸发并吸收热量，制品表面形成蒸汽幕，能有效阻止火的蔓延。

（6）具有一定的调温调湿性。石膏制品孔隙率高，当空气湿度过大时，能通过毛细孔快速吸水，在空气干燥时又很快地向周围扩散水分，直到空气湿度达到相对平衡，起到调节室内湿度的作用。同时由于石膏热导率小，热容量大，可改善室内空气，形成舒适的表面温度。

（7）耐水性和抗冻性差。石膏硬化体孔隙率高，吸水性强，并且二水石膏微溶于水，长期浸水会使其强度显著下降，所以耐水性差。若吸水后再受冻，会因结冰而产生崩裂，因此抗冻性差。

2.2.3.2 石膏的技术要求

建筑石膏为白色粉状材料，密度为 2.60 ～ 2.75g/cm^3，堆积密度为 800 ～ 1000kg/m^3。根据《建筑石膏》（GB/T 9776—2008）的规定，建筑石膏按强度、细度、凝结时间指标分为优等品、一等品和合格品三个等级（表 2-3）。

表 2-3 建筑石膏物理力学性能

等级	细度（0.2mm 方孔筛筛余）/%	凝结时间 /min		2h 强度（不低于）/MPa	
		初凝	终凝	抗折	抗压
优等品	小于等于 10	大于等于 3	小于等于 30	3.0	6.0
一等品				2.0	4.0
合格品				1.6	3.0

由于建筑石膏粉易吸潮，会影响其以后使用时的凝结硬化性能和强度，长期储存也会降低其强度，因此建筑石膏粉储运时必须防潮，储存时间不宜过长，一般不得超过 3 个月。

建筑石膏产品的标记顺序为产品名称、抗折强度值、标准号。例如抗折强度 2.5MPa 的建筑石膏标记为建筑石膏 2.5 GB 9776。

2.2.3.3 石膏的应用

（1）制备石膏砂浆和粉刷石膏。建筑石膏加水、砂及缓凝剂拌和成石膏砂浆，可用于室内抹灰。石膏粉刷层表面坚硬、光滑细腻、不起灰，便于进行再装饰，如粘墙纸、刷涂料等。

（2）石膏板及装饰制品。建筑石膏可与石棉、玻璃纤维、轻质填料等配制成各种石膏板材，广泛应用于高层建筑、大跨度建筑的隔墙及石膏角线等。

2.2.4 我国的石膏产业现状

我国石膏矿产资源储量丰富，已探明的各类石膏总储量约为 570 亿吨，居世界首位，主要分布在山东、内蒙古、青海、湖南、湖北、宁夏、西藏、安徽、江苏和四川等地。

我国石膏资源主要是普通石膏和硬石膏，其中硬石膏占总量的 60% 以上，作为优质资源的特级及一级石膏，仅占总量的 8%，其中纤维石膏仅占总量的 1.8%。因此，我国是石膏储量大国的同时，又是优质石膏储量的穷国。作为建筑材料，石膏的应用和开发，还需要在节约的基础上，利用科技的力量，开发次生产品，提高石膏利用效益。

任务2.3

认识水玻璃

建议课时： 2学时

教学目标

知识目标：能识记水玻璃的成分；

能识记水玻璃的生产工艺和硬化机理。

技能目标：能够正确认识水玻璃的性质特征；

能够学会灵活应用水玻璃。

思政目标：培养认真严谨的职业精神；

树立科学诚信的工作作风；

激励注重绿色发展的环保意识。

2.3.1 水玻璃的生产工艺与硬化机理

认识水玻璃

2.3.1.1 水玻璃的生产工艺

水玻璃俗称“泡花碱”，是一种由碱金属氧化物和二氧化硅（SiO_2）结合而成的水溶性硅酸盐材料，其化学通式为 $R_2O \cdot nSiO_2$，其中 n 是 SiO_2 与碱金属氧化物之间的摩尔比，为水玻璃模数，一般为 1.5 ～ 3.5。固体水玻璃是一种无色、天然色或黄绿色的颗粒，高温高压溶解后是无色或略带色的透明或半透明黏稠液体。常见的有硅酸钠水玻璃（$Na_2O \cdot nSiO_2$）和硅酸钾水玻璃（$K_2O \cdot nSiO_2$）等，硅酸钾水玻璃在性能上优于硅酸钠水玻璃，由于硅酸钾水玻璃价格较高，故建筑上常用的是硅酸钠水玻璃。

生产硅酸钠水玻璃的主要原料是石英砂、纯碱或含碳酸钠的原料，其生产方法有湿法和干法两种。湿法生产即将石英砂和苛性钠液体在压蒸锅内（0.2 ～ 0.3MPa）用蒸汽加热，并加以搅拌，使其直接反应而成液体水玻璃；干法生产即将各原料磨细，按比例配合，加热至 1300 ～ 1400℃，熔融而成硅酸钠，冷却后即为固态水玻璃，其反应式为

$$Na_2CO_3 + nSiO_2 \xrightarrow{1300\sim1400℃} Na_2O \cdot nSiO_2 + CO_2$$

将固态水玻璃在水中加热溶解成为无色、淡黄色或青灰色透明或半透明的胶状玻璃溶液，即为液态水玻璃。

2.3.1.2 水玻璃的硬化机理

水玻璃在空气中吸收 CO_2，形成 SiO_2 凝胶（又称硅酸凝胶），凝胶脱水后变为 SiO_2 而硬化，其反应式为

$$Na_2O \cdot nSiO_2 + CO_2 + mH_2O \longrightarrow Na_2CO_3 + nSiO_2 \cdot mH_2O$$

由于空气中 CO_2 含量极少，上述硬化过程极慢。掺入适量促硬剂如氟硅酸钠等，可促使硅胶析出速率加快，从而加快水玻璃的凝结与硬化，其反应式为

$$2(Na_2O \cdot nSiO_2) + mH_2O + Na_2SiF_6 \longrightarrow (2n+1)SiO_2 \cdot mH_2O + 6NaF$$

氟硅酸钠的掺量为 12% ～ 15%（占水玻璃质量）为宜，用量太少，硬化速度慢，强度低，

未反应的水玻璃易溶于水，导致耐水性差；用量过多会引起凝结硬化过快，造成施工困难。

此外，氟硅酸钠有一定的毒性，操作时应注意安全。

2.3.2 水玻璃的性质与应用

2.3.2.1 水玻璃的性质

（1）黏结性能。水玻璃硬化后的主要成分为硅酸凝胶和固体，比表面积大，具有良好的黏结性能。不同模数的水玻璃黏结力不同，模数越大，黏结力越强，当模数相同时，浓度越大，黏结力越强。硬化时析出的硅酸凝胶还可以堵塞毛细孔隙，起到防止液体渗漏的作用。

（2）耐热性。水玻璃硬化后形成的 SiO_2 在高温下强度不下降，用它和耐热集料配制成耐热混凝土，可耐 1000℃的高温而不被破坏。

（3）耐酸性。硬化后的水玻璃主要成分是 SiO_2，在强氧化性酸中具有较好的化学稳定性，能抵抗大多数无机酸［氢氟酸（HF）除外］与有机酸的腐蚀。

（4）耐碱性与耐水性。SiO_2 和 $N_2O \cdot nSiO_2$ 均为酸性物质，易溶于碱，因此水玻璃不能在碱性环境中使用。硬化产物 NaF、Na_2CO_3 等均溶于水，所以水玻璃的耐水性差。

2.3.2.2 水玻璃的应用

（1）涂刷或浸渍材料。用液体水玻璃涂刷或浸渍多孔材料（天然石材、黏土砖、混凝土以及硅酸盐制品）时，能在材料表面形成 SiO_2 膜层，提高其抗水性及抗风化能力，提高材料密实度、强度和耐久性。石膏制品表面不能涂刷水玻璃，因两者反应，在制品孔隙中生成硫酸钠（Na_2SO_4）结晶，体积膨胀，将制品胀裂。

（2）配制防水剂。以水玻璃为基料，加入两种、三种或四种矾可制成二矾、三矾或四矾防水剂。此类防水剂凝结迅速，一般不超过 1min，适用于与水泥浆调和，堵塞漏洞、缝隙等局部抢修。由于其凝结迅速，不宜用于调配防水砂浆。

（3）用于土壤加固。将模数为 2.5 ～ 3 的液体水玻璃和氯化钙（$CaCl_2$）溶液通过金属管轮流向地层压入，两种溶液发生化学反应，析出硅酸胶体将土壤颗粒可包裹并填实其空隙。

硅酸胶体是一种吸水膨胀的果冻状凝胶，处于地下水环境的硅酸胶体由于吸收地下水，经常处于膨胀状态，阻止水分的渗透和使土壤固结，采用这种方法加固的砂土，抗压强度可达 3 ～ 6MPa。

（4）其他。水玻璃还可用于配制耐酸、耐热混凝土和砂浆等。

2.3.3 水玻璃的发展历史

早在中世纪，炼丹士就发明了水玻璃。19 世纪，水玻璃成为工业产品而获得实用价值。德国学者约翰·富克斯对水玻璃做了大量的研究，提出了水玻璃在很多方面的用途，如作胶黏剂，制造耐火材料的结合剂、涂料、加固人造石和天然石等，使水玻璃名声大振。之后，水玻璃在法国、英国、比利时、荷兰、美国等国家开始生产并使用。

水玻璃自成为工业产品以来，以其生产原料来源广泛、工艺简单、价格便宜、适应性强等特点在建筑材料生产、玻璃工业、铸造生产、纺织工业、造纸工业、硅胶制造、电绝缘材料生产等行业中得到了广泛的应用，特别是在一些建筑材料生产中的应用越来越多。

随着高新技术的发展，无机硅化物的用途迅速扩大，需要加速对水玻璃产品向功能化、精细化、专用化、系列化的方向发展的相关研发，助力国家经济发展。

思考与练习

1. 试述气硬性胶凝材料和水硬性胶凝材料的定义及区别。
2. 试述石灰的技术性质及主要用途。
3. 为什么石灰不耐水，而由它配制的灰土或三合土却可以用于基础垫层、道路基层等潮湿部位？
4. 与石灰相比，石膏具有哪些性质特点？石膏的主要用途有哪些？
5. 试述水玻璃的性质及用途。

项目3 水泥

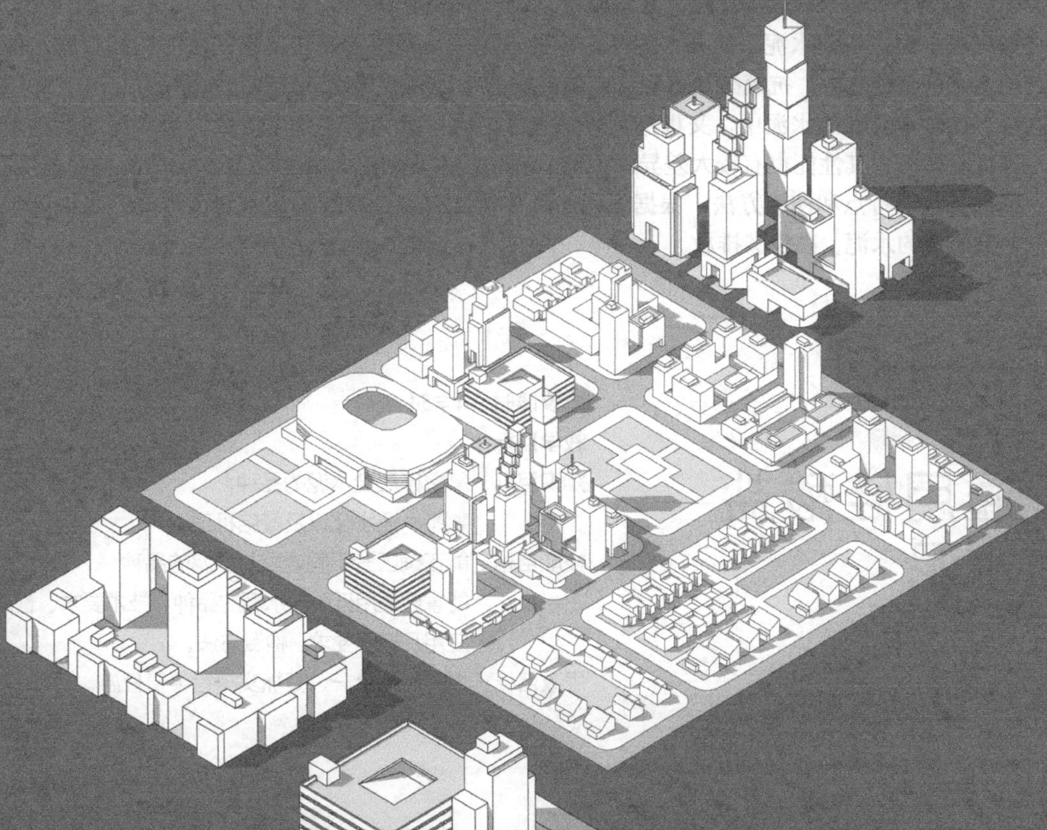

人类使用胶凝材料的历史源远流长，在长期的生产实践中水泥的生产工艺得以不断的改进。公元前 3000 ～ 2000 年，古希腊就开始采用石灰作为建筑胶凝材料，由于石灰作为胶凝材料不能在水中保持其强度，因此，古罗马人在吞并希腊后对石灰使用工艺进行改进，即将磨细的火山灰与石灰一起拌和形成胶凝材料再加入砂子使用。这种砂浆在强度和耐水性方面都有很大的改善，也有人将这种砂浆称为“罗马砂浆”。古罗马的一些建筑如神殿、渡槽等都是利用这种胶凝材料修建并得以保存的，至今仍非常坚固，其耐久性令人惊叹。

“罗马砂浆”虽然有一定的耐水性能，但仍无法经受海水的腐蚀与冲刷。经过人们的不断研究，胶凝材料的性能也得到改进。直到 1824 年，英国人约瑟夫·阿斯普丁将磨细黏土和石灰石一起煅烧，直至不再有 CO_2 排出时停止，大名鼎鼎的波特兰水泥（Portland Cement）就此诞生。但由于当时煅烧温度较低，产品质量并不高。当今水泥的生产技术经历了不断的革新和改进，水泥的质量和品种也有了显著的提升及丰富。水泥作为胶凝材料，可用来制作混凝土、钢筋混凝土和预应力混凝土构件，也可配制各类砂浆用于建筑物的砌筑、抹面、装饰等。水泥不仅大量应用于工业和民用建筑，还广泛应用于公路、桥梁、铁路、水利和国防等工程，在国民经济中起着十分重要的作用。

现代水泥的品种繁多，按其矿物组成可分为硅酸盐水泥、铝酸盐水泥、硫铝酸盐水泥及少熟料水泥或无熟料水泥等。按其用途又可分为通用水泥、专用水泥及特种水泥三大类。通用水泥主要用于一般土木建筑工程，它包括硅酸盐水泥、普通硅酸盐水泥、矿渣硅酸盐水泥、火山灰质硅酸盐水泥、粉煤灰硅酸盐水泥以及复合硅酸盐水泥；专用水泥是指具有专门用途的水泥，如砌筑水泥、道路水泥、油井水泥等；特种水泥是某种性能比较突出的水泥，如膨胀水泥、快硬水泥、白色水泥、抗硫酸盐水泥、中热硅酸盐水泥和低热矿渣硅酸盐水泥等。

在每个品种的水泥中，又根据其胶结强度的大小分为若干强度等级。当水泥的品种及强度等级不同时，其性能也有较大差异。因此，在使用水泥时必须注意区分水泥的品种及强度等级，掌握其性能特点和使用方法，根据工程的具体情况合理选择与使用水泥，这样既可提高工程质量又能节约水泥，减少碳排放。

任务3.1 通用硅酸盐水泥

建议课时：4学时

教学目标

知识目标：掌握硅酸盐水泥的品种；
熟悉水泥水化以及凝结机理。

技能目标：能正确区分不同硅酸盐水泥的品种；
能掌握通用硅酸盐水泥的品种、技术要求、性能、应用及标准要求、检测方法。

思政目标：培养知行合一、真抓实干社会责任感。

《通用硅酸盐水泥》（GB 175—2007）规定，以硅酸盐水泥熟料、适量石膏及规定的混合材料制成的水硬性胶凝材料称为硅酸盐水泥。按混合材料的品种和掺量不同分为硅酸盐水泥、普通硅酸盐水泥、矿渣硅酸盐水泥、火山灰质硅酸盐水泥、粉煤灰硅酸盐水泥和复合硅酸盐水泥。

3.1.1 通用硅酸盐水泥的原料及生产工艺

水泥的生产工艺与组成材料

目前国内多以石灰质原料（石灰岩、白垩等）、黏土质原料（黏土、页岩等）为主要原料，有时加入少量校正原料（如铁矿石），按一定比例混合磨细后得到生料；生料在水泥窑（回转窑或立窑）中经过 1400 ～ 1450℃的高温煅烧至部分熔融，冷却后即得到硅酸盐水泥熟料，最后将适量的石膏和 0 ～ 5% 的石灰石或粒化高炉矿渣混合磨细制成硅酸盐水泥。因此，硅酸盐水泥生产工艺概括起来简称为“两磨一烧”，如图 3-1 所示。石灰质原料主要提供 CaO，黏土质原料主要提供 SiO_2、Al_2O_3 及少量的 Fe_2O_3，校正型原料主要提供 Fe_2O_3 和 SiO_2。

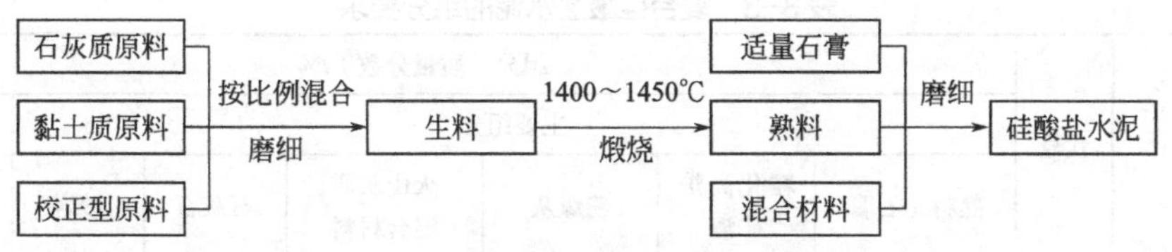

图 3-1 通用硅酸盐水泥生产工艺流程示意

3.1.2 通用硅酸盐水泥的组分与组成材料

3.1.2.1 组分

根据《通用硅酸盐水泥》（GB 175—2007），通用硅酸盐水泥的组分要求见表 3-1，普通硅酸盐水泥、矿渣硅酸盐水泥、粉煤灰硅酸盐水泥和火山灰质硅酸盐水泥的组分要求见表 3-2，复合硅酸盐水泥的组分要求见表 3-3。

表 3-1 通用硅酸盐水泥的组分要求

品种	代号	组分（质量分数）/%		
		熟料 + 石膏	粒化高炉矿渣	石灰石
硅酸盐水泥	P·Ⅰ	100	—	—
	P·Ⅱ	95 ～ 100	0 ～ 5	—
			—	0 ～ 5

表 3-2 普通硅酸盐水泥、矿渣硅酸盐水泥、粉煤灰硅酸盐水泥和火山灰质硅酸盐水泥的组分要求

品种	代号	组分（质量分数）/%				
		主要组分				替代组分
		熟料 + 石膏	粒化高炉矿渣	粉煤灰	火山灰质混合材料	
普通硅酸盐水泥	P·O	80 ～ 95		5 ～ 20		0 ～ 5

续表

品种	代号	组分（质量分数）/%				
		主要组分				替代组分
		熟料＋石膏	粒化高炉矿渣	粉煤灰	火山灰质混合材料	
矿渣硅酸盐水泥	P·S·A	50～80	20～50	—	—	0～8
	P·S	30～50	50～70	—	—	
粉煤灰硅酸盐水泥	P·F	60～80	—	20～40	—	—
火山灰质硅酸盐水泥	P·P	60～80	—	—	20～40	—

注：1. 组分材料由符合本标准规定的粒化高炉矿渣、粉煤灰、火山灰质混合材料组成。

2. 本替代组分为符合本标准规定的石灰石、砂岩、窑灰中的一种材料。

3. 本替代组分为符合本标准规定的粉煤灰、火山灰、石灰石、砂岩、窑灰中的一种材料。

表 3-3　复合硅酸盐水泥的组分要求

品种	代号	组分（质量分数）/%						
		主要组分						替代组分
		熟料＋石膏	粒化高炉矿渣	粉煤灰	火山灰质混合材料	石灰石	砂岩	
复合硅酸盐水泥	P·C	50～80	20～50					0～8

注：1. 组分材料由符合本标准规定的粒化高炉矿渣、粉煤灰、火山灰质混合材料、石灰石和砂岩中的三种（含）以上材料组成，其中石灰石和砂岩的总量小于水泥质量的 20%。

2. 本替代组分为符合本标准规定的窑灰。

3.1.2.2　组成材料

（1）硅酸盐水泥熟料。生料在煅烧过程中，经脱水和分解生成 CaO、SiO_2、Al_2O_3 和 Fe_2O_3，然后在更高的温度下结合成新的化合物，称为水泥熟料矿物，水泥的许多优良的性能就取决于水泥熟料的矿物成分及其含量。当熟料中的各种矿物含量不同时，水泥就有不同的性能表现，见表 3-4。

表 3-4　硅酸盐水泥熟料的主要矿物组分、含量和特性

矿物名称		硅酸三钙（C_3S）	硅酸二钙（C_2S）	铝酸三钙（C_3A）	铁铝酸四钙（C_4AF）
矿物组成		$3CaO \cdot SiO_2$	$2CaO \cdot SiO_2$	$3CaO \cdot Al_2O_3$	$4CaO \cdot Al_2O_3 \cdot Fe_2O_3$
含量 /%		37～60	15～37	7～15	10～18
矿物特型	硬化速率	快	慢	最快	快
	早期强度	高	低	低	中
	后期强度	高	高	低	低
	水化热	大	小	最大	中
	耐腐蚀性	差	好	最差	好
	干缩	中	中	大	小

水泥中各熟料矿物的相对含量，决定着水泥某一方面的性能。可通过调整原材料的配料比例来改变熟料矿物成分之间的比例，制得不同性能的水泥。如提高硅酸三钙（C_3S）的含量，可

制得早强硅酸盐水泥；提高硅酸二钙（C_2S）和铁铝酸四钙（C_4AF）的含量，降低铝酸三钙（C_3A）和硅酸三钙（C_3S）的含量，可制得水化热低的水泥，如大坝水泥；由于C_3A能与硫酸盐发生化学作用，产生结晶，体积膨胀，易产生裂缝破坏，因此在抗硫酸盐水泥中，C_3A含量应小于5%。

（2）石膏。在生产硅酸盐系列水泥时，必须掺入适量石膏，在硅酸盐水泥和普通硅酸盐水泥中，石膏主要起缓凝作用；而在掺有较多混合材料的水泥中，石膏还起激发混合材料活性的作用。

用于水泥中的天然石膏应符合《天然石膏》（GB/T 5483—2008）中规定的G类或M类二级（含）以上的石膏或混合石膏，也可采用经过试验对水泥性能无害的工业副产石膏（磷石膏、氟石膏、盐石膏等），但应符合《用于水泥中的工业副产石膏》（GB/T 21371—2019）中的规定。

（3）混合材料。在硅酸盐水泥中掺加一定量的混合材料，能增加水泥品种，利用工业废料以降低水泥成本，改善水泥的性能，扩大水泥的应用范围。混合材料根据其性能分为活性混合材料和非活性混合材料两类。

活性混合材料指具有火山灰性或潜在的水硬性，或兼有火山灰性和水硬性的矿物质材料，它们绝大多数为工业废料或天然矿物，应用时不需再经煅烧。活性混合材料主要有粒化高炉矿渣、火山灰质混合材料和粉煤灰。

非活性混合材料是指不具有活性或活性很低的人工或天然的矿物质材料。掺入水泥后主要起填充作用，并能降低水化热，扩大水泥强度等级范围，增加水泥产量、降低成本等。常用的非活性混合材料主要有磨细石英砂、石灰石粉以及不符合质量标准的活性混合材料等。

3.1.3 通用硅酸盐水泥的技术要求

3.1.3.1 化学指标

水泥的技术要求

根据《通用硅酸盐水泥》（GB 175—2007），通用硅酸盐水泥的化学指标应符合表3-5的规定。

表3-5 通用硅酸盐水泥的化学指标

单位：%（质量分数）

<table>
<tr><th>品种</th><th>代号</th><th>不溶物</th><th>烧失量</th><th>三氧化硫</th><th>氧化镁</th><th>氯离子</th></tr>
<tr><td rowspan="2">硅酸盐水泥</td><td>P·Ⅰ</td><td>≤0.75</td><td>≤3.0</td><td rowspan="3">≤3.5</td><td rowspan="3">≤6.0</td><td rowspan="8">≤0.10</td></tr>
<tr><td>P·Ⅱ</td><td>≤1.50</td><td>≤3.5</td></tr>
<tr><td>普通硅酸盐水泥</td><td>P·O</td><td>—</td><td>≤5.0</td></tr>
<tr><td rowspan="2">矿渣硅酸盐水泥</td><td>P·S·A</td><td>—</td><td>—</td><td rowspan="2">≤4.0</td><td>≤6.0</td></tr>
<tr><td>P·S·B</td><td>—</td><td>—</td><td>—</td></tr>
<tr><td>火山灰质硅酸盐水泥</td><td>P·P</td><td>—</td><td>—</td><td rowspan="3">≤3.5</td><td rowspan="3">≤6.0</td></tr>
<tr><td>粉煤灰硅酸盐水泥</td><td>P·F</td><td>—</td><td>—</td></tr>
<tr><td>复合硅酸盐水泥</td><td>P·C</td><td>—</td><td>—</td></tr>
</table>

3.1.3.2 物理指标

（1）标准稠度用水量。水泥净浆标准稠度用水量是指水泥净浆达到标准规定的稠度时所需的加水量，常以水和水泥质量之比（%）表示。水泥标准稠度用水量可采用“标准法”或“代用法”进行测定。标准法是以试杆沉入净浆并距底板（6±1）mm 时的水泥净浆为标准稠度净浆。水泥熟料矿物成分、细度、混合材料的种类和掺量不同时，其标准稠度用水量亦有差别。水泥净浆的标准稠度用水量一般为 22% ～ 32%。拌和水泥浆时的用水量对水泥凝结时间和体积安定有一定影响，因此，测定水泥凝结时间和体积安定时必须采用标准稠度的水泥浆。水泥标准稠度用水量测定按《水泥标准稠度用水量、凝结时间检验方法》（GB/T 1346—2011）进行。

（2）凝结时间。水泥从加水开始到失去流动性，即从可塑状态发展到固体状态所需的时间称为凝结时间。水泥的凝结时间分为初凝时间和终凝时间。初凝时间是指从水泥加水到标准净浆开始失去可塑性的时间，终凝时间是指从水泥加水到标准净浆完全失去可塑性的时间。

水泥的凝结时间，对施工进度有很大的影响。为有足够的时间对混凝土进行搅拌、运输、浇筑和振捣，初凝时间不宜过短；为使混凝土尽快硬化并具有一定强度，以利于下道工序的进行，应尽快拆去模板，提高模板周转率，故终凝时间不宜过长。

《通用硅酸盐水泥》（GB 175—2007）规定，硅酸盐水泥初凝不小于 45min ；终凝时间不迟于 390min，普通硅酸盐水泥、矿渣硅酸盐水泥、粉煤灰硅酸盐水泥、火山灰质硅酸盐水泥和复合硅酸盐水泥终凝时间不大于 600min。

需要注意的是，水泥在使用中有时会发生不正常的凝结现象，即假凝或瞬凝。

假凝是指水泥与水调和几分钟后就发生凝固，并没有明显放热现象。出现假凝后无须加水，而将已凝固的水泥净浆继续搅拌便可恢复塑性，对强度无明显影响。

瞬凝又称急凝。水泥瞬凝时会放出大量的热，浆体迅速结硬，且再搅拌时不会恢复塑性。瞬凝的发生是由于水泥中未掺石膏缓凝剂；或水泥中的铝酸三钙含量过高，铁铝酸四钙含量过低，加水后迅速形成铝酸盐水化物所致。瞬凝会影响施工进度和质量。

（3）安定性。水泥安定性是指水泥在凝结硬化过程中体积变化的稳定性。不同水泥在凝结硬化过程中，几乎都产生不同程度的体积变化。水泥石均匀轻微的体积变化，一般不致影响混凝土的质量，当水泥浆体在硬化过程中体积发生不均匀变化时，会导致水泥混凝土膨胀、翘曲、产生裂缝等，即所谓安定性不良。

水泥体积安定性不良是由于水泥熟料中游离氧化钙（f-CaO）、游离氧化镁（f-MgO）过多或石膏掺量过多所致。游离氧化钙和游离氧化镁是在高温烧制水泥熟料时生成的，处于过烧状态，水化极慢，它们在水泥硬化后开始或继续进行水化反应，其水化时体积膨胀致使水泥石开裂。此外，若水泥中所掺石膏过多，在水泥硬化后，过量的石膏还会与水化铝酸钙作用，生成钙矾石（水硫铝酸钙，$3CaO \cdot Al_2O_3 \cdot 3CaSO_4 \cdot 31H_2O$），体积膨胀，导致已硬化的水泥石开裂。

国家标准规定，由游离氧化钙过多引起的水泥体积安定性不良可采用沸煮法包括试饼法和雷氏法两种，有争议时，以雷氏法为准。

安定性不良的水泥会降低建筑物质量，甚至引起严重事故，严禁用于工程中。

（4）强度及强度等级。水泥的强度是评定其质量的重要指标。水泥强度等级参照水泥胶砂强度检验方法（ISO 法）来测定，按规定龄期的抗压强度和抗折强度来划分水泥的强度等级，并根据 3d 强度的大小分为普通型和早强型（用 R 表示）。各强度等级通用硅酸盐水泥的各龄期强度不得低于表 3-6 中规定的数值，如有一项指标低于表中数值，则应降低强度等级，直至四个数值都满足表中规定为止。需要注意的是，在 2007 第 3 号修改单中取消了复合硅酸盐水泥

32.5、32.5R 强度等级。

表 3-6 通用硅酸盐水泥各龄期的强度要求（GB 175—2007）

强度等级	抗压强度 /MPa		抗折强度 /MPa	
	3d	28d	3d	28d
32.5	≥ 12.0	≥ 32.5	≥ 3.0	≥ 5.5
32.5R	≥ 17.0		≥ 4.0	
42.5	≥ 17.0	≥ 42.5	≥ 4.0	≥ 6.5
42.5R	≥ 22.0		≥ 4.5	
52.5	≥ 22.0	≥ 52.5	≥ 4.5	≥ 7.0
52.5R	≥ 27.0		≥ 5.0	
62.5	≥ 27.0	≥ 62.5	≥ 5.0	≥ 8.0
62.5R	≥ 32.0		≥ 5.5	

（5）细度（选择性指标）。水泥的细度是指水泥颗粒的粗细程度，以比表面积表示，不低于 $300m^2/kg$，但不大于 $400m^2/kg$。普通硅酸盐水泥、矿渣硅酸盐水泥、粉煤灰硅酸盐水泥、火山灰质硅酸盐水泥、复合硅酸盐水泥的细度以 45μm 方孔筛筛余表示，不小于 5%。

水泥的许多性质（凝结时间、收缩性、强度等）都与水泥的细度有关。一般认为，当水泥颗粒直径小于 40μm 时才具有较高的活性。水泥的颗粒越细，水化速率越快，强度也越高。但水泥的颗粒太细，其硬化收缩较大，磨制水泥的成本也较高，因此细度应适宜。

3.1.4 硅酸盐系列水泥的水化作用与凝结硬化

水泥加入适量的水调和后，在水化作用下逐渐形成具有可塑性的浆体，随着时间的增长，水泥浆逐渐变稠失去流动性和可塑性（凝结），随后产生强度逐渐发展成为坚硬的水泥石（硬化）。水泥的凝结和硬化的变化决定了水泥石的某些性质，对水泥的基本性能有着重要意义。

3.1.4.1 硅酸盐水泥的水化作用

水泥加水拌和后，其熟料矿物颗粒表面立即与水发生化学反应，生成水化产物并放出一定的热量。可近似用如下反应式表示。

$$\underset{\text{硅酸三钙}}{2(3CaO\cdot SiO_2)}+6H_2O \longrightarrow \underset{\text{水化硅酸钙}}{3CaO\cdot 2SiO_2\cdot 3H_2O}+3Ca(OH)_2$$

$$\underset{\text{硅酸二钙}}{2(2CaO\cdot SiO_2)}+4H_2O \longrightarrow \underset{\text{水化硅酸钙}}{3CaO\cdot 2SiO_2\cdot 3H_2O}+Ca(OH)_2$$

$$\underset{\text{铝酸三钙}}{3CaO\cdot Al_2O_3}+6H_2O \longrightarrow \underset{\text{水化铝酸钙}}{3CaO\cdot Al_2O_3\cdot 6H_2O}$$

$$\underset{\text{铁铝酸四钙}}{4CaO\cdot Al_2O_3\cdot Fe_2O_3}+7H_2O \longrightarrow \underset{\text{水化铝酸钙}}{3CaO\cdot Al_2O_3\cdot 6H_2O}+\underset{\text{水化铁酸钙}}{CaO\cdot Fe_2O_3\cdot H_2O}$$

为了方便施工，通常在水泥熟料中加入掺量为水泥质量 3% ～ 5% 的石膏，目的是为了缓凝。这些石膏与部分水化铝酸钙反应，生成难溶的水化硫铝酸钙，呈针状晶体并伴有明显的体积膨胀。

$$\underset{\text{水化铝酸钙}}{3CaO\cdot Al_2O_3\cdot 6H_2O}+\underset{\text{石膏}}{3(CaSO_4\cdot 2H_2O)}+19H_2O \longrightarrow \underset{\text{水化硫铝酸钙}}{3CaO\cdot Al_2O_3\cdot 3CaSO_4\cdot 31H_2O}$$

3.1.4.2 硅酸盐水泥的凝结和硬化

硅酸盐水泥加水拌和后，水泥颗粒表面开始与水发生化学反应，逐渐形成水化物膜层，此时的水泥浆既有可塑性又有流动性。随着水化反应的进行，水化物逐渐增多，膜层逐渐长大增厚，并互相接触连接，形成疏松的空间网络，随着自由水分的不断减少，水泥浆体逐渐变稠失去流动性，产生“初凝”。随着反应的继续进行，生成较多的凝胶体和晶体，使网络结构不断加强，水泥浆完全失去可塑性并开始产生强度，即为“终凝”。水泥颗粒内部未水化部分将继续水化，使晶体逐渐增多，凝胶体逐渐密实，最后生成具有一定强度的水泥石，这一过程即为“硬化”，如图 3-2 所示。

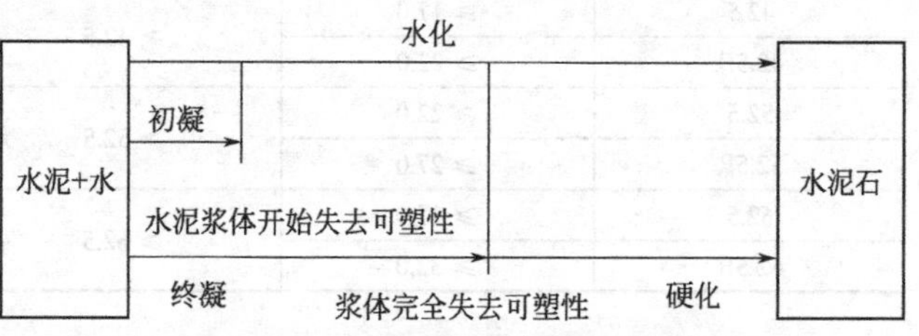

图 3-2 水泥初凝、终凝和硬化示意

水泥的凝结、硬化是人为划分的，实际上是一个连续、复杂的物理、化学变化过程。水泥凝结硬化过程如图 3-3 所示。

3.1.4.3 影响硅酸盐系列水泥凝结硬化的因素

（1）水泥的熟料矿物组成。水泥的矿物组成及比例是影响水泥凝结硬化的最主要因素。当各矿物的相对含量不同时，水泥的凝结硬化速率就不同。当水泥熟料中硅酸三钙、铝酸三钙相对含量较高时，水泥的水化反应速率快，凝结硬化速率也快。

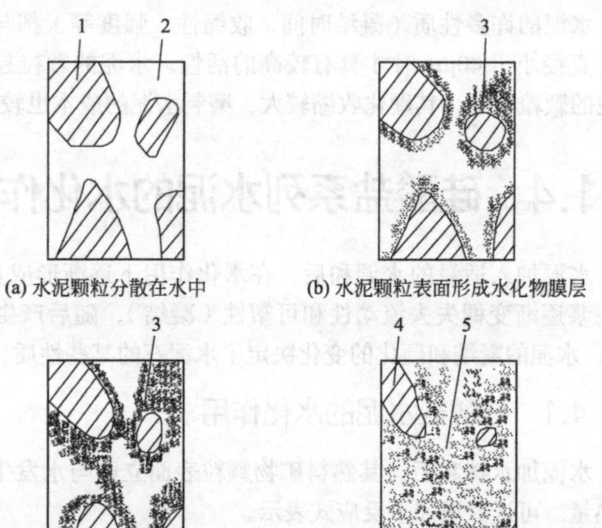

图 3-3 水泥凝结硬化过程示意

1—水泥颗粒；2—水分；3—水泥凝胶体；4—水泥颗粒未水化内核；5—毛细管孔隙

（2）水泥细度。水泥颗粒越细，水化时与水接触的表面积越大，水化反应速率越快、水化产物越多、凝结硬化也快，早期强度就越高。但水泥颗粒过细，会增加磨细的能耗和成本，且易与空气中的水分及 CO_2 反应，不宜久存，过细水泥硬化时还会产生裂缝。水泥颗粒的粒径通常在 7 ～ 200μm 范围内。

（3）水灰比。水泥水灰比的大小直接影响新拌水泥浆体内毛细孔的数量，水泥用量不变的情况下，增加拌和水用量，会增加硬化水泥石中的毛细孔，使其强度降低。另外，增加拌和用水量，会增加水泥的凝结时间。

（4）养护条件（温度和湿度）。温度对水泥的凝结硬化有明显影响。温度越高，水泥凝结硬化速率越快；温度较低，凝结硬化速率减慢，但最终强度不受影响。当温度低于 5℃时，水泥的凝结硬化速率大大减慢；当温度低于 0℃时，水泥水化停止，并有可能在冻融的作用下，因水结冰而导致水泥石结构破坏。因此，混凝土工程冬季施工要采取一定的保温措施。

水泥石的硬化需要足够的湿度，湿度越大，水分越不易蒸发，水泥水化越充分，水泥硬化后强度也越高；若水泥处于干燥环境，水分蒸发快，导致水泥不能充分水化，同时硬化也将停止，严重时会使水泥石产生裂缝。因此，混凝土工程在浇筑后 2 ～ 3 周内要洒水养护，以保证水化时所必需的水分。

（5）龄期。水泥水化是由表及里、逐步深入进行的。在适宜的温度、湿度环境中，随着时间的延续，水泥颗粒内各熟料矿物水化程度的提高，凝胶体不断增加，毛细孔相应减少，水泥的强度增长可持续若干年，水泥的水化程度不断增加。一般情况下，水泥加水拌和后 7d 的强度可达到 28d 强度的 70% 左右，28d 以后的强度增长明显减缓，但是，只要维持适当的温度与湿度，水泥的强度在几个月、几年甚至几十年后还会缓慢持续增长。因此，工程中常以水泥 28d 的强度作为设计强度。

3.1.4.4 水泥石的腐蚀与防止措施

（1）水泥石的腐蚀。通常在正常条件下，水泥石的强度不断增长，具有较好的耐久性。若水泥石长时间处于侵蚀性介质中（如流动的淡水、酸性或盐类溶液、强碱等），会逐渐受到腐蚀而变得疏松，导致强度降低，甚至破坏，这种现象称为水泥石的腐蚀。引起水泥石腐蚀的原因很多，作用机理也很复杂，根据导致水泥石结构破坏、性能降低的机理，可将水泥石的腐蚀分为四种类型。

① 软水侵蚀（溶出性侵蚀）。硅酸盐水泥属于水硬性胶凝材料，在一般水中是难以腐蚀的。但水泥石长期与雨水、雪水、工业冷凝水、蒸馏水等软水相接触，水泥石中的 $Ca(OH)_2$ 将不断溶解。在静水或无水压的水中，$Ca(OH)_2$ 很快处于饱和溶液状态，溶解作用中止，此时溶出仅限于表层，对水泥石影响不大。但在有流动的软水及压力水作用时，$Ca(OH)_2$ 溶液不再处于饱和状态而是不断溶解流失，最终导致水泥石变得疏松的同时水泥石碱度也在降低。而水泥水化产物（水化硅酸钙、水化铝酸钙等）只有在一定的碱度环境中才能稳定存在，所以 $Ca(OH)_2$ 的不断溶出又导致了其他水化产物的分解溶出，使水泥石孔隙不断增大，强度不断下降，最终使水泥石破坏。

在实际工程中，将与软水接触的混凝土预先在空气中放置一段时间，使水泥石中的 $Ca(OH)_2$ 与空气中的 CO_2、水作用，生成 $CaCO_3$ 外壳，可减轻软水侵蚀。

② 酸性侵蚀

a. 一般酸性侵蚀。工业废水、地下水、沼泽水中常含有多种无机酸和有机酸，它们均可与水泥石中的 $Ca(OH)_2$ 发生反应，生成易溶物，如

$$2HCl+Ca(OH)_2 = CaCl_2+2H_2O$$

$$H_2SO_4+Ca(OH)_2 = CaSO_4 \cdot 2H_2O$$

各类酸中对水泥石腐蚀作用最快的是无机酸中的盐酸、氢氟酸、硝酸、硫酸和有机酸中的乙酸、蚁酸和乳酸。

b. 碳酸的侵蚀。在工业污水、雨水、地下水中常溶解有较多的 CO_2，当 CO_2 超过一定量时会对水泥石产生破坏作用，反应过程如下。

$$Ca(OH)_2+CO_2+H_2O = CaCO_3+2H_2O$$

$$CaCO_3+CO_2+H_2O = Ca(HCO_3)_2$$

生成的碳酸氢钙 [$Ca(HCO_3)_2$] 易溶于水，若水中含有较多的碳酸，超过平衡浓度时，水泥石中的 $Ca(OH)_2$ 经过两次反应生成 $Ca(HCO_3)_2$ 而溶解，碱度降低进而导致其他水泥水化产物分解和溶解，使腐蚀作用进一步加强；若水中的碳酸含量不高，低于平衡浓度时，则反应进行到第一个反应式为止，则对水泥石并不起破坏作用。

③ 盐类侵蚀

a. 硫酸盐腐蚀。在海水、地下水和工业污水中常含有钾、钠、氨的硫酸盐，它们与水泥石中的

$Ca(OH)_2$反应生成石膏，石膏再与水泥石中固态水化铝酸钙作用生成高硫型水化硫铝酸钙，反应式如下。

$$3CaO \cdot Al_2O_3 \cdot 6H_2O + 3(CaSO_4 \cdot 2H_2O) + 19H_2O = 3CaO \cdot Al_2O_3 \cdot 3CaSO_4 \cdot 31H_2O$$

高硫型水化硫铝酸钙含大量结晶水，比原体积增加 1.5 倍以上，对水泥石有极大的破坏作用。由于高硫型水化硫铝酸钙呈针状晶体，在水泥石中造成极大的膨胀性破坏，故又称为“水泥杆菌”。

b. 镁盐腐蚀。在海水和地下水中常含有大量硫酸镁（$MgSO_4$）和氯化镁（$MgCl_2$）等镁盐，它们可与水泥石中的$Ca(OH)_2$反应，生成易溶物，反应式如下。

$$Ca(OH)_2 + MgCl_2 = CaCl_2 + Mg(OH)_2$$

$$Ca(OH)_2 + MgSO_4 + 2H_2O = CaSO_4 \cdot 2H_2O + Mg(OH)_2$$

氢氧化镁［$Mg(OH)_2$］松软而无胶凝能力，$CaCl_2$易溶于水，而$CaSO_4 \cdot 2H_2O$则可引起硫酸盐的破坏作用。因此，$MgSO_4$对水泥石有镁盐和硫酸盐双重腐蚀作用。

④ 强碱侵蚀。碱类溶液浓度不大时一般对水泥石是无害的。铝酸盐含量较高的硅酸盐水泥遇到强碱［如氢氧化钠（NaOH）］作用后会被腐蚀破坏。如 NaOH 可与水泥石中未水化的铝酸三钙作用，生成易溶的铝酸钠。

$$3CaO \cdot Al_2O_3 + 6NaOH = 3Na_2O \cdot Al_2O_3 + 3Ca(OH)_2$$

当水泥石被 NaOH 溶液浸透后又在空气中干燥，与空气中的CO_2作用生成碳酸钠（Na_2CO_3），Na_2CO_3在水泥石毛细孔中结晶沉积，可使水泥石胀裂。

$$2NaOH + CO_2 = Na_2CO_3 + H_2O$$

（2）防止水泥石腐蚀的措施。引起水泥石腐蚀可以分为外在因素和内在因素。外在因素是侵蚀性介质以液相形式与水泥石接触，并具有一定的浓度和数量。内在因素主要有两个：一是水泥石中存在易引起腐蚀的成分［$Ca(OH)_2$、水化铝酸钙等］；二是水泥石本身结构不密实，使侵蚀性介质易于进入内部。因此，减轻或防止水泥石的腐蚀，可采取以下措施。

① 根据侵蚀介质特点，合理选用水泥品种。如在软水侵蚀条件下的工程，可选用掺入活性混合材料的水泥，这些水泥的水化产物中$Ca(OH)_2$含量较少，耐软水侵蚀性强。在有硫酸盐侵蚀的工程中，可选用铝酸三钙含量低于 5% 的抗硫酸盐水泥。

② 提高水泥石的密实度，改善孔隙结构。采取适当措施，提高水泥石的密实度，减少腐蚀性介质渗入水泥石内部的通道，并改善孔隙结构，尽量减少毛细孔、连通孔。在实际工程中，可通过降低水灰比、仔细选择骨料、掺外加剂、改善施工方法等措施，提高水泥石的密实度，从而提高水泥石的抗腐蚀性能。

③ 保护层法。可用耐腐蚀的材料，如石料、陶瓷、塑料、沥青等材料覆盖于水泥石的表面，隔断侵蚀性介质与水泥石的接触，达到抗侵蚀的目的。

任务3.2

掺混合材料的硅酸盐水泥

建议课时： 1学时

教学目标

知识目标：了解混合材料的种类以及作用；
了解掺和料硅酸盐水泥的性能及应用。

技能目标：能根据水泥的用途正确选用适当的混合材料；
会根据工程实际需求以及水泥的特性选用适当掺和料硅酸盐水泥。

思政目标：树立攻坚克难、不畏艰辛的职业操守。

凡在硅酸盐水泥熟料中，掺入一定比例的混合材料和适量石膏共同磨细制成的水硬性胶凝材料均属于掺混合材料的硅酸盐水泥。在硅酸盐水泥熟料中掺加一定比例的混合材料，能改善水泥的性能，增加水泥品种，调节水泥的强度等级，扩大水泥的使用范围，提高水泥产量和降低成本的同时还可以综合利用工业废料和地方材料。根据掺入的混合材料的数量和品种不同，硅酸盐水泥主要可以分为普通硅酸盐水泥、矿渣硅酸盐水泥、火山灰质硅酸盐水泥、粉煤灰硅酸盐水泥及复合硅酸盐水泥。

3.2.1 混合材料

用于水泥中的混合材料分为活性混合材料和非活性混合材料两大类。

3.2.1.1 活性混合材料

掺和料硅酸盐水泥的性能及应用

这类混合材料磨成细粉掺入水泥后，能与水泥水化产物 $Ca(OH)_2$ 起化学反应，生成水硬性胶凝材料，凝结硬化后具有强度并能改善硅酸盐水泥的某些性质，称为活性混合材料。常用活性混合材料有粒化高炉矿渣、火山灰质混合材料和粉煤灰。

上述的活性混合材料都含有大量活性的 Al_2O_3 和 SiO_2，它们在 $Ca(OH)_2$ 溶液中会发生水化反应，即“二次水化反应”，生成水化硅酸钙和水化铝酸钙。

$$x\,Ca(OH)_2+SiO_2+mH_2O = xCaO\cdot SiO_2\cdot nH_2O$$

$$y\,Ca(OH)_2+Al_2O_3+mH_2O = yCaO\cdot Al_2O_3\cdot nH_2O$$

与熟料的水化相比，“二次水化反应”的特点是：速率慢、水化热小、对温度和湿度较敏感。

当有石膏（$CaSO_4\cdot 2H_2O$）存在时，将与水化铝酸钙（$yCaO\cdot Al_2O_3\cdot nH_2O$）反应生成水化硫铝酸钙。水泥熟料的水化产物 $Ca(OH)_2$，以及水泥中的石膏具备了使活性混合材料发挥活性的条件，即 $Ca(OH)_2$ 和石膏起着激发水化、促进水泥硬化的作用，故称为激发剂。

常用的激发剂有碱性激发剂和硫酸盐激发剂两类。硫酸盐激发剂的激发作用必须在有碱性激发剂的条件下，才能充分发挥。

3.2.1.2 非活性混合材料

这类混合材料又称为填充材料，经磨细后加入水泥中，不具有活性或活性很微弱的矿质材料，仅起提高产量、调节水泥强度等级、节约水泥熟料、降低水化热等的作用，常用的非活性混合材料有磨细石英砂、石灰石、黏土等。

3.2.2 普通硅酸盐水泥

凡由硅酸盐水泥熟料、5% ～ 20% 混合材料、适量石膏磨细制成的水硬性胶凝材料都称为普通硅酸盐水泥（简称普通水泥），代号 P·O。普通硅酸盐水泥与硅酸盐水泥的差别在于混合材料的掺量比硅酸盐水泥稍多，由于其矿物组成的比例与硅酸盐水泥相近，所以其性能、应用范围与同强度等级的硅酸盐水泥相近。与硅酸盐水泥相比，普通硅酸盐水泥中烧失量不得大于 5.0%，细度用 80μm 方孔筛，筛余量不得超过 10.0%，初凝时间不得早于 45min，终凝时间不得迟于 10h。其余技术要求与硅酸盐水泥相同。普通硅酸盐水泥被广泛应用于各种强度等级的混凝土或钢筋混凝土工程，是我国水泥的主要品种之一。

3.2.3 矿渣硅酸盐水泥

凡由硅酸盐水泥熟料和粒化高炉矿渣、适量石膏磨细制成的水硬性胶凝材料都称为矿渣硅酸盐水泥（简称矿渣水泥），代号 P·S（A 或 B）。水泥中粒化高炉矿渣掺量按质量分数计为 20% ～ 50% 的，代号为 P·S·A；水泥中粒化高炉矿渣掺量按质量分数计为 50% ～ 70% 的，代号为 P·S·B。允许用石灰石、窑灰、粉煤灰和火山灰质混合材料中的一种材料代替矿渣，代替数量不得超过水泥质量的 8%。

矿渣硅酸盐水泥的保水性差，与水拌和时易产生泌水，造成水泥石内部形成较多的连通孔隙，因此矿渣水泥的抗渗性差，且干缩较大，不适合用于有抗渗要求的混凝土工程。由于矿渣水泥掺入的矿渣本身是耐火材料，因此其耐热性好，可用于高温车间和耐热要求高的混凝土工程。

3.2.4 火山灰质硅酸盐水泥

凡由硅酸盐水泥熟料和火山灰质混合材料、适量石膏磨细制成的水硬性胶凝材料都称为火山灰质硅酸盐水泥（简称火山灰水泥），代号 P·P。水泥中火山灰质混合材料掺量按质量分数计为 20% ～ 40%。

火山灰质混合材料粗糙、多孔，故火山灰水泥的保水性好，拌制时需水量大，泌水性较小；火山灰水泥水化后形成较多的水化硅酸钙凝胶，使水泥石结构致密，因而其抗渗性好，适合用于有抗渗要求的混凝土工程。火山灰水泥的干缩大，水泥石易产生微细裂纹，在干热环境中水泥石的表面易产生起粉现象，故火山灰水泥的耐磨性也较差。

3.2.5 粉煤灰硅酸盐水泥

凡由硅酸盐水泥熟料和粉煤灰、适量石膏磨细制成的水硬性胶凝材料都称为粉煤灰硅酸盐水泥（简称粉煤灰水泥），代号P·F。水泥中粉煤灰掺量按质量分数计为20%～40%。

粉煤灰是表面致密的球形颗粒，比表面积小，所以粉煤灰水泥拌和需水量小，因而干缩值小、抗裂性好。粉煤灰水泥适用于抗裂性要求较高的构件以及有抗硫酸盐侵蚀的工程。

3.2.6 复合硅酸盐水泥

凡由硅酸盐水泥熟料、两种或两种以上规定的混合材料、适量石膏磨细制成的水硬性胶凝材料都称为复合硅酸盐水泥（简称复合水泥），代号P·C，水泥中混合材料总掺加量按质量分数计大于20%但不超过50%。水泥中允许用不超过8%的窑灰代替部分混合材料；掺矿渣时混合材料掺量不得与矿渣硅酸盐水泥重复。同时，根据国家标准GB 175—2007，取消了复合硅酸盐水泥32.5、32.5R强度等级。

复合硅酸盐水泥的性能取决于所掺混合材料的种类、掺量，所以综合性能好，是一种可大力发展的新型复合水泥。

矿渣硅酸盐水泥、火山灰质硅酸盐水泥、粉煤灰硅酸盐水泥、复合硅酸盐水泥都是在硅酸盐水泥熟料的基础上，掺入较多的活性混合材料，水泥熟料含量少，因此具有以下共性。

（1）凝结硬化慢，早期强度较低，但后期强度增长较快。水泥加水以后，首先是熟料矿物的水化，掺入水泥中的石膏与熟料水化析出的$Ca(OH)_2$作为碱性激发剂和硫酸盐激发剂激发活性混合材料水化，生成水化硅酸钙和水化铝酸钙等水化产物。其次是与混合材料中的活性氧化硅、氧化铝进行二次化学反应。由于水化分两步进行，因此凝结硬化慢，早期强度低。但二次反应后生成的水化硅酸钙凝胶逐渐增多，其后期强度发展较快，所以不宜用于早期强度要求较高的工程。

（2）水化热较低。由于熟料含量少，水泥水化时放热量高的硅酸三钙、铝酸三钙含量相对减少，所以水化热小且放热缓慢，适合在大体积混凝土中使用，且不宜冬季施工。

（3）耐腐蚀性较好。由于熟料含量少，水化后生成的$Ca(OH)_2$少，且二次水化还要进一步消耗$Ca(OH)_2$，使水泥石结构中碱度降低。所以抵抗海水、软水及硫酸盐腐蚀的能力较强，但抗碳化能力差，适用于抗硫酸盐和软水侵蚀的工程。

（4）对养护温度、湿度敏感，适合蒸汽养护。由于水泥熟料含量较少，低温时凝结硬化缓慢，在温度达到70℃以上的湿热条件下，硬化速率大大加快。

（5）抗冻性、耐磨性差。与硅酸盐水泥相比较，由于加入较多的混合材料，用水量增大，水泥石中孔隙较多，故抗冻性、耐磨性较差，不适用于受反复冻融作用的工程及有耐磨要求的工程。

任务3.3

其他品种水泥

建议课时：1学时

教学目标

知识目标：了解其他品种水泥种类。

技能目标：会根据工程实际需求以及水泥的特性选用适当品种的水泥。

思政目标：树立认真严谨、细致入微的工匠精神。

在实际建筑施工中，往往会遇到一些有特殊要求的工程，如紧急抢修工程、具有鲜艳色彩的工程、耐热耐酸工程、新旧混凝土搭接工程等，前面介绍的五个品种的水泥已不能满足这些工程的要求，这就需要采用其他品种的水泥，如快硬硅酸盐水泥、高铝水泥、膨胀水泥等。

其他品种水泥

3.3.1 快硬硅酸盐水泥

凡是由硅酸盐水泥熟料和适量石膏共同磨细制成的，以3d抗压强度表示标号的水硬性胶凝材料都称为快硬硅酸盐水泥（简称快硬水泥）。快硬硅酸盐水泥的制造方法与硅酸盐水泥基本相同，不同之处是水泥熟料中铝酸三钙和硅酸三钙的含量高，两者的总量不少于65%。因此，快硬水泥的早期强度增长快且强度高，水化热也大。

《快硬硅酸盐水泥》（GB 199—90）规定：初凝不得早于45min，终凝不得迟于10h；按1d和3d的抗压强度、抗折强度划分为32.5、37.5、42.5三个强度等级。这种水泥可用于配制早强、高强混凝土的工程、紧急抢修的工程和低温施工工程，但不宜用于大体积混凝土工程。快硬水泥易受潮变质，故储存和运输时应特别注意防潮，且储存时间不宜超过一个月。

3.3.2 铝酸盐水泥（高铝水泥）

铝酸盐水泥是以铝矾土和石灰石为主要原料，故也称矾土水泥，经高温煅烧所得的以铝酸钙为主要矿物的水泥熟料，经过研磨制成的水硬性胶凝材料，代号为CA。铝酸盐水泥早期强度增长快，水化热大而且强度高，并以3d抗压强度表示标号，分为42.5、52.5、62.5、72.5四个强度等级。

铝酸盐水泥具有快凝、早强、高强、低收缩、耐热性好和耐硫酸盐腐蚀性强等特点，适用于工期紧急的工程、抢修工程、冬季施工的工程和耐高温工程，还可以用来配制耐热混凝土、耐硫酸盐混凝土等。但铝酸盐水泥的水化热大、耐碱性差，不宜用于大体积混凝土，不宜采用蒸汽等湿热养护。长期强度会降低40%～50%，不适用于长期承载的承重构件。在运输和储存过程中要注意防潮，否则吸湿后强度下降快。

3.3.3 膨胀水泥

一般水泥在凝结硬化过程中会产生不同程度的收缩，使水泥混凝土构件内部产生微裂缝，影响混凝土的强度及其他许多性能。而膨胀水泥在硬化过程中能够产生一定的膨胀，消除由收缩带来的不利影响。

常用的膨胀水泥品种有硅酸盐膨胀水泥、低热微膨胀水泥、膨胀硫铝酸盐水泥、自应力水泥等。

硅酸盐膨胀水泥主要用于防水混凝土，加固结构、浇筑机器底座或固结地脚螺栓，还可用于接缝及修补工程，但禁止在有硫酸盐侵蚀的工程中使用。

低热微膨胀水泥主要用于要求较低水化热和要求补偿收缩的混凝土以及大体积混凝土，还可用于要求抗渗和抗硫酸盐侵蚀的工程。

膨胀硫铝酸盐水泥主要用于配置接点、抗渗和补偿收缩的混凝土工程。

自应力水泥主要用于自应力钢筋混凝土压力管及其配件。

3.3.4 装饰系列水泥

3.3.4.1 白色硅酸盐水泥

由氧化铁含量少的硅酸盐水泥熟料加入适量石膏，磨细制成的水硬性凝胶材料称为白色硅酸盐水泥，简称白水泥，代号P·W。

白水泥与常用水泥的生产制造方法基本相同，关键是严格控制水泥原料的铁含量，严防在生产过程中混入铁质。此外，锰、铬等的氧化物，因为当硅酸盐水泥中含氧化铁（Fe_2O_3）较多（3%～4%），水泥呈暗灰色；当 Fe_2O_3 含量在0.5%以下时，则水泥接近白色。在实际生产过程中还需采取以下措施：采用无灰分的气体燃料或液体燃料燃烧；在粉磨生料和熟料时，要严格避免带入铁质。

3.3.4.2 彩色硅酸盐水泥

彩色硅酸盐水泥简称彩色水泥，根据其着色方法不同，有三种生产方式：一是直接烧成法，在水泥生料中加入着色原料而直接煅烧成彩色水泥熟料，再加入适量石膏共同磨细；二是染色法，将白色硅酸盐水泥熟料或硅酸盐水泥熟料、适量石膏和碱性着色物质共同磨细制得彩色水泥；三是将干燥状态的着色物质直接掺入白水泥或硅酸盐水泥中。当工程使用量较少时，常用第三种办法。

彩色水泥中加入的颜料，必须具有良好的大气稳定性及耐久性，不溶于水，分散性好，抗碱性强，不参与水泥水化反应，对水泥的组成和特性无破坏作用等特点。常用的颜料有氧化铁红（或黑、褐、黄）、二氧化锰（黑褐色）、氧化铬（绿色）、钴蓝（蓝色）等。

白色和彩色硅酸盐水泥，主要用于建筑装饰工程中，常用于配制各种装饰混凝土和装饰砂浆，如水磨石、水刷石、人造大理石、干黏石等，也可配制彩色水泥浆用于建筑物的墙面、柱面、天棚等处的粉刷，或用于陶瓷铺贴的勾缝等。

3.3.4.3 砌筑水泥

凡由一种或一种以上的水泥混合材料，加入适量硅酸盐水泥熟料和石膏，经磨细制成的砌筑性好的泥水硬性胶凝材料，都称为砌筑水泥，代号 M。水泥中混合材料掺和量按质量分数计应大于 50%，允许掺入适量的石灰石或窑灰。水泥中混合材料掺和量不得与矿渣硅酸盐水泥重复。

砌筑水泥应符合《砌筑水泥》(GB/T 3183—2017）的规定：水泥中三氧化硫（SO_3）含量不得超过 4.0%；细度规定为 80μm 孔筛筛余不得超过 10%；初凝不得早于 60min，终凝不得迟于 12h。安定性用沸煮法检验应合格；保水率应不低于 80%；分为 17.5 和 22.5 两个强度等级。

砌筑水泥是针对砌体工程中配制砌筑砂浆的需要而生产的专用水泥。砌筑水泥的强度低，硬化较慢，但其和易性、保水性较好。砌筑水泥主要用于砌筑和抹面砂浆、垫层混凝土等，不得用于结构混凝土。

3.3.4.4 道路硅酸盐水泥

随着我国经济建设的发展，高等级公路越来越多，水泥混凝土路面已成为主要路面之一。对专供公路、城市道路和机场跑道所用的道路水泥，我国制定了《道路硅酸盐水泥》(GB 13693—2017）。

由道路硅酸盐水泥熟料、0 ～ 10% 活性混合材料和适量石膏共同磨细制成的水硬性胶凝材料，称为道路硅酸盐水泥，简称道路水泥，代号 P·R。道路硅酸盐水泥熟料中硅酸钙和铁铝酸四钙的含量较多，要求铁铝酸四钙的含量不得低于 16%，铝酸三钙的含量不得大于 5.0%

道路硅酸盐水泥耐磨性好、收缩小，抗冻性、抗冲击性好，有较高的抗折强度和良好的耐久性。使用道路硅酸盐水泥铺筑路面，可减少混凝土路面的断板、温度裂缝和磨耗，减少路面维修费用，延长道路使用年限。道路硅酸盐水泥适用于公路路面、机场跑道、城市广场等工程的面层混凝土。

任务3.4

水泥的验收、运输与储存

建议课时：1学时

教学目标

知识目标：了解水泥的取样、验收及保管方法。

技能目标：能正确验收以及保管水泥。

思政目标：培养行远自迩、笃行不怠的务实态度。

水泥作为建筑材料中最常用的材料之一，在工程建设中发挥着巨大的作用。对水泥进行严格的质量验收并且妥善保管是确保工程质量的重要措施之一。

水泥的验收、运输与储存

3.4.1 水泥的验收

3.4.1.1 品种验收

水泥袋上应清楚标明：产品名称、代号、净含量、强度等级、生产许可证编号、生产者名称和地址、出厂编号、执行标准号，包装年、月、日，掺火山灰质混合材料的普通水泥还应标上“掺火山灰”字样，包装袋两侧应印有水泥名称和强度等级，硅酸盐水泥和普通硅酸盐水泥的印刷采用红色，矿渣水泥的印刷采用绿色，火山灰、粉煤灰水泥和复合水泥采用黑色。

3.4.1.2 数量验收

水泥可以袋装或散装，袋装水泥每袋净含量50kg，且不得少于标志质量的98%；随机抽取20袋总质量不得少于1000kg，其他包装形式由双方协商确定，但有关袋装质量要求，必须符合上述原则规定；散装水泥平均堆积密度为1450kg/m^3，袋装压实的水泥为1600kg/m^3。

3.4.1.3 质量验收

水泥出厂前应按品种、强度等级和编号取样试验，袋装水泥和散装水泥应分别进行编号和取样，取样应有代表性，可连续取，亦可从20个以上不同部位取等量样品，总量不少于12kg。交货时水泥的质量验收可抽取实物试样以其检验结果为依据，也可以水泥厂同编号水泥的检验报告为依据。采取何种方法验收由双方商定，并在合同或协议中注明。以抽取实物试样的检验结果为验收依据时，买卖双方应在发货前或交货地共同取样和签封，取样数量20kg，缩分为两等份：一份由卖方保存40d；另一份由买方按标准规定的项目和方法进行检验。在40d内买方检验认为水泥质量不符合标准要求时，可将卖方保存的一份试样送水泥质量监督检验机构进行仲裁检验。以水泥厂同编号水泥的检验报告为验收依据时，在发货前或交货时买方在同编号水泥中抽取试样，双方共同签封后保存三个月；或委托卖方在同编号水泥中抽取试样，签封后保存三个月。在三个月内，买方对水泥质量有疑问时，则买卖双方应将签封的试样送省级或省级以上国家认可的水泥质量监督检验机构进行仲裁检验。

3.4.2 水泥的运输与储存

不同品种、标号、批次的水泥由于矿物组成不同，凝结时间不同，严禁混杂使用。在正常储存条件下，储存 3 个月，强度降低 10% ～ 25%，储存 6 个月，强度降低 25% ～ 40%。因此，水泥在储存和运输时不得受潮或混入杂质，储存时间不宜过长，常用水泥储存期为 3 个月，铝酸盐水泥为 2 个月，双快水泥不宜超过 1 个月，过期水泥在使用时应重新检测，按实际强度使用。

水泥一般应入库存放。水泥仓库应保持干燥，库房地面应高出室外地面 30cm，离开窗户和墙壁 30cm 以上，袋装水泥堆垛不宜过高，以免下部水泥受压结块，一般为 10 袋，如存放时间短，库房紧张，也不宜超过 15 袋，注意先到先用，避免积压过期。不同品种、强度等级、出厂日期的水泥应分开存放，并标志清楚。

思考与练习

一、填空

1. 硅酸盐水泥熟料由________、________、________和________四种主要矿物组成。

2. 生产硅酸盐水泥时必须掺入适量石膏，其目的是________。当石膏掺量过多时，会导致________；当石膏掺量不足时，会发生________。

3. 硅酸盐水泥侵蚀的类型有________、________、________、________。

4. 硅酸盐水泥的初凝时间________，终凝时间________。

5. 水泥的体积安定性用________方法测定。

6. 矿渣水泥与普通水泥相比，其早强________，后强________，水化热________，抗腐蚀性________，抗冻性________。

二、判断题

1. 硅酸盐水泥的初凝时间为 45min。(　　)

2. 粉煤灰水泥适合蒸汽养护和大体积混凝土工程。(　　)

3. 矿渣水泥不适合用于高温工程和紧急抢修工程。(　　)

4. 硅酸盐水泥能用于与流动淡水接触的工程。(　　)

5. 影响硬化水泥石强度的最主要因素是水泥熟料的矿物组成，与水泥的细度及拌和加水量的多少关系不大。(　　)

三、单项选择题

1. 下列材料属于水硬性胶凝材料的是 (　　)。

A. 水玻璃　　B. 石灰

C. 石膏　　D. 水泥

2. 硅酸盐水泥熟料中强度最高的是 (　　)。

A. 硅酸三钙　　B. 硅酸二钙

C. 铝酸三钙　　D. 铁铝酸四钙

3. 国标规定：硅酸盐水泥的初凝时间不得早于 (　　)。

A. 45min　　B. 60min

C. 2h　　D. 30min

4. 硅酸盐水泥熟料中水化最快的是 (　　)。

思考与练习

A. 硅酸三钙　　B. 硅酸二钙

C. 铝酸三钙　　D. 铁铝酸四钙

5. 水泥的安定性是指水泥浆在硬化时（　　）的性质。

A. 产生高密实度　　B. 体积变化均匀

C. 不变形　　D. 不产生裂缝

6. 硅酸盐水泥适用于下列（　　）混凝土工程。

A. 大体积　　B. 预应力钢筋

C. 耐热　　D. 受海水侵蚀

五、简答题

1. 硅酸盐系列水泥的生产工艺可简单概括成“两磨一烧”，简述具体步骤。

2. 制造硅酸盐水泥为什么必须掺入适量的石膏？其掺量太多或太少时，将发生什么情况？

3. 什么是活性混合材料和非活性混合材料？常掺入的混合材料有哪些？在硅酸盐水泥中各起什么作用？

4. 简述快硬硅酸盐水泥、白色硅酸盐水泥和道路水泥的定义、特性与用途。

5. 某工程工期较短，现有强度等级同为 42.5 的硅酸盐水泥和矿渣水泥可选用。从有利于按期竣工的角度出发，选用哪种水泥更为有利？

6. 简述铝酸盐水泥为何不宜蒸汽养护？

7. 仓库内有三种白色胶凝材料，分别是生石灰粉、建筑石膏和白水泥，试用简易的方法加以辨别。

项目4

混凝土

任务4.1

混凝土概述

建议课时：4学时

教学目标

知识目标：能识记混凝土的定义、特点；
能识记骨料的种类与技术指标；
能识记混凝土外加剂的种类、性能及应用。

技能目标：能够评定骨料颗粒级配；
能够确定细骨料细度模数和粗骨料最大粒径等。

思政目标：培养广泛涉猎并深入钻研土木工程的专业知识；
树立求真创新精神、广阔的国际视野、良好的团队协作精神；
培养沟通交流的能力及自主和终身学习能力。

4.1.1 混凝土的定义与特点

混凝土概述

混凝土是当代最主要的建筑材料之一。它是由胶凝材料、颗粒状集料（也称为骨料）、水以及外加剂和掺和料按一定比例配制，经拌和、浇筑、成型、养护等工艺，硬化而成的一种人工石材。

混凝土具有原料丰富、价格低廉、生产工艺简单的特点，因而使其用量越来越大。同时混凝土还具有抗压强度高、耐久性好、强度等级范围宽等特点。这些特点使其使用范围十分广泛，不仅在各种土木工程中使用，即使在造船业、机械工业、海洋开发、地热工程等中，混凝土也是重要的材料。

4.1.2 混凝土的分类

混凝土的种类很多，分类方法也很多。混凝土通常从以下几个方面分类。

4.1.2.1 按表观密度分类

按表观密度分为重混凝土、普通混凝土和轻混凝土。

重混凝土是表观密度大于 2600kg/m^3 的混凝土，常由重晶石和铁矿石配制而成。

普通混凝土是表观密度为 1950 ～ 2600kg/m^3 的水泥混凝土，主要以砂、石子和水泥配制而成，是建筑工程中最常用的混凝土品种。

轻混凝土是表观密度小于 1950kg/m^3 的混凝土，包括轻骨料混凝土、多孔混凝土和大孔混凝土等。

4.1.2.2 按胶凝材料分类

可分为无机胶凝材料混凝土和有机胶凝材料混凝土。

无机胶凝材料混凝土，如水泥混凝土、石膏混凝土、硅酸盐混凝土、水玻璃混凝土等。

有机胶凝材料混凝土，如沥青混凝土、聚合物混凝土等。

4.1.2.3 按使用功能和特性分类

可分为结构混凝土、道路混凝土、防辐射混凝土、防水混凝土、耐热混凝土、耐酸混凝土、装饰混凝土等。

4.1.2.4 按生产和施工方法分类

可分为现场搅拌混凝土、预拌混凝土（商品混凝土）、泵送混凝土、喷射混凝土、碾压混凝土、离心混凝土等。

4.1.3 混凝土的主要组成材料

混凝土是由水泥、砂、石和水按一定比例组成，另外还常掺入适量的掺和料及外加剂制成的拌和物。砂、石在混凝土中起骨架作用，故也称为骨料（或称集料）。水泥和水形成水泥浆，填充在砂、石的空隙中，起填充作用，使混凝土获得必要的密实性。水泥浆在硬化之前，包裹在砂、石表面起润滑作用，并赋予混凝土一定的流动性，便于施工。水泥浆硬化后，能将砂、石骨料胶结在一起，使混凝土产生一定的强度，成为坚硬的人造石材。混凝土结构如图 4-1 所示。

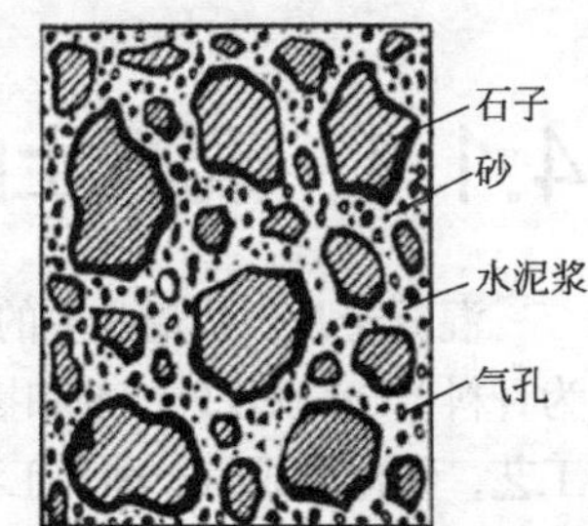

图 4-1 混凝土结构示意

4.1.3.1 水泥

水泥是混凝土中最重要的组成成分，关系到混凝土的和易性、强度、耐久性和经济性。合理选择水泥，对于保证混凝土的质量，降低成本是非常重要的。

配制混凝土用的水泥品种，应当根据工程性质与特点、工程所处环境、施工条件以及各种水泥的特性等合理选择。配制一般的混凝土可以选用硅酸盐水泥、普通硅酸盐水泥、矿渣硅酸盐水泥、火山灰质硅酸盐水泥及粉煤灰硅酸盐水泥、复合硅酸盐水泥等通用水泥。有抗冻要求的混凝土应优先选用硅酸盐水泥或普通硅酸盐水泥，不得使用火山灰质硅酸盐水泥；有抗磨要求的混凝土应优先选用硅酸盐水泥或普通硅酸盐水泥；高强混凝土应优先选用硅酸盐水泥或普通硅酸盐水泥；泵送混凝土应选用硅酸盐水泥、普通硅酸盐水泥、矿渣硅酸盐水泥和粉煤灰硅酸盐水泥，不宜采用火山灰质硅酸盐水泥；大体积混凝土应选用水化热低、凝结时间长的水泥，优先选用大坝水泥、矿渣硅酸盐水泥、粉煤灰硅酸盐水泥、火山灰质硅酸盐水泥；当环境水对混凝土可能发生较严重的硫酸盐侵蚀时，应选用抗硫酸盐硅酸盐水泥。

水泥强度等级的选择应与混凝土的设计强度等级相适应。若用低强度等级的水泥配制高强度等级的混凝土，不仅会使水泥用量过多而不经济，还会使混凝土收缩和水化热增大；反之，若用高强度等级的水泥配制低强度等级的混凝土，只从混凝土的强度考虑，少量水泥就能满足要求，但为满足混凝土拌和物的和易性及混凝土的耐久性就需额外增加水泥用量，造成水泥的浪费。通常配制一般混凝土时，水泥强度等级为混凝土强度等级的 1.5 ～ 2.0 倍为宜，对于高强度混凝土（≥ 60MPa），为混凝土抗压强度的 0.9 ～ 1.5 倍。但是，随着混凝土强度等级不断提高，以及采用了新的工艺和外加剂，高强度和高性能混凝土不受此比例约束。

4.1.3.2 细骨料

混凝土用骨料按其粒径大小不同，分为细骨料和粗骨料。粒径为 0.15 ～ 4.75mm 的骨料称为细骨料。细骨料主要有天然砂和人工砂两类。天然砂有河砂、海砂、山砂之分，以洁净的河砂为优。人工砂颗粒粗糙且含一定量的石粉，故拌制的混凝土不仅强度高，而且和易性也容易得到保证。

选择砂的品种时一定要因地制宜，以保证优质经济。砂按其技术要求分为Ⅰ、Ⅱ、Ⅲ三个类别。我国《建设用砂》(GB/T 14684—2011）对建筑工程中所采用的细骨料，提出了以下几个主要技术要求。

（1）砂的质量标准。砂应质地坚硬、清洁，有害杂质含量不超过限量。砂中有害杂质主要有：黏土、淤泥、黑云母、硫化物、硫酸盐、有机物以及贝壳、煤屑等轻物质。黏土、淤泥、黑云母会影响水泥与骨料的胶结，含量多时，会使混凝土强度降低。尤其是成团的黏土，对混凝土强度的影响更为严重。砂中含泥量和泥块含量规定见表 4-1。硫化物、硫酸盐、有机物对水泥有侵蚀作用，会影响混凝土的强度及耐久性，其规定见表 4-2。

表 4-1 砂中含泥量和泥块含量规定

项目	指标		
	Ⅰ类	Ⅱ类	Ⅲ类
含泥量（按质量计）/%	≤ 1.0	≤ 3.0	≤ 5.0
泥块含量（按质量计）/%	0	≤ 1.0	≤ 2.0

表 4-2 砂中有害物质含量规定

项目	指标		
	Ⅰ类	Ⅱ类	Ⅲ类
云母（按质量计）/%	≤ 1.0	≤ 2.0	≤ 2.0
轻物质（按质量计）/%	≤ 1.0	≤ 1.0	≤ 1.0
有机物（比色法）	合格	合格	合格
硫化物及硫酸盐（按 SO_3 质量计）/%	≤ 0.5	≤ 0.5	≤ 0.5
氯化物（按 Cl^- 质量计）/%	≤ 0.01	≤ 0.02	≤ 0.06
硫酸钠溶液干湿 5 次循环后的质量损失 /%	≤ 8	≤ 8	≤ 10
单击最大压碎性指标 /%	≤ 20	≤ 25	≤ 30

（2）砂的粗细程度和颗粒级配。砂的粗细程度是指不同粒径的砂粒混合在一起后砂的粗细程度。砂子通常分为粗砂、中砂和细砂。在砂用量相同的情况下，若砂子过细，砂子的总表面积较大，需要较多的水泥浆包裹砂子表面，水泥用量增大；若砂子过粗，则拌制的混凝土黏聚性会较差，容易产生离析、泌水现象。因此，配制混凝土的砂不宜过细，也不宜过粗。

砂的颗粒级配是指砂中不同大小颗粒互相搭配的比例情况。砂中大小颗粒含量搭配适当，则其空隙率和总表面积都较小，即具有良好的颗粒级配。在混凝土中，砂粒之间的空隙由水泥浆所填充，为了达到节约水泥和提高强度的目的，应尽量使用级配良好的砂，不仅所用水泥浆量少，节约水泥，而且可提高混凝土的和易性、密实度和强度。

砂的粗细程度和颗粒级配常用筛分法测定。筛分试验是将预先通过 10mm 孔径的干砂，称取 500g 置于一套孔径为 4.75mm、2.36mm、1.18mm、0.60mm、0.30mm、0.15mm 的标准筛上依次过筛，称取各筛上的余物质量，计算各筛分计筛余率（各筛筛余物质量占砂样总量的比例）及累计筛余率（该筛及比该筛孔径大的筛的所有分计筛余率之和）。累计筛余率与分计筛余率的关系见表 4-3。

表 4-3 累计筛余率与分计筛余率的关系

筛孔尺寸 /mm	筛余量 /g	分级筛余率 /%	累计筛余率 /%
4.75	m_1	a_1	$A_1=a_1$
2.36	m_2	a_2	$A_2=a_1+a_2$
1.18	m_3	a_3	$A_3=a_1+a_2+a_3$
0.60	m_4	a_4	$A_4=a_1+a_2+a_3+a_4$
0.30	m_5	a_5	$A_5=a_1+a_2+a_3+a_4+a_5$
0.15	m_6	a_6	$A_6=a_1+a_2+a_3+a_4+a_5+a_6$

砂的粗细程度通常用细度模数（M_x）表示，计算公式为

$$M_x=\frac{A_2+A_3+A_4+A_5+A_6-5A_1}{100-A_1} \tag{4-1}$$

细度模数 M_x 越大，表示砂越粗。M_x=3.1 ～ 3.7 的为粗砂，M_x=2.3 ～ 3.0 的为中砂，M_x=1.6 ～ 2.2 的为细砂。

砂的级配可用级配曲线表示。对细度模数为 3.7 ～ 1.6 的普通混凝土用砂，按《建筑用砂》（GB/T 14684—2011）规定，根据 0.63mm 筛孔的累计筛余率分成三个级配区，见表 4-4。混凝土用砂的颗粒级配，应处于表 4-4 中任何一个级配区以内。砂的实际颗粒级配与表 4-4 中所列的累计筛余率相比，除 4.75mm、0.60mm 筛号外，允许稍有超出分区界线，但其总量不应大于 5%。

表 4-4 砂的颗粒级配

筛孔尺寸 /mm	累计筛余率（天然砂）/%		
	Ⅰ区	Ⅱ区	Ⅲ区
4.75	0 ～ 10	0 ～ 10	0 ～ 10
2.36	5 ～ 35	0 ～ 25	0 ～ 15
1.18	35 ～ 65	10 ～ 50	0 ～ 25
0.60	71 ～ 85	41 ～ 70	16 ～ 40
0.30	80 ～ 95	70 ～ 92	55 ～ 85
0.15	90 ～ 100	90 ～ 100	90 ～ 100

以累计筛余率为纵坐标，以筛孔尺寸为横坐标，根据表 4-4 画出砂的 3 个级配区的筛分曲线，如图 4-2 所示。砂的筛分曲线应处于任何一个级配区内。可通过观察筛分曲线偏向情况大致判断砂的粗细程度，当筛分曲线偏向右下方时，表示砂较粗；当筛分曲线偏向左下方时，表示砂较细。

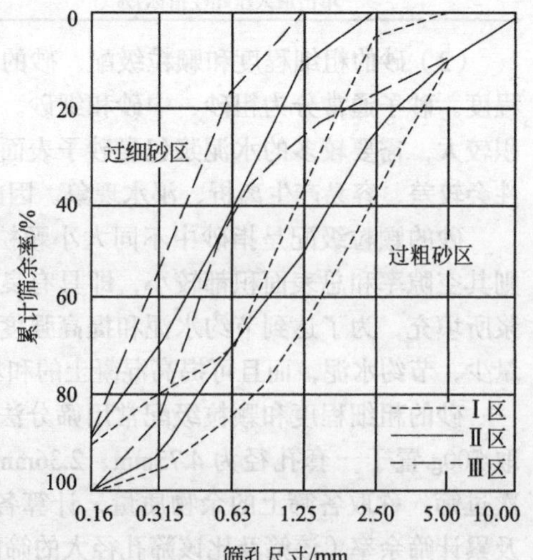

图 4-2 砂的级配曲线

配制混凝土时宜优先选用Ⅱ区砂。当采用Ⅰ区砂时，应适当提高砂率，并保证足够的水泥用量，以满足混凝土的和易性；当采用Ⅲ区砂时，宜适当降低砂率，以保证混凝土强度。混凝土中砂的级配如果不合适，可采用人工掺配的方法来改善，即将粗、细砂按适当比例进行掺和使用。

（3）砂的物理性质。建筑工程中混凝土用砂的表观密度一般为 2550 ～ 2750kg/m³。干砂的堆积密度一般为 1450 ～ 1700kg/m³。空隙率一般为 35% ～ 45%，配制混凝土用砂，要求空隙率小，一般不宜超过 40%。

根据砂中所含水分多少，可以分为四种状态：完

全干燥状态、风干状态、饱和面干状态和潮湿状态。以干砂的体积为标准，当含水率为5%～7%时，体积增大25%～30%，这是由于砂在此种含水状态时，颗粒表面包有一层水膜，使砂粒互相黏附，流动性消失形成更疏松的结构。若含水率再增大，包裹砂粒表面的水膜增厚至破裂，砂粒相互间就不能黏附，重新恢复流动性，体积反而缩小。砂中含水量的不同，将会影响混凝土的拌和水量及砂的用量，在混凝土配合比设计中为了有可比性，规定砂的用量应按完全干燥状态为准计算，对于其他状态含水率应进行换算。

4.1.3.3 粗骨料

骨料中粒径大于4.75mm的颗粒为粗骨料，普通混凝土常用卵石或碎石作为粗骨料。

卵石是岩石经自然作用而形成的。卵石颗粒较圆，表面光滑，空隙率及表面积较小，拌制的混凝土和易性好，但与水泥的胶结能力较差。因此，在相同的条件下，卵石混凝土强度低于碎石混凝土。碎石由天然岩石或卵石经人工或机械破碎、筛分而得。碎石有棱角，表面粗糙，空隙率及表面积较大，拌制的混凝土和易性较差，但碎石与水泥的胶结较好，在相同的条件下，碎石混凝土的强度高于卵石混凝土。但碎石的成本一般较高。

（1）粗骨料的质量标准。粗骨料中常含有一些有害杂质，如淤泥、硫化物、硫酸盐、有机物和其他活性氧化物等，它们的危害作用与其在细骨料中的危害相同。此外，针、片状颗粒的含量也不宜过多。碎石和卵石质量控制指标见表4-5。

表4-5　碎石和卵石质量控制指标

项目	指标		
	Ⅰ类	Ⅱ类	Ⅲ类
含泥量（按质量计）/%	≤0.5	≤1.0	≤1.5
泥块含量（按质量计）/%	≤0	≤0.2	≤0.5
有机物	合格	合格	合格
硫化物及硫酸盐（按SO_3质量计）/%	≤0.5	≤1.0	≤1.0
针、片状颗粒含量（按质量计）/%	≤5	≤15	≤25
硫酸钠溶液干湿5次循环后的质量损失/%	≤5	≤8	≤12
碎石压碎性指标/%	≤10	≤20	≤30
卵石压碎性指标/%	≤12	≤14	≤16

为保证混凝土的强度要求，粗骨料必须具有足够的强度。碎石和卵石的强度，可采用岩石抗压强度和压碎指标两种方法检验。

① 岩石立方体抗压强度检验。将母岩制成边长为50mm的立方体（或直径与高均为50mm的圆柱体）试件，在水中浸泡48h后取出并擦干其表面，然后放在压力机上测定其极限抗压强度值。岩石立方体的抗压强度与所采用的混凝土强度等级之比不应小于1.5。另外，火成岩的抗压强度应不宜低于80MPa，变质岩不宜低于60MPa，水成岩不宜低于30MPa。

② 压碎指标检验。用压碎指标表示粗骨料的强度时，是将一定质量气干状态下的9.5～19.0mm的石子装入一定规格的圆筒内，在压力机上均匀施加荷载到200kN并稳荷5s，卸荷后称取试样质量（m_0），用孔径为2.36mm的筛筛除被压碎的细粒后称取试样的筛余量（m_1）。压碎指标按式（4-2）计算。

$$压碎指标=\frac{m_0-m_1}{m_0}\times100\% \tag{4-2}$$

压碎指标值越小，表示粗骨料抵抗压碎破坏的能力越强。建筑工程用水泥混凝土及其制品中，碎石和卵石的压碎指标如表4-6所列。

表 4-6 碎石和卵石的压碎指标

项目	指标		
	Ⅰ类	Ⅱ类	Ⅲ类
碎石压碎指标 /%	≤ 10	≤ 20	≤ 30
卵石压碎指标 /%	≤ 12	≤ 14	≤ 16

（2）颗粒形状及表面特征。为提高混凝土强度和减小骨料间的空隙，粗骨料比较理想的颗粒形状应是长度相等或相近的球形或立方体形颗粒。针状颗粒和片状颗粒不仅本身受力时容易折断，影响混凝土的强度，而且会增大骨料的空隙率，使混凝土拌和物的和易性变差。混凝土中，针、片状粗骨颗粒的含量应符合表 4-5 中的规定。

骨料表面特征主要是指骨料表面的粗糙程度及孔隙特征等。它主要影响骨料与水泥石之间的黏结性能，进而影响混凝土的强度。碎石表面粗糙且具有吸收水泥浆的孔隙特征，所以与水泥石的黏结能力较强；卵石表面光滑且棱角少，与水泥石的黏结能力较差，但混凝土拌和物的和易性较好。在相同条件下，碎石混凝土比卵石混凝土的强度高 10% 左右。

（3）最大粒径及颗粒级配

① 最大粒径。粗骨料公称粒级的上限称为该粒级的最大粒径。粗骨料的最大粒径较大时，骨料的总表面积较小，这样可以节省水泥浆的用量，也使混凝土的发热量降低。所以在条件许可时，应尽量选择较大的最大粒径。

由于结构尺寸和钢筋间距的限制，在便于施工和保证工程质量的前提下，根据《混凝土结构工程施工质量验收规范》（GB 50204—2015）的规定，混凝土用的粗骨料，其最大颗粒粒径不得超过结构截面最小尺寸的 1/4，且不得超过钢筋间最小净距的 3/4。对混凝土实心板，骨料的最大粒径不宜超过板厚的 1/3，且不得超过 40mm。若采用泵送混凝土时，还要根据泵管直径加以选择。

② 颗粒级配。与细骨料相同，粗骨料级配好坏，对保证混凝土和易性、强度及耐久性也具重要意义。粗骨料也要求有良好的颗粒级配，以减小空隙率，增强密实性，在保证混凝土的和易性及强度的前提下节约水泥。配制高强度混凝土时，粗骨料级配尤其重要。粗骨料的级配也可通过筛分试验来确定，其标准筛的孔径有 2.36mm、4.75mm、9.50mm、16.0mm、19.0mm、26.5mm、31.5mm、37.5mm、53.0mm、63.0mm、75.0mm、90mm。筛分后计算出各筛分计筛余率和累计筛余率。分计筛余率及累计筛余率的计算方法与砂相同。普通混凝土用碎石或卵石的颗粒级配应符合表 4-7 的规定。

表 4-7 普通混凝土用碎石或卵石的颗粒级配

级配	累计筛余率 /% 公称粒级 /mm	筛孔尺寸 /mm											
		2.36	4.76	9.5	16.0	19.0	26.5	31.5	37.5	53.0	63.0	75.0	90.0
连续粒级	5 ～ 16	95 ～ 100	85 ～ 100	30 ～ 60	0 ～ 10	0							
	5 ～ 20	95 ～ 100	90 ～ 100	40 ～ 80		0 ～ 10	0						
	5 ～ 25	95 ～ 100	90 ～ 100		30 ～ 70		0 ～ 5	0					
	5 ～ 31.5	95 ～ 100	90 ～ 100	70 ～ 90		15 ～ 45		0 ～ 5	0				
	5 ～ 40		95 ～ 100	70 ～ 90		30 ～ 65			0 ～ 5	0			
单粒粒级	5 ～ 10	95 ～ 100	80 ～ 100	0 ～ 15	0								
	10 ～ 16		95 ～ 100	80 ～ 100	0 ～ 15	0							
	10 ～ 20		95 ～ 100	85 ～ 100		0 ～ 15	0						
	16 ～ 25			95 ～ 100	55 ～ 70	25 ～ 40	0 ～ 10	0					
	16 ～ 31.5		95 ～ 100		85 ～ 100			0 ～ 10	0				
	20 ～ 40			95 ～ 100		80 ～ 100			0 ～ 10	0			
	40 ～ 80					95 ～ 100			70 ～ 100		30 ～ 60	0 ～ 10	

骨料的级配分为连续级配和间断级配两种。连续级配是按颗粒尺寸由大到小，各粒径级都占有适当的比例，连续级配颗粒极差小，配制的混凝土拌和物的和易性好，不宜发生离析，工程中应用较为广泛。间断级配是人为剔除某些中间粒级颗粒，则大颗粒的空隙由比它小得多的颗粒去填充，故空隙较小，可最大限度地发挥骨料的骨架作用，节约水泥用量。但间断级配容易使混凝土拌和物产生离析现象，增加施工困难，因此工程中应用较少。

4.1.3.4 拌和及养护用水

混凝土用水的水源有自来水、地表水、地下水、海水及经适当处理后的工业废水，但水质必须符合标准才能使用，否则会影响混凝土的质量。混凝土拌和用水应符合《混凝土用水标准》（JGJ 63—2006）的规定，凡符合国家标准的生活饮用水，均可拌制和养护各种混凝土。地表水和地下水情况很复杂，若总含盐量及有害离子的含量超过规定值时，必须进行适用性检验，合格后方能使用。用海水拌制的混凝土，可用于不重要的素混凝土结构，但不得用于钢筋混凝土和预应力混凝土结构。含有害杂质的污水不能拌制和养护混凝土。

对拌制混凝土用的水质有怀疑时，应进行砂浆或混凝土强度试验。如用该水制成的砂浆或混凝土试块的28d抗压强度，低于饮用水制成砂浆或混凝土试块28d抗压强度的90%，则这种水不宜用来拌制混凝土。混凝土用水中的物质含量限值见表4-8。

表4-8 混凝土用水中的物质含量限值

项目	预应力混凝土	钢筋混凝土	素混凝土
pH值	≥4	≥4	≥4
不溶物/（mg/L）	<2000	<2000	<5000
可溶物/（mg/L）	<2000	<5000	<10000
氯化物（以Cl^-计）/（mg/L）	<500	<1200	<3500
硫酸盐（以SO_4^{2-}计）/（mg/L）	<600	<2700	<2700
碱含量/（mg/L）	<1500	<1500	<1500

4.1.4 外加剂

混凝土外加剂是指在混凝土拌和过程中掺入的用以改善混凝土性能的物质。掺量一般不超过水泥质量的5%（除特殊情况外）。混凝土外加剂掺量虽然少，但其在改善混凝土的性质、节约水泥方面有着十分显著的效果，因此外加剂已逐渐成为混凝土中必不可少的第五种材料。

混凝土外加剂的种类繁多。根据《混凝土外加剂术语》（GB/T 8075—2005）的规定，混凝土外加剂按其主要功能不同，通常可分为以下4类：

（1）改善混凝土拌和物流变性能的外加剂，包括各种减水剂、引气剂和泵送剂等；

（2）调节混凝土凝结时间、硬化性能的外加剂，包括缓凝剂、早强剂和速凝剂；

（3）改善混凝土耐久性的外加剂，包括引气剂、防水剂和阻锈剂等；

（4）改善混凝土其他性能的外加剂，包括加气剂、膨胀剂、防冻剂、着色剂、防水剂和泵送剂。

4.1.4.1 减水剂

减水剂是指在混凝土坍落度基本不变的条件下，能减少拌和用水量的外加剂。由于拌和物中加入减水剂后，如不改变单位用水量，可明显改善其和易性，因此减水剂又称为塑化剂。

根据减水剂的功能，可分为普通减水剂、高效减水剂、早强减水剂、缓凝减水剂、引气减水剂等。后三种除具有减水功能外，还分别兼有早强、缓凝、引气的功能。减水剂因具有多种功效，是目前使用最多的外加剂。

（1）减水剂的作用机理。水泥加水拌和以及在凝结硬化过程中，由于水泥颗粒间的分子吸引力的作用，水泥形成絮状结构。在这种结构中，包裹着许多拌和水，从而降低了拌和物的和易性，所以为了获得必要的和易性，往往需要加较多的水。若拌和时，在水泥浆中加入适量的减水剂，它吸附于水泥颗粒的表面，其亲水基吸附水分子形成一定厚度的吸附水膜，包裹在水泥颗粒周围，阻止水泥颗粒的直接接触，并对颗粒起润滑作用，使拌和物流动性增大。同时阴离子型的减水剂分子在水溶液中离解，使水泥颗粒表面带上相同的电荷。在电性斥力的作用下，使水泥颗粒的分散程度增大，如图4-3所示。由于水泥浆由絮状结构改变成分散结构，释放出大量拌和水，因此水泥浆变稀，混凝土的流动性增大。若混凝土保持原坍落度，则可减少拌和用水量。另外，由于水泥颗粒分散，使水泥的水化充分，从而也可提高混凝土的强度。

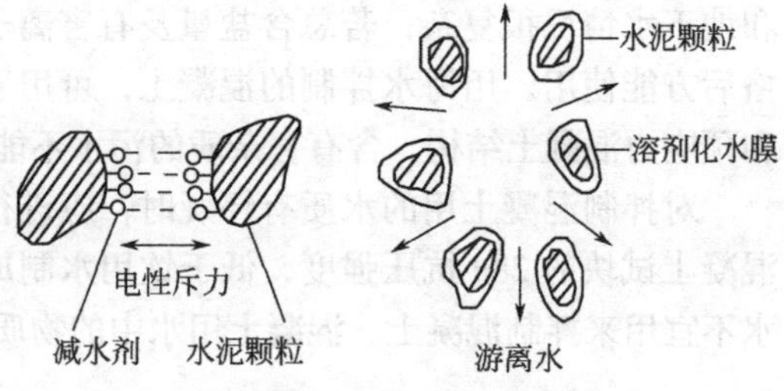

图4-3 减水剂作用示意

（2）减水剂的技术经济效果。混凝土中加入减水剂后，可取得以下效果。

① 在保持原配合比不变时，混凝土流动性增大，坍落度可提高2～3倍，而且不影响混凝土强度。

② 保持流动性不变，可减少拌和用水量10%～15%，降低水灰比。若保持水泥用量不变，混凝土强度可提高15%～20%。

③ 保持混凝土的流动性和强度不变，可节约水泥用量10%～15%。

④ 改善了混凝土拌和物的泌水、离析现象，减慢水泥水化放热速率，延缓混凝土拌和物的凝结时间。

⑤ 改善混凝土的黏聚性、保水性，提高了混凝土的密实度，从而对提高混凝土的抗渗性、抗冻性、抗侵蚀性有一定的效果。

（3）常用减水剂。减水剂按其主要化学成分可分为木质素系、萘系、水溶性树脂类和复合型减水剂等。

① 木质素系减水剂。木质素系减水剂多为纸浆废液经处理而成，主要包括木质素磺酸钙、木质素磺酸钠、木质素磺酸镁等。

木质素磺酸钙简称木钙，也称M型减水剂。这种减水剂对钢筋无锈蚀危害，对混凝土的抗冻、抗渗、耐久性等有明显改善。M型减水剂适宜掺量为水泥质量的0.2%～0.3%，减水率为8%～10%。另外，M型减水剂还有缓凝作用，一般缓凝1～3h，并使水化热延缓释放，低温下缓凝作用更强。若掺量过多则缓凝严重，将影响正常施工，甚至降低混凝土强度。

M型减水剂可用于一般混凝土及大体积混凝土，尤其适用于滑模、泵送混凝土及夏季施工，宜用于日最低气温5℃以上施工的混凝土，不宜单独用于蒸养混凝土，冬季可与早强剂复合使用。木质素磺酸盐类减水剂使用前应先做水泥适应性试验，合格后方可使用。

② 萘系减水剂。萘系减水剂对水泥有强烈的分散作用，其适宜掺量为水泥质量的0.5%～1.0%，减水率为10%～25%。早强显著，混凝土28d强度提高20%以上。特别适用于配制高强混凝土、流态混凝土、泵送混凝土、冬期施工的混凝土等。

萘系减水剂对钢筋无锈蚀作用，具有早强功能。但混凝土的坍落度损失较大，故实际生产的萘系减水剂，大多与缓凝剂或引气剂复合。

③ 水溶性树脂类减水剂。水溶性树脂类减水剂是以水溶性树脂为主要原料制成的减水剂。这类减水剂增强效果显著，为高效减水剂。目前国内产品有SM高效减水剂，它是由三聚氰胺、甲醛、亚硫酸钠经缩聚而成的，属于阴离子型表面活性剂。

SM高效减水剂，当掺量为水泥质量的0.5%～2%时，减水率为20%～27%，最高可达30%。混凝土1d强度可提高1倍以上，7d即可达到基准混凝土28d的强度，28d的强度可提高30%～60%，掺入后混凝土的抗渗性、抗冻性都有提高。SM主要用于配制高强混凝土（抗压强度为80～100MPa）、早强混凝土、流态混凝土、蒸汽养护混凝土和氯酸盐水泥耐火混凝土等，但因目前价格较贵，除有特殊要求的工程外，较少使用。

④ 复合型减水剂。单一减水剂往往很难满足不同工程性质和不同施工条件的要求，因此，减水剂研究和生产中通常会复合各种其他外加剂，组成早强减水剂、缓凝减水剂、引气减水剂、缓凝引气减水剂等。这些减水剂具有多重作用，可以满足有特殊要求的工程。

4.1.4.2 引气剂

引气剂是在搅拌混凝土的过程中能引入大量均匀分布、稳定而封闭的微小气泡的外加剂，能够减少混凝土拌和物的泌水和离析，改善和易性，并能显著提高硬化混凝土的抗冻性和耐久性。

（1）引气剂的作用机理。引气剂多属于憎水性的表面活性剂。搅拌混凝土时，混入空气，引气剂吸附在水－气界面上，降低了气泡面上水的表面张力，使水在搅拌作用下容易产生气泡，同时使气泡能稳定存在。水泥中的微细颗粒及$Ca(OH)_2$与引气剂作用生成的钙皂，被吸附在气泡壁上，也使气泡的稳定性提高。这些气泡在混凝土拌和物中犹如无数极小的滚珠，起着润滑和吸附的作用。所以掺入引气剂能显著提高混凝土拌和物的流动性，并使黏聚性、保水性得以改善。

（2）引气剂的作用

① 改善混凝土拌和物的和易性。由于大量微小封闭球状气泡在混凝土拌和物内形成，减少了颗粒间的摩擦阻力，使混凝土拌和物的流动性增强。同时，由于水分均匀分布在大量气泡的表面，使能自由移动的水量减少，混凝土拌和物的保水性和黏聚性也随之提高。

② 显著提高混凝土的抗渗性和抗冻性。大量均匀分布的封闭气泡有较大的弹性变形能力，对由水结冰所产生的膨胀应力有一定的缓冲作用，因而混凝土的抗冻性得到提高。大量微小气泡居于混凝土的孔隙，切断了毛细管渗水通道，改变了混凝土的孔隙结构，使混凝土的抗渗性得到改善。

③ 降低混凝土强度。由于大量气泡的存在，减少了混凝土的有效受力面积，使混凝土强度有所降低。一般混凝土的含气量每增加1%时，其抗压强度将降低4%～6%，抗折强度降低2%～3%。引气剂可用于抗渗混凝土、抗冻混凝土、抗硫酸盐侵蚀混凝土、泌水严重的混凝土、轻混凝土以及对饰面有要求的混凝土等，但不宜用于蒸养混凝土及预应力混凝土。

（3）常用的引气剂。目前，应用较多的引气剂为松香热聚物、松香皂、烷基苯磺酸盐、脂肪醇磺酸盐等。

4.1.4.3 早强剂

早强剂是加速混凝土早期强度发展的外加剂，能够加速水泥水化的过程，提高混凝土的早期强度，并对后期强度无显著影响，主要用于冬季施工及紧急抢修工程。混凝土工程中常用的早强剂有氯盐、硫酸盐、三乙醇胺三大类以及以它们为基础的复合早强剂。

（1）氯盐早强剂。氯盐早强剂是最早使用的混凝土早强剂，它效果好、价廉、使用方便。常用的氯盐早强剂主要有氯化钙（$CaCl_2$）和氯化钠（NaCl）。氯盐早强剂可明显提高混凝土的早期强度。用氯化物作混凝土早强剂最大的缺点是所含的 Cl^- 会使钢筋锈蚀。因此，在有些钢筋混凝土结构中不得采用氯盐、含氯盐的复合早强剂及早强减水剂。对无筋的素混凝土一般用量为水泥质量的 1% ～ 3%。

（2）硫酸盐早强剂。硫酸盐的早强作用主要是与水泥的水化产物 $Ca(OH)_2$ 反应，生成高分散性的化学石膏，增加固相体积，提高早期结构的密实度，同时也会加快水泥的水化速率，从而提高混凝土的早期强度。

常用的硫酸盐早强剂主要有元明粉（硫酸钠）、芒硝、二水石膏和海波，适宜掺量为水泥质量的 0.5% ～ 2%。

（3）三乙醇胺早强剂。三乙醇胺为无色或淡黄色透明油状液体，易溶于水，呈碱性。有加速水泥水化的作用，掺量极微，一般为水泥质量的 0.02% ～ 0.05%，3d 强度一般可提高 20% ～ 40%。但掺量不宜超过 0.1%，否则可能导致混凝土后期强度下降。

三乙醇胺单独使用早强效果不明显，通常与其他盐类组成复合早强剂。掺入三乙醇胺复合早强剂的 3d 强度一般可提高 50% ～ 70%，28d 强度一般可提高 15% ～ 35%。

4.1.4.4 缓凝剂

缓凝剂是能延缓混凝土凝结时间，并对混凝土后期强度发展无不利影响的外加剂。在温度较高的季节进行混凝土施工时，若混凝土拌和料运输距离较远，为防止混凝土流动性降低，影响浇筑，防止出现冷缝等质量事故，并使水泥水化热延缓释放，有利于混凝土的温度控制，常需在混凝土中掺入缓凝剂。

缓凝剂的缓凝作用是由于在水泥颗粒表面形成了同种电荷的亲水膜，使水泥颗粒互相排斥，抑制水泥颗粒凝结，因而延缓水泥的水化和凝聚。

缓凝剂具有缓凝、减水、降低水化热和增强作用，对钢筋也无锈蚀作用。主要适用于大体积混凝土、炎热气候下施工的混凝土、需长时间停放或长距离运输的混凝土。缓凝剂不宜用于在日最低气温 5℃以下施工的混凝土，也不宜单独用于有早强要求的混凝土及蒸养混凝土。常用的缓凝剂有酒石酸钠、柠檬酸、糖蜜、含氧有机酸和多元醇等，其掺量一般为水泥质量的 0.01% ～ 0.2%。掺量过大会使混凝土长期不硬，强度严重下降。

4.1.4.5 防冻剂

防冻剂是使混凝土在负温下硬化，并在规定养护条件下达到预期性能的外加剂。在负温条件下施工的混凝土工程需掺入防冻剂。目前国产防冻剂适用于 −15 ～ 0℃的气温，当在更低气温下施工时，应增加相应的混凝土冬季施工措施。

常用的防冻剂有氯盐类（如 $CaCl_2$、NaCl）；氯盐阻锈类（氯盐与亚硝酸钠、铬酸盐、磷酸盐等阻锈剂复合）；无氯盐类（硝酸盐、亚硝酸盐、碳酸盐、尿素、乙酸盐等）。不同类别的防冻剂性能具有差异，合理选用十分重要。防冻剂的掺量应根据施工环境温度，通过试验确定。

4.1.4.6 速凝剂

速凝剂是能使混凝土迅速凝结、硬化的外加剂，主要用于喷射混凝土及堵漏。目前采用的速凝剂主要成分为铝酸钠。在混凝土掺入速凝剂后，水泥中的石膏迅速与速凝剂反应生成硫酸钠（Na_2SO_4），使石膏丧失缓凝作用或迅速生成钙矾石，导致水泥速凝。速凝剂的主要品种有红星一型、711 型、782 型等。

① 红星一型速凝剂。主要成是由铝氧熟料、碳酸钠（Na_2CO_3）、生石灰按 1∶1∶0.5 的质量比配合粉磨而成的粉状物。适宜掺量为水泥质量 2.5% ～ 4%。掺入速凝剂后可使混凝土迅速凝结硬化，初凝仅 2 ～ 5min，1h 后就产生强度，混凝土 1d 的强度为未掺的 3 倍，但后期强度有所降低。

② 711 型速凝剂。由铝氧熟料与二水石膏按一定比例混合粉磨而成，掺量为水泥质量的 3% ～ 5%，使混凝土初凝在 5min 内，终凝在 10min 内。

③ 782 型速凝剂。由工业废料矾泥配制而成，掺量为水泥质量的 3%，速凝效果与上述两种相似，但对混凝土后期强度的降低较小。

4.1.4.7 膨胀剂

膨胀剂是能使混凝土产生一定体积膨胀的外加剂。工程中常用的膨胀剂有硫铝酸钙类、硫铝酸钙 - 氧化钙类、氧化钙类等。

硫铝酸钙类膨胀剂加入混凝土中后，膨胀剂组分参与水泥矿物的水化或与水泥水化产物反应，生成高硫型水化硫铝酸钙（钙矾石），使固相体积大为增加，从而导致体积膨胀。氧化钙类膨胀剂的膨胀作用主要由 CaO 晶体水化生成 $Ca(OH)_2$ 晶体时的体积增大所引起。

膨胀剂主要用于补偿收缩混凝土、自应力混凝土、填充混凝土和有较高抗裂防渗要求的混凝土工程，膨胀剂的掺量与应用对象和水泥及掺和料的活性有关，一般为水泥、掺和料与膨胀剂总量的 8% ～ 25%，并应通过试验确定。加强养护（ 最好是水中养护）和限制膨胀变形是能否取得预期效果的关键，否则可能会导致出现更多的裂缝。

4.1.4.8 其他外加剂

混凝土常用的其他外加剂还有泵送剂、防水剂、起泡剂（泡沫剂）、加气剂（发气剂）、阻锈剂、消泡剂、保水剂、灌浆剂、着色剂、养护剂、隔离剂（脱模剂）、碱骨料反应抑制剂等，这里不再一一介绍，使用时可参照有关要求和产品说明书。

4.1.5 混凝土掺和料

掺和料被称为混凝土的第六组成部分，是指在混凝土搅拌前或搅拌过程中，加入的人造或天然的矿物材料以及工业废料，掺量一般大于水泥质量的 5%。能够改善混凝土性能，调节混凝土强度等级和节约水泥用量。

常用的混凝土掺和料有粉煤灰、粒化高炉矿渣、硅灰、磨细矿渣粉、磨细自燃煤矸石及其他工业废料，尤其是粉煤灰、硅灰和磨细矿渣粉的应用最为广泛。

4.1.5.1 粉煤灰

粉煤灰是从燃煤热电厂的煤粉炉中排出的烟气中收集到的颗粒粉末。按照排放方式不同分为湿排灰和干排灰。按 CaO 的含量分为高钙灰（CaO 含量大于 10%）和低钙灰（CaO 含量小于 10%）。

粉煤灰由于其本身的化学成分、结构和颗粒形状等特征，掺入混凝土中可产生以下三种效应，称为“粉煤灰效应”。

（1）粉煤灰的形态效应。粉煤灰的颗粒形貌主要是玻璃微珠，其粒形完整，表面光滑，质地致密。这种形态在混凝土拌和物中起“滚珠轴承”的作用，能减小内摩阻力，起到减水、致密和匀质作用，尤其对泵送混凝土，能起到良好的润滑作用。

（2）活性效应。粉煤灰中的化学成分中含有大量活性 SiO_2 和 Al_2O_3，能与水泥水化产生的 $Ca(OH)_2$ 等碱性物质发生反应，生成水化硅酸钙和水化铝酸钙等胶凝物质，对粉煤灰制品及混凝土起到增强和堵塞混凝土中毛细组织的作用，从而提高混凝土的抗腐蚀能力。

（3）微集料效应。粉煤灰中粒径很小的微珠和碎屑，均匀地分布在水泥浆内，填充孔隙和毛细孔，因此能明显改善和增强混凝土及粉煤灰制品的结构强度，提高其匀质性和致密性。

粉煤灰掺入混凝土中，可以改善混凝土拌和物的和易性、可泵性和可塑性，能降低混凝土的水化热，使混凝土的弹性模量提高，提高混凝土抗化学侵蚀性、抗渗、抑制碱 - 骨料反应等耐久性。粉煤灰取代混凝土中部分水泥后，混凝土的早期强度有所降低，但后期强度可以赶上甚至超过未掺粉煤灰的混凝土。

4.1.5.2 硅灰

硅灰是在生产硅铁、硅钢或其他硅金属时，高纯度石英和煤在电弧炉中还原所得的以无定形 SiO_2 为主要成分的球状玻璃体颗粒粉尘。其主要化学组成是 SiO_2，此外还含有极少量的 Fe_2O_3、CaO 等。

硅灰颗粒主要为非晶态的球形颗粒，颗粒表面较为光滑，平均粒径为 0.1 ～ 0.2μm，比表面积为 20000 ～ 25000m^2/kg。由于硅灰单位质量很轻，因此，包装、运输很不方便。

硅灰在混凝土中的主要作用有：显著提高混凝土的抗压、抗折、抗渗、防腐、抗冲击及耐磨性能；具有保水，以及防止离析、泌水、大幅降低混凝土泵送阻力的作用；显著延长混凝土的使用寿命，特别是在铵盐侵蚀、硫酸盐侵蚀、高湿度等恶劣环境下，可使混凝土的耐久性提高一倍甚至数倍。另外，硅灰掺入混凝土中，可使混凝土的早期强度提高。

硅灰需水量比为 134% 左右，若掺量过大，将会使水泥浆变得十分黏稠。在建筑工程中，硅灰取代水泥量常为 5% ～ 15%，且必须同时掺入高效减水剂。

4.1.5.3 磨细矿渣粉

磨细矿渣粉是将粒化高炉矿渣经磨细而成的粉状掺和料，其主要化学成分为 CaO、SiO_2 和 Al_2O_3，另外还有少量 Fe_2O_3 和 MgO 等氧化物及 SO_3。磨细矿渣粉可以等量取代水泥，使混凝土的多项性能得以显著改善，如大幅度提高混凝土的强度、耐久性、抗冻和抗渗性能，改善混凝土拌和物的和易性及降低水泥水化热等。矿渣粉和粉煤灰双掺时，对混凝土后期的强度发展具有增强作用。

超细矿渣粉的生产成本低于水泥，使用它作为混凝土的掺和料可以获得显著的经济效益。

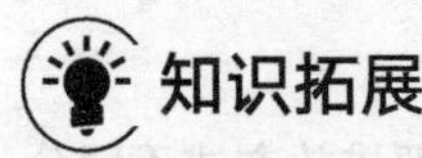

混凝土的“前世今生”

混凝土可以称得上是人类历史上最伟大的材料，小到各种住宅楼商铺，大到超高层地标建筑、大跨度桥梁，无不是混凝土在充当着主要的建筑材料。而混凝土作为一种以水泥为胶结剂，结合各种集料、外加剂等而形成的水硬性胶凝材料，它的发展历史也可以说是伴随着人类文明的。

（1）黏土混凝土时期。混凝土的“鼻祖”是距今已有 6000 多年历史的半坡原始公社遗址，其许多围墙就是用黏土混凝土建造的。

（2）石膏混凝土时期。在距今 4000 多年的古埃及第三王朝时期，古埃及人建造的胡夫金字塔在砌筑时，采用了煅烧石膏为胶凝材料。

（3）石灰混凝土时期。公元前 220 多年，中国万里长城的修建就是采用石灰作为胶凝材料，加入砂、黏土配制成的石灰混凝土建筑而成。

（4）石灰火山灰混凝土时期。公元 79 年，古罗马人民从一场火山爆发中意外得到火山灰，聪明的人类将火山灰、石灰和海水混合制成了灰浆，得到强度更高的石灰火山灰混凝土。

（5）水硬性石灰混凝土时期。1796 年，罗马水泥首先被约瑟夫·派克（J.Perker）利用产于第三纪地层的黏土质石灰石（龟甲石）煅烧制成，因其棕色近似于古罗马石灰石火山灰胶凝材料，故称为罗马水泥。

（6）波特兰水泥。1824 年，英国人约瑟夫·阿斯普丁（J. Aspdin）第一个获得了生产波特兰水泥的专利权。波特兰水泥的发明，开创了胶凝物质材料和混凝土科学的新纪元。

（7）预应力混凝土。1928 年，法国人佛列西涅（E. Freyssinet）提出了混凝土收缩和徐变理论，使预应力钢筋混凝土施工工艺成为可能。预应力混凝土的出现是混凝土技术的一次飞跃。

从数千年前的古城到屹立不倒的金字塔、长城，再到如今的高楼大厦，混凝土这种当今应用最广泛的建筑材料，蕴藏着人类几千年来的智慧结晶。了解了混凝土的发展史，再回过头看这小小的砂石，似乎也不是看起来那般渺小了。

任务4.2

混凝土拌和物的和易性

建议课时：4学时

教学目标

知识目标：能识记混凝土的和易性及其三项指标；
能识记坍落度试验的操作步骤及规范要求。

技能目标：能够正确操作混凝土的坍落度试验，并判定其和易性指标；
能够对混凝土坍落度试验结果进行分析、处理，提出相应的改善其性能的措施。

思政目标：提高专业学习的兴趣及积极性；
增强沟通能力及小组协作能力。

混凝土的各种组成材料（水泥、砂、石及水）按一定的比例配合、搅拌，在尚未凝结硬化前称为混凝土拌和物，又称新拌混凝土，如图4-4所示。拌和物要研究的技术性能是它的和易性能，主要包括流动性、黏聚性、保水性三个方面。具备良好和易性的混凝土拌和物，有利于施工和获得均匀而密实的混凝土，从而能够保证混凝土的强度和耐久性。

混凝土拌和物的和易性

4.2.1 和易性的概念

和易性是指混凝土拌和物在各工序（搅拌、运输、浇筑、捣实）施工中，能保持其组成成分均匀，不发生分层离析、泌水等现象，并能获得质量均匀、成型密实的混凝土的性能。和易性是一项综合技术性能，包括流动性、黏聚性和保水性等方面的性能。

图4-4 混凝土拌和物

4.2.1.1 流动性

流动性是指混凝土拌和物在自重或机械振捣力的作用下，能产生流动并均匀密实地充满模板的性能。流动性的大小反映拌和物的稀稠程度。拌和物太稠，混凝土难以振捣，易造成内部孔隙；反之，拌和物太稀，会出现分层离析现象，影响混凝土的均匀性。

4.2.1.2 黏聚性

黏聚性是指混凝土拌和物的各种组成材料具有一定的内聚力，能保持成分的均匀性，在运输、浇筑、振捣、养护的过程中不致发生分层离析现象。黏聚性反映混凝土拌和物整体均匀的性能。黏聚性不好的混凝土拌和物，易发生分层离析，硬化后会出现蜂窝、空洞等现象，影响混凝土的强度和耐久性。

4.2.1.3 保水性

保水性是指混凝土拌和物具有一定的保水能力，在施工过程中不致产生较严重的泌水现象。保水性差的混凝土拌和物，在施工过程中，一部分水分从内部析出至表面，形成毛细管孔道，在混凝土内部形成泌水通道，而且泌水还会在上下两浇筑层之间形成薄弱夹层。在水分上升的同时，一部分水还会停留在石子及钢筋的下面形成水隙，减弱水泥浆与石子及钢筋的胶结力。这些都将影响混凝土的密实性，降低混凝土的强度和耐久性。

混凝土的工作性是一项由流动性、黏聚性、保水性构成的综合性能，各性能之间既相互关联又相互矛盾。当流动性很大时，往往混凝土拌和物的黏聚性和保水性较差；反之亦然。黏聚性好，一般保水性较好。因此，所谓拌和物和易性良好，就是这三方面的性能相互协调，在某种具体条件下得到统一，达到均为良好的状况。良好的和易性既是施工的要求，也是获得均匀密实混凝土的基本保证。

4.2.1.4 离析

离析是指混凝土拌和物组成材料之间的黏聚力不足以抵抗粗骨料下沉，混凝土拌和物成分相互分离，造成内部组成和结构不均匀的现象。对于流动性较大的混凝土拌和物，因各组分粒度及密度不同，易引起砂浆与石子间的分层现象。对于硬性或少砂的混凝土拌和物，若装卸及浇筑方法不当，也会发生离析现象。

造成离析的原因可能是浇筑、振捣不当，骨料最大粒径过大，粗骨料比例过高，胶凝材料和细骨料的含量偏低，粗骨料比细骨料的密度过大，或者拌和物过干或过稀等。使用矿物掺和料或引气剂可降低离析现象。

离析会影响混凝土的泵送施工性能及混凝土结构的表观效果，如混凝土表面出现砂纹、骨料外露、钢筋外露等现象。离析还会导致混凝土的匀质性变差，致使混凝土强度大幅下降。

加入引气剂及掺和料、提高砂率、降低水胶比可以尽力避免离析。

4.2.1.5 泌水

泌水是指拌和水按不同方式从拌和物中分离出来的现象。固体材料在混凝土拌和物中下沉使水被排出并上升至表面，使表面形成浮浆；有些水达钢筋及粗骨料下沿而停留；有些水通过模板接缝渗漏，这些都是泌水的表现。

混凝土的水灰比越大，水泥凝结硬化的时间越长，自由水越多，水与水泥分离的时间越长，混凝土越容易泌水。细骨料偏粗或者级配不合理，也是混凝土产生泌水的主要原因。水泥的凝结时间、细度、表面积与颗粒分布都会影响混凝土的泌水性能。此外，含气量对新拌混凝土的泌水也有显著影响。

4.2.2 和易性的测定方法

混凝土拌和物的和易性内涵比较复杂，难以用一种简单的测定方法和指标来全面恰当地表达。通常采用测定混凝土拌和物的流动性，再辅以直观观察或经验来评定黏聚性和保水性。根据《普通混凝土拌和物性能试验方法标准》（GB/T 50080—2016）规定，用坍落度法和维勃稠度法来测定混凝土拌和物的流动性。

4.2.2.1 坍落度法

坍落度法适用于骨料最大粒径不大于40mm、坍落度值大于10mm的塑性和流动性混凝土拌和物稠度测定。将混凝土拌和物按规定方法装入标准截头圆锥筒内，装满刮平后将筒垂直提起，拌和物因自重而向下坍落，坍落的尺寸即为混凝土拌和物的坍落度值，以毫米为单位，用 T 表示，如图 4-5 所示。

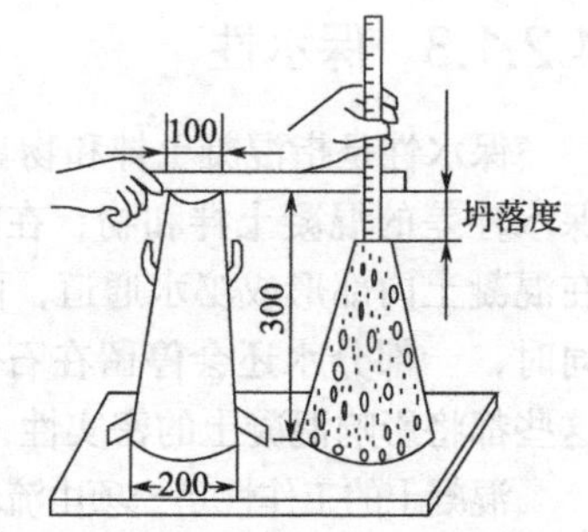

图 4-5 混凝土拌和物坍落度试验（单位：mm）

混凝土拌和物根据其坍落度大小可分为四级，如表 4-9 所列。

进行坍落度试验时，还需同时观察下列现象：捣棒插捣是否困难；表面是否容易抹平；轻击拌和物锥体侧面时，锥体能否保持整体而渐渐下坍，或者突然倒塌、部分崩裂或发生石子离析现象以及提起坍落度筒体后有较多稀浆从底部析出的情况等。从有无这些现象，可以综合评定混凝土拌和物的黏聚性和保水性。

表 4-9 混凝土按坍落度的分级

级别	名称	坍落度 /mm
T_1	低塑性混凝土	10 ～ 40
T_2	塑性混凝土	50 ～ 90
T_3	流动性混凝土	100 ～ 150
T_4	大流动性混凝土	≥ 160

坍落度值小，说明混凝土拌和物的流动性小，流动性过小会给施工带来不便，影响工程质量，甚至造成工程事故。坍落度过大又会使混凝土分层，造成上下不均匀。所以，混凝土拌和物的坍落度值应在一个适宜范围内。根据《混凝土结构工程施工质量验收规范》（GB 50204—2015），混凝土浇筑的坍落度宜按表 4-10 选用。

表 4-10 混凝土浇筑的坍落度

结构种类	坍落度 /mm
基础或地面垫层、无配筋的大体积结构（挡土墙、基础等）或配筋稀疏的结构	10 ～ 30
板、梁和大型及中型截面的柱子	30 ～ 50
配筋密列的结构（薄壁、斗仓、筒仓、细柱等）	50 ～ 70
配筋特密的结构	70 ～ 90

注：1. 本表是指采用机械振捣时的坍落度，当采用人工振捣时可适当增大。
2. 对轻骨料混凝土拌和物，坍落度宜较表中数值减小 10 ～ 20。

4.2.2.2 维勃稠度法

当混凝土拌和物比较干硬，坍落度值小于 10mm 时，可用维勃稠度法测定混凝土和易性。维勃稠度仪如图 4-6 所示，将混凝土拌和物装入振动台上的坍落度截头圆锥筒内，提起坍落度筒后在拌和物顶面上放一个透明圆盘，同时开启振动台和秒表。振至透明圆盘底面被水泥浆布满时关闭振动台，由秒表读出此时所用时间即为维勃稠度，以秒为单位，用 V 表示。干硬性混凝土的维勃稠度为 60 ～ 200s，半干硬性混凝土的维勃稠度为 30 ～ 60s。

图 4-6 维勃稠度仪

4.2.3 影响混凝土拌和物和易性的因素

影响混凝土拌和物和易性的因素很多，主要有组成材料的性质、水泥浆量与水灰比、砂率、外加剂和环境条件等。

4.2.3.1 水泥品种

不同品种的水泥，需水量不同，因此在相同配合比时，拌和物的稠度也有所不同。需水量大的水泥品种，达到相同的坍落度，需要较多的用水量。常用水泥中，以普通硅酸盐水泥所配制的混凝土拌和物的流动性及保水性较好，矿渣水泥所配制的混凝土拌和物的流动性较大，但黏聚性差、易泌水。火山灰水泥需水量大，在相同加水量条件下，流动性显著降低，但黏聚性和保水性较好。

同品种水泥细度越细，流动性越差，但黏聚性和保水性越好，可以减少分层离析现象。

4.2.3.2 骨料的性质

骨料的性质对混凝土拌和物的和易性影响较大。级配良好的骨料，空隙率小，在水泥浆数量一定时，填充用水泥浆量减少，且润滑层较厚，和易性好。砂石颗粒表面光滑，相互间摩擦阻力较小，能增加流动性；而碎石比卵石表面粗糙，所配制的混凝土拌和物流动性较卵石配制的差。细砂的比表面积大，用细砂配制的混凝土比用中、粗砂配制的混凝土拌和物的流动性小。

4.2.3.3 水泥浆量与水灰比

水泥浆量是指单位体积混凝土内水泥浆的用量。混凝土拌和物中水泥浆的数量，赋予混凝土拌和物以一定的流动性，在水灰比不变的情况下，单位体积拌和物内，如果水泥浆越多，则拌和物的流动性越大。但若水泥浆过多，骨料则相对减少，使拌和物的黏聚性变差，至一定限度时就会出现流浆泌水现象，以致影响混凝土强度及耐久性，且水泥用量也大。

水泥浆的稠度主要取决于水灰比的大小。在水泥用量不变的情况下，水灰比越小，水泥浆就越稠，拌和物的流动性就越小，但黏聚性及保水性好。但如水灰比过大，水泥浆稀，又会造成混凝土拌和物的黏聚性和保水性不良。当水灰比超过某一极限值时，将产生严重的离析泌水现象。因此，为了保证在一定的施工条件下易于成型，水灰比不宜过小；为了保证拌和物有良好的黏聚性和保水性，水灰比也不宜过大。

混凝土拌和物的用水量，一般应根据选定的坍落度，参考表 4-11 选用。

表 4-11 塑性混凝土的用水量 单位：kg/m^3

所需坍落度 /mm	卵石最大粒径 /mm				碎石最大粒径 /mm			
	10	20	31.5	40	16	20	31.5	40
10 ～ 30	190	170	160	150	200	185	175	165
35 ～ 50	200	180	170	160	210	195	185	175
55 ～ 70	210	190	180	170	220	205	195	185
75 ～ 90	215	195	185	175	230	215	205	195

4.2.3.4 砂率

砂率是指混凝土中砂的质量占砂、石总质量的比例（%）。在混凝土骨料中，砂的粒径远小于石子，因此砂的比表面积大。砂的作用是填充石子间的空隙，并以砂浆包裹在石子外表面，减少粗骨料颗粒间的摩擦阻力，赋予混凝土拌和物一定的流动性。砂率的变动会使骨料的孔隙率和骨料的总表面积有显著改变，因而对混凝土拌和物的和易性产生显著的影响。

当水泥浆用量和骨料总量一定时，砂率过大，骨料总表面积及孔隙率都会增大，包裹骨料表面的水泥浆量就会不足，拌和物显得干稠，坍落度降低。而砂率过小时，虽然骨料总表面积小，但不能保证粗骨料之间有足够的砂浆层起润滑作用，因而也会降低拌和物的流动性、黏聚性和保水性。当砂率适宜时，砂不但能填满石子间的空隙，而且能保证粗骨料间有一定厚度的砂浆层以减小粗骨料间的摩擦阻力，使混凝土拌和物有较好的流动性。因此，砂率有一个最佳值，即能使混凝土拌和物在一定坍落度的前提下，水泥用量最小，或者在水泥浆量一定的条件下，使坍落度达到最大，这个砂率称为最佳砂率。砂率与坍落度及砂率与水泥的用量可通过试验确定，如图 4-7 所示。

为了保证混凝土拌和物具有所要求的和易性，不同情况下选用不同的砂率。如石子空隙率大、表面粗糙、颗粒间摩擦阻力较大、拌和物黏聚性差和泌水现象严重时，砂率要适当增大些；若石子的粒径较大、颗粒级配较好、空隙率较小以及水泥用量较多，又采用机械振捣时，砂率可小些。

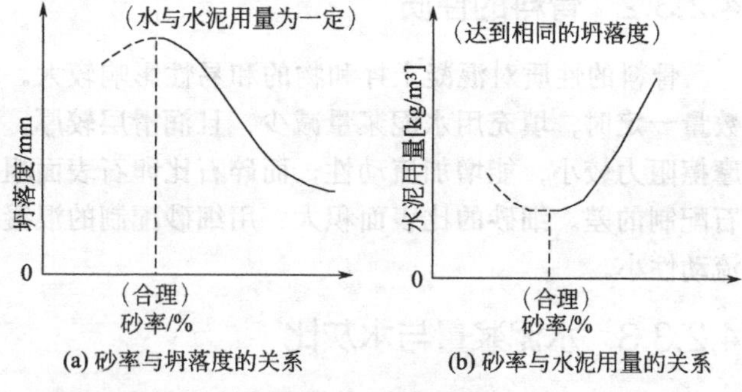

图 4-7 合理砂率

4.2.3.5 外加剂

在拌制混凝土时，加入少量的外加剂，可使混凝土拌和物在不增加水泥浆量的情况下，获得较好的和易性，不仅流动性显著增加，还有效地改善了混凝土拌和物的黏聚性和保水性。掺入粉煤灰、硅灰、沸石粉等掺和料，也可改善混凝土拌和物的和易性。

4.2.3.6 环境条件和时间

混凝土拌和物的和易性在不同的施工环境条件下也会有很大变化。搅拌后的混凝土拌和物，随着时间的延长而逐渐变得干稠，和易性变差。其原因是有一部分水供水泥水化，一部分水被骨料吸收，一部分水蒸发以及混凝土凝聚结构的逐渐形成，致使混凝土拌和物的流动性变差。如果施工地点空气湿度小、气温较高、风速较大，混凝土拌和物的水分蒸发及水化反应加快，坍落度损失也变快，因此在夏季施工时，要充分考虑由于温度升高而引起的坍落度降低。施工中，为了保证一定的和易性，必须注意环境温度的变化，采取相应的措施。

4.2.4 改善混凝土拌和物和易性的措施

在实际施工过程中调整混凝土拌和物的和易性，可采取以下措施。

① 调节混凝土的材料组成，如通过试验采用合理砂率，并尽可能降低砂率；改善砂、石的级配；在可能的条件下，尽量采用较粗的砂、石；当拌和物坍落度太小时，保持水灰比不变，增加适量的水泥浆，当拌和物坍落度太大时，保持砂率不变，增加适量的砂石。

② 掺减水剂或引气剂，是改善混凝土和易性的最有效措施。

③ 提高振捣机械的效能。

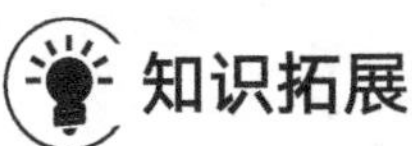

知识拓展

古田桥（武汉江汉六桥）工程

古田桥，也称武汉江汉六桥，跨汉江，主桥长 472m，标准段桥宽 44m，双向 8 车道（图 4–8）。主桥为自锚式悬索桥，主跨 252m，主梁采用叠合梁，主塔采用隔构式钢 – 混组合门式框架结构，下塔柱截面为混凝土矩形截面，上塔柱为隔构式钢塔柱。江汉六桥为武汉市第一座自锚式悬索桥，是汉江上最宽的桥梁，建成之后成为建桥之都的新名片。项目于 2010 年 12 月 30 日开工，2015 年 2 月 16 日通车。

图 4–8 古田桥

武汉江汉六桥工程 4# 主塔位于汉江汉阳岸，由于水源比较丰富，承台封底无法采用普通干孔灌注，所以采用导管法水下混凝土封底。承台钢板桩围堰平面尺寸为 19.1m×19.1m，钢板桩长度为 24m，钢板桩顶标高为 +21.5m，底标高为 −2.5m，共 132 根钢板桩，其入土深度为 19.5m。钢板桩围堰封底混凝土厚度为 2.5m，封底混凝土底标高为 +5.5m，承台内垂直放入 12 根内径 ϕ300mm 的导管，采用 C25 水下缓凝混凝土灌注。2012 年 5 月 5 ～ 10 日武汉江汉六桥工程顺利完成了 C25 水下缓凝封底混凝土的浇筑，共浇筑 2 次，每次 900 余立方米。

从工程施工情况来看，混凝土流动性、保水性、黏聚性好，满足施工要求，坍落度几乎无损失，初凝时间 30h 左右，28d 强度也能达到设计要求。未发现任何混凝土缺陷，大面积封底混凝土搭接质量良好，能够较好地做到滴水不漏，施工效果良好。

任务4.3

混凝土的强度

建议课时： 2学时

教学目标

知识目标：能识记混凝土强度和强度等级的含义；
能识记影响混凝土强度的主要因素。

技能目标：能够掌握混凝土抗压强度的换算关系。

思政目标：培养学生认真严谨的工作责任意识；
帮助学生树立工匠精神的重要性。

混凝土有抗压、抗拉、抗弯及抗剪等强度，其中以抗压强度为最大，故混凝土主要用于承受压力。在结构设计中也常用到抗拉强度等。

混凝土的强度

4.3.1 混凝土立方体抗压强度与强度等级

混凝土立方体抗压强度是根据《混凝土物理力学性能试验方法标准》（GB/T 50081—2019）规定方法制作的150mm×150mm×150mm的立方体试件，在标准条件（温度20℃ ±2℃，相对湿度95%以上）下，养护到28d龄期，测得的抗压强度值为立方体抗压强度，以 f_{cu} 表示。

混凝土立方体试件抗压强度的测定，也可以按粗骨料最大粒径的尺寸而选用不同的试件尺寸，但强度测定结果必须乘以换算系数（选用边长为100mm立方体试件时，换算系数为0.95；选用边长为200mm立方体试件时，换算系数为1.05）。这是因为试件尺寸越大，测得的抗压强度值越小。

混凝土立方体抗压强度标准值是指按标准方法制作和养护的边长为150mm的立方体试件，在28d龄期用标准试验方法测得的具有95%保证率的抗压强度值，以 $f_{cu,k}$ 表示。《混凝土结构设计规范》（GB 50010—2010）规定：普通混凝土按立方体抗压强度标准值划分为C15、C20、C25、C30、C35、C40、C45、C50、C55、C60、C65、C70、C75和C80共14个等级。其中C表示混凝土，数字表示混凝土立方体抗压强度标准值。

4.3.2 混凝土轴心抗压强度

确定混凝土强度等级时采用的是立方体试件，但在实际工程中，钢筋混凝土结构形式极少是立方体，大部分是棱柱体或圆柱体。为了使测得的混凝土强度接近混凝土结构的实际情况，在钢筋混凝土结构计算中，计算轴心受压构件时，都采用混凝土轴心抗压强度作为依据。

根据《混凝土物理力学性能试验方法标准》（GB/T 50081—2019），混凝土的轴心抗压强度采用150mm×150mm×300mm的棱柱体作为标准试件，在标准条件（温度20℃ ±3℃，相对湿度90%以上）下，养护到28d龄期，测得的抗压强度值为混凝土轴心抗压强度，以 f_{cp} 表示。试验表明，在立方体抗压强度 f_{cu} =10～55MPa时，轴心抗压强度 f_{cp} 为 f_{cu} 的70%～80%，即 f_{cp}=（0.7～0.8）f_{cu}。

4.3.3 混凝土抗拉强度

混凝土是脆性材料，抗拉强度很低，一般只有抗压强度的1/20～1/10，且随着混凝土强度等级的提高，比值有所降低，即当混凝土强度等级提高时，抗拉强度不及抗压强度提高得快。因此，在钢筋混凝土结构设计中，一般不考虑承受拉力，而是通过配制钢筋，由钢筋来承担结构的拉力。但抗拉强度对于开裂现象有重要意义，在结构设计中，抗拉强度是确定混凝土抗裂度的重要指标。抗拉强度还可用来间接衡量混凝土与钢筋的黏结强度。对 C10 ～ C45 的混凝土，其轴心抗拉强度平均值与混凝土立方体抗压强度平均值的关系为

$$f_t = 0.26 f_{cu}^{2/3} \tag{4-3}$$

式中 f_t，f_{cu}——混凝土轴心抗拉强度和立方体抗压强度的平均值，MPa。

考虑试验误差和安全系数，乘以 0.88 得

$$f_t = 0.23 f_{cu}^{2/3} \tag{4-4}$$

测定混凝土抗拉强度的方法，有轴心抗拉试验法和劈裂试验法两种。由于轴心抗拉试验结果的离散性很大，故一般多采用劈裂法。

劈裂试验的标准试件尺寸为边长 150mm 的立方体，在上下两相对面的中心线上施加均布线荷载，使试件内竖向平面上产生均布拉应力。

$$f_{ts} = \frac{2P}{\pi A} = 0.637\frac{P}{A} \tag{4-5}$$

式中 f_{ts}——混凝土劈裂抗拉强度，MPa；

P——破坏荷载，N；

A——试件劈裂面面积，mm。

4.3.4 影响混凝土强度的因素

混凝土的强度主要取决于水泥石强度及其与骨料的黏结强度。原材料的质量、材料用量之间的关系、试验条件（龄期、试件形状与尺寸、试验方法、温度、湿度）以及施工方法（拌和、运输、浇捣、养护）等都是影响混凝土强度的主要因素。

4.3.4.1 水泥强度等级和水灰比

混凝土的强度主要取决于水泥石的强度及其与骨料间的黏结力，而水泥石的强度及其与骨料间的黏结力取决于水泥强度等级和水灰比的大小。因此，水泥强度等级与水灰比是影响混凝土强度的主要因素。

水泥是混凝土中的胶结组分，在水灰比不变时，水泥强度等级越高，则硬化水泥石强度越大，对骨料的胶结力就越强，混凝土的强度也就越高。在水泥强度等级相同的条件下，混凝土的强度主要取决于水灰比。在水泥标号相同的情况下，水灰比越小，水泥石的强度越高，与骨料黏结力也越大，混凝土的强度就越高。如果水灰比过小，拌和物过于干稠，在一定的施工振捣条件下，混凝土能被振捣密实，出现较多的蜂窝、孔洞，反将导致混凝土强度严重下降。

试验证明，混凝土抗压强度随水灰比的增大而降低，呈曲线关系，而混凝土抗压强度和灰水比的关系则呈直线关系，如图 4-9 所示。

4.3.4.2 骨料的种类及级配

一般骨料强度越高，所配制的混凝土强度越高，在低水胶比和配制高强度混凝土时特别明显。

表面粗糙并富有棱角的骨料，与水泥石的黏结力较强，且骨料颗粒之间有嵌固作用，所以混凝土强度高。在其他条件相同时，碎石混凝土的强度比卵石混凝土的高。因此，当配制高强度混凝土时，往往选择碎石。

当骨料级配良好、砂率适宜时，由于组成了密实的骨架，亦能使混凝土获得较高的强度。

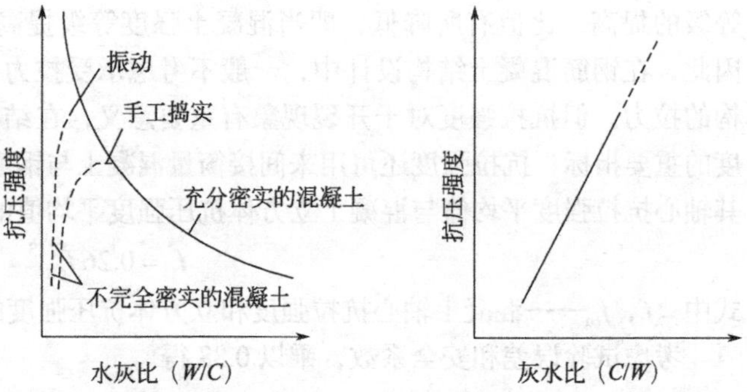

(a) 抗压强度与水灰比的关系 (b) 抗压强度与灰水比的关系

图 4-9 混凝土抗压强度与水灰比、灰水比的关系

4.3.4.3 养护条件与龄期

混凝土浇捣成型后，要在一定时间内保持适当的温度和足够的湿度以使水泥充分水化，这就是混凝土的养护。温度及湿度对混凝土强度的影响，本质上是对水泥水化的影响。

养护温度越高，水泥早期水化越快，混凝土的早期强度越高。但混凝土早期养护温度过高（40℃以上），因水泥水化产物来不及扩散而使混凝土后期强度范围降低。当温度在 0℃以下时，水泥水化反应停止，混凝土强度停止发展。这时还会因为混凝土中的水结冰产生体积膨胀，对混凝土产生相当大的膨胀压力，使混凝土结构破坏，强度降低。

湿度是决定水泥能否正常进行水化作用的必要条件，浇筑后的混凝土所处环境湿度相宜，水泥水化反应顺利进行，混凝土强度得以充分发展。若环境湿度较低，水泥不能正常进行水化作用甚至停止水化，严重降低混凝土强度，而且使混凝土结构疏松，形成干缩裂缝，增大了渗水性，从而影响了混凝土的耐久性。所以，为了保证混凝土强度正常发展和防止失水过快引起的收缩裂缝，混凝土浇筑完毕后应及时进行覆盖和浇水养护。

在正常养护条件下，混凝土的强度在最初 7 ～ 14d 内发展较快，以后便逐渐减慢，28d 以后更加缓慢。如果能长期保持适当的温度与湿度，强度的增长可延续数十年之久。不同龄期混凝土强度的增长情况见表 4-12。

表 4-12 不同龄期混凝土强度的增长情况

龄期	7d	28d	3 月	6 月	1 年	2 年	5 年	20 年
混凝土 28d 抗压强度相对值	0.60 ～ 0.75	1.00	1.28	1.50	1.75	2.00	2.25	3.00

4.3.4.4 试验条件

试验条件是指试件的尺寸、形状、表面状态及加荷速度等。试验条件不同，会影响混凝土强度的试验值。

相同配合比的混凝土，试件尺寸越小，测得的强度越高。试件尺寸影响强度的主要原因是当试件尺寸较大时，其内部孔隙、缺陷等出现的概率也大，导致有效受力面积减小及应力集中，从而使强度降低。

当试件受压面积相同，而高度不同时，高宽比越大，抗压强度越小。这是由于试件受压时，试件受压面与试件承压板之间的摩擦力，对试件相对于承压板的横向膨胀起着约束作用，该约束有利于强度的提高。越接近试件的端面，这种约束作用就越大，通常称这种约束作用为环箍效应。

混凝土试件承压面的状态也是影响混凝土强度的重要因素，当试件受压面上有油脂类润滑剂时，试件受压时的环箍效应大大减小，试件将出现直裂破坏，测出的强度值也较低。

加荷速度越快，测得的混凝土强度值也越大，当加荷速度超过1.0MPa/s时，这种趋势更加显著。混凝土抗压强度的加荷速度应连续均匀。

4.3.4.5 施工质量

混凝土的搅拌、运输、浇筑、振捣、现场养护是一项复杂的施工过程，受到各种不确定性随机因素的影响。配料的准确、振捣密实程度、拌和物的离析、现场养护条件的控制，以及施工单位的技术和管理水平，都会造成混凝土强度的变化。因此，必须采取严格有效的控制措施和手段，以保证混凝土的施工质量。

4.3.5 提高混凝土强度的主要措施

通过分析上述影响混凝土强度的因素，可知提高混凝土强度的主要措施如下。

4.3.5.1 采用高强度水泥

水泥是混凝土中的活性组分，在配合比相同的情况下，水泥的强度等级越高，混凝土的强度越高。

4.3.5.2 采用低水灰比的干硬性水泥

低水灰比的干硬性混凝土拌和物中的游离水分少，硬化后留下的孔隙少，混凝土密实度高，强度可显著提高。水灰比增加1%，则混凝土强度将下降5%，在满足施工和易性及混凝土耐久性要求条件下，应尽可能降低水灰比。

4.3.5.3 采用合适的外加剂和外掺料

在混凝土中掺入早强剂可提高混凝土的早期强度，掺入减水剂可减少用水量，降低水灰比，可提高混凝土的强度。此外，在混凝土中掺入高效减水剂的同时，掺入磨细粉煤灰或磨细高炉矿渣，可显著提高混凝土的强度。

4.3.5.4 采用蒸汽养护和蒸压养护

蒸汽养护是将混凝土构件放在温度低于100℃的常压蒸汽中进行养护。一般混凝土经过16～20h的蒸汽养护，其强度可达正常条件下养护28d强度的70%～80%。对由普通硅酸盐水泥和硅酸盐水泥制备的混凝土进行蒸汽养护，其早期强度也能得到提高，但因水泥颗粒表面过早形成水化产物凝胶膜层，阻碍水分继续深入水泥颗粒内部，故使混凝土后期强度的增长速率减缓。

蒸压养护是将浇筑完的混凝土构件静停8～10h，放入温度175℃以上、压力0.8MPa以上的蒸压釜内，进行高温、高压饱和蒸汽养护。蒸压养护可提高混凝土的早期强度，混凝土的质量比蒸汽养护好。

4.3.5.5 采用机械搅拌和机械振捣

采用机械搅拌、机械振捣的混合料，可使混凝土混合料的颗粒产生振动，降低水泥浆的黏度和骨料间的摩擦阻力，提高混凝土拌和物的流动性。采用机械振捣的混凝土，颗粒间互相靠近，拌和物能很好地充满模型，减少混凝土内部的孔隙，从而使混凝土的密实度和强度大大提高。

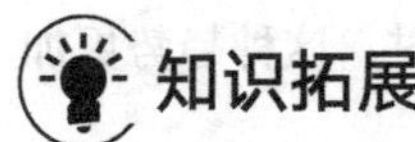

知识拓展

沪苏通长江公铁大桥

沪苏通长江公铁大桥于 2014 年 3 月 1 日动工建设，2019 年 9 月 20 日实现全桥合拢，2020 年 7 月 1 日建成通车。沪苏通长江公铁大桥南起江苏省张家港市，北至江苏省南通市，大桥全长 11.072km（其中公铁合建桥梁长 6989m），包括两岸大堤间正桥长 5827m，北引桥长 1876m，南引桥长 3369m；大桥上层为双向六车道高速公路（通锡高速公路），下层为双向四线铁路（图 4-10）。

沪苏通长江公铁大桥主桥为两塔五跨斜拉桥，主塔为钢筋混凝土结构，桥面以上为倒 Y 形，桥面以下塔柱内收为钻石形。上塔柱采用八边形截面，中塔柱由上塔柱八边形渐变至六边形截面，下塔柱为单箱双室的六边形截面。塔顶高程 +333m，塔底（承台顶）高程 +8.0m，承台以上塔高 325m。塔柱顺桥向尺寸为 14 ～ 21m，上塔柱标准段横桥向尺寸为 14 ～ 15m，中塔柱和下塔柱横向尺寸为 8.7 ～ 16.7m，塔身采用 C60 混凝土。沪苏通长江公铁大桥主塔施工如图 4-11 所示。

图 4-10　沪苏通长江公铁大桥

图 4-11　沪苏通长江公铁大桥主塔施工

桥塔由于布筋密集、所处的服役环境条件恶劣，需要桥塔混凝土具有良好的自密实性能与耐久性能。而目前常用的 C60 高强素塔混凝土水泥与胶凝材料用量普遍较高，混凝土收缩较大、水化温升高，塔柱内外温差大，导致混凝土出现收缩裂缝与温度裂缝，影响其力学性能与耐久性能。因此，需要在低水泥与胶凝材料用量、低水胶比下实现桥塔混凝土的自密实、低收缩、抗裂与高耐久性。

参建单位利用聚羧酸分子结构的可设计性，通过分子剪裁与接枝技术，研制了具有超分散、保坍与减缩协同作用的高性能混凝土专用外加剂，利用该外加剂超分散水泥颗粒，提高水泥胶结性能，减小混凝土的收缩特性，实现了低水泥与低胶凝材料用量下配制低收缩、抗裂 C60 自密实混凝土。其性能指标为：初始坍落度 / 扩展度≥ 250mm/650mm，2h 坍落度无损失，离析率＜ 15%，T500 时间≤ 10s，28d 抗压强度＞ 70MPa，28d 干燥收缩率＜ 300×10^{-6}，28d 碳化深度＜ 5mm，满足沪苏通长江公铁大桥超高塔混凝土的设计要求。

任务4.4

混凝土的耐久性

建议课时： 2学时

教学目标

知识目标：能识记混凝土的耐久性。

技能目标：能够根据工程需要采取正确的措施提高混凝土的耐久性。

思政目标：培养自主学习新技能的能力，能自主完成工作岗位任务；

培养分析能力，激励善于创新和总结经验。

混凝土的耐久性是指混凝土在所处环境及使用条件下，保持其原有设计性能和使用功能的性质。通常用混凝土的抗渗性、抗冻性、抗蚀性、抗碳化性能、碱-骨料反应综合评价混凝土的耐久性。

混凝土的耐久性

4.4.1 混凝土的抗渗性

混凝土的抗渗性，是指混凝土抵抗有压介质（如水、油、溶液等）渗透作用的能力。抗渗性是决定混凝土耐久性最主要的因素，因为外界环境中的侵蚀性介质只有通过渗透才能进入混凝土内部，使混凝土遭受冰冻或侵蚀作用而破坏。若为钢筋混凝土，侵蚀介质的渗入还会引起内部钢筋的锈蚀，并导致表面混凝土保护层开裂或剥落。因此，对地下建筑、水坝、水池、港工、海工等工程，必须要求混凝土具有一定的抗渗性。

混凝土在压力液体作用下产生渗透的主要原因，是其内部存在孔隙和毛细管通路，以及蜂窝、孔洞等。实践证明，混凝土的水灰比小时抗渗性强，反之则弱，但当水灰比大于0.6时，其抗渗性显著降低。此外，粗骨料最大粒径、养护方法、外加剂、水泥品种等对混凝土的抗渗性也有影响。提高混凝土抗渗性的主要措施是提高混凝土的密实度和改善混凝土中的孔隙结构，减少连通孔隙，这些可通过降低水灰比、选择好的骨料级配、充分振捣和养护、掺入引气剂等方法来实现。

混凝土的抗渗性用抗渗等级表示。抗渗等级是以28d龄期的标准试件，在标准试验方法下进行试验，以每组6个试件中，4个试件未出现渗水时所承受的最大静水压来表示。《混凝土质量控制标准》（GB 50164—2011）规定，将混凝土抗渗性划分为P4、P6、P8、P10、P12五个等级，分别表示混凝土的最大渗水压力为0.4MPa、0.6MPa、0.8MPa、1.0MPa、1.2MPa。

4.4.2 混凝土的抗冻性

混凝土的抗冻性是指混凝土在饱和水状态下，能经受多次冻融循环而不破坏，同时也不严重降低其性能的能力。对于寒冷地区的建（构）筑物，特别是既接触水又受冻的建（构）筑物，要求混凝土应具有较高的抗冻性。

混凝土受冻融破坏的原因，是由于混凝土内部孔隙和毛细孔中的水在负温下结冰后体积膨胀形成的静水压力，当这种压力产生的内应力超过混凝土的抗拉强度时，混凝土就会产生微细裂缝，在反复冻融作用下，混凝土内部的微细裂缝逐渐增多和扩大，导致混凝土强度降低甚至破坏。混凝土的密实度、孔隙率、孔隙构造及孔隙的充水程度，均为影响其抗冻性的主要因素。

提高混凝土抗冻性的关键是提高混凝土的密实度或改变混凝土的孔隙特征，并防止早期受冻。选择适宜的水灰比，也是保证混凝土抗冻性的重要因素。抗冻混凝土的最大水灰比见表4-13。

表4-13 抗冻混凝土的最大水灰比

抗冻等级	最大水灰比		最小胶凝材料用量 / (kg/m^3)
	无引气剂时	掺引气剂时	
F50	0.55	0.60	300
F100	0.55	0.55	320
F150 以上	—	0.50	350

混凝土的抗冻性用抗冻等级 F*n* 来表示。采用抗冻等级时需要做快冻法试验，一般以龄期 28d 的试块在吸水饱和后，经标准养护或同条件养护后，所能承受的反复冻融循环次数表示，这时混凝土试块抗压强度下降不得超过 25%，质量损失不超过 5%。抗冻等级分为 F10、F15、F25、F50、F100、F150、F200、F250 和 F300 九个等级，其中数字表示混凝土能承受的最大冻融循环次数。

4.4.3 混凝土的抗侵蚀性

环境介质对混凝土的化学侵蚀主要是对水泥石的侵蚀，其侵蚀类型及机理与水泥石的腐蚀相同。当环境介质具有侵蚀性时，对混凝土必须提出抗侵蚀性的要求。随着混凝土在地下工程、海岸工程等恶劣环境中的大量应用，对混凝土的抗侵蚀性要求也越来越高。

混凝土的抗侵蚀性与所用的水泥品种、混凝土的密实度和孔隙特征等有关。密实和孔隙封闭的混凝土，环境介质不易侵入，抗侵蚀性较强。掺入混合料的水泥（火山灰水泥、粉煤灰水泥、矿渣水泥、复合水泥等）的抗侵蚀性较好。提高混凝土抗侵蚀性的主要措施有合理选择水泥品种、降低水灰比、提高混凝土的密实度、改善气孔结构及设置保护层等。

4.4.4 混凝土的抗碳化性

混凝土的碳化是混凝土所受到的一种化学腐蚀，即空气中的 CO_2 渗透到混凝土中，与混凝土内的碱性物质发生化学反应，生成碳酸盐和水，使混凝土碱度降低的过程，又称作混凝土的中性化。混凝土的碳化程度随时间的延长而增大，但增大速度逐渐减慢。

4.4.4.1 碳化对混凝土性能的影响

混凝土的碳化对混凝土性能的影响弊多利少。首先，混凝土的碳化会减弱对钢筋的保护作用。这是因为混凝土中水泥水化生成的大量 $Ca(OH)_2$，能使钢筋的表面生成一层钝化膜，以保护钢筋不易锈蚀。碳化作用降低了混凝土的碱度，当 pH 值低于 10 时，钢筋表面钝化膜破坏，导致钢筋锈蚀。

当碳化深度穿透混凝土保护层而达钢筋表面时，钢筋不但易发生锈蚀，还会引起体积膨胀，致使混凝土保护层产生开裂或剥落。开裂后的混凝土又促进了碳化的进行和钢筋的锈蚀，最后导致混凝土产生顺筋开裂而破坏。

其次，碳化作用还会引起混凝土的收缩（碳化收缩），使混凝土表面因拉应力而产生微细裂缝，从而降低混凝土的抗拉、抗折及抗渗能力。

碳化作用对提高混凝土的抗压强度是有利的。这是因为，碳化作用产生的 $Ca(CO_3)_2$ 填充了水泥石的孔隙，以及碳化时放出的水分有助于未水化水泥的水化进行，从而可提高混凝土碳化层的密实度，对减少碳化层的渗透和提高强度有一定作用。例如，预制混凝土基桩就常常利用碳化作用来提高桩的表面质量。

4.4.4.2 影响混凝土碳化的因素

影响混凝土碳化的因素有如下几个。

（1）水泥品种。普通水泥、硅酸盐水泥水化产物的碱度较高，故其抗碳化性能优于矿渣水泥、火山灰水泥及粉煤灰水泥，且会随混合材料掺量的增多使碳化速率加快。

（2）水灰比。水灰比越小，混凝土越密实，CO_2 和水越不易渗入，因此碳化速率越慢。

（3）外加剂。混凝土中掺入减水剂、引气剂或引气型减水剂时，由于可降低水灰比或引入封闭小气泡，故可使混凝土碳化速率明显减慢。

（4）环境湿度。当环境的相对湿度为 50% ～ 75% 时，混凝土碳化速率最快。当相对湿度小于 25% 或达 100% 时，碳化将停止进行，这是因为环境中水分太少，碳化不能发生；而当混凝土孔隙中充满水时，CO_2 不能渗入扩散。

（5）环境中的 CO_2 浓度。CO_2 浓度越大，混凝土碳化作用越快。一般室内混凝土碳化速率较室外快。

（6）施工质量。混凝土施工振捣不密实或养护不良时，致使密实度较差而加快混凝土的碳化。经蒸汽养护的混凝土，其碳化速率较标准养护时的碳化速率快些。

4.4.4.3 提高混凝土抗碳化能力的措施

（1）根据环境和使用条件，优先选用普通水泥或硅酸盐水泥。

（2）降低水灰比，采用减水剂可以提高混凝土密实度，是提高混凝土抗碳化能力的根本措施。

（3）在混凝土表面抹刷涂层（如抹聚合物砂浆、刷涂料等）或粘贴面层材料（如贴面砖等），以防 CO_2 侵入。

（4）对于钢筋混凝土构件，必须保证有足够的混凝土保护层，以防碳化使钢筋锈蚀。

4.4.5 混凝土的碱－骨料反应

碱－骨料反应是指混凝土内水泥中的碱性氧化物（氧化钠、氧化钾）与骨料中的活性二氧化硅发生化学反应生成碱－硅酸凝胶，这种凝胶吸水后体积会显著膨胀（体积增大可达 3 倍以上），从而导致混凝土产生膨胀开裂而破坏，这种现象称为碱－骨料反应。

4.4.5.1 碱－骨料反应的类型。

碱－骨料反应有三种类型。

（1）碱－氧化硅反应。碱与骨料中活性二氧化硅发生反应，生成硅酸盐凝胶，吸水膨胀，引起混凝土膨胀、开裂。活性骨料有蛋白石、玉髓、方石英、安山岩、凝灰岩等。

（2）碱－硅酸盐反应。碱与某些层状硅酸盐骨料，如千枚岩、粉砂岩和含蛭石的黏土岩类等加工成的骨料反应，产生膨胀物质。起作用比碱－氧化硅反应缓慢，但后果更为严重，造成混凝土膨胀、开裂。

（3）碱－碳酸盐反应。水泥中的碱性氧化物（氧化钠、氧化钾）与白云岩或白云岩质石灰岩加工成的骨料作用，生成膨胀物质而使混凝土开裂破坏。

4.4.5.2 碱－骨料反应应具备的条件

混凝土发生碱－骨料反应应具备以下三个条件。

（1）水泥、外加剂等混凝土原材料中碱含量大于 0.6%。

（2）活性骨料占骨料总量的比例大于 1%。

（3）要有充分的水。

4.4.5.3 碱－骨料反应的预防措施

碱－骨料反应很慢，引起的破坏往往经过若干年后才会出现，且难以修复。当确认骨料中含有活性二氧化硅，而又非用不可时，可采取以下预防措施。

（1）采用碱含量小于 0.6% 的水泥。

（2）在水泥中掺入火山灰质混合材料。因火山灰质混合材料可吸收溶液中的 Na^+ 和 K^+，使反应产物早期能均匀分布在混凝土中，不致集中于骨料颗粒周围，从而减轻膨胀反应。

（3）在混凝土中掺入引气剂或引气减水剂，从而在混凝土中产生许多分散的微小气泡，使碱－骨料反应的胶体可渗入或被挤入这些气孔中去，以降低膨胀破坏应力。

4.4.6 提高混凝土耐久性的措施

混凝土所处的环境和使用条件不同，对其耐久性的要求也不相同。影响混凝土耐久性的主要因素有混凝土的组成材料、混凝土的孔隙率、空隙构造、施工质量等。因此，提高混凝土耐久性的措施主要有以下几点。

（1）根据混凝土工程所处的环境条件和特点，合理选择水泥品种。

（2）严格控制水灰比，保证足够的水泥用量。《普通混凝土配合比设计规程》（JGJ 55—2019）中规定，除配制 C15 及其以下强度等级的混凝土外，混凝土的最小胶凝材料用量应符合表 4-14 中的规定。

（3）选用杂质少、级配良好的粗、细骨料，采用合适的砂率，加强浇捣及养护，提高混凝土的强度和密实度。

（4）掺引气剂、减水剂等外加剂，改善混凝土性能。

（5）用涂料和水泥砂浆等措施进行表面处理，防止混凝土的碳化。

表 4-14 普通混凝土的最大水胶比和最小胶凝材料用量

最大水胶比	最小胶凝材料用量 / （kg/m^3）		
	素混凝土	钢筋混凝土	预应力混凝土
0.60	250	280	300
0.55	280	300	300
0.50	320		
≤ 0.45	320		

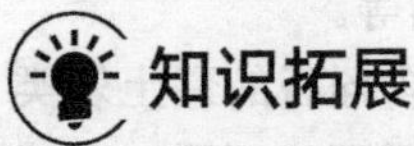

知识拓展

港珠澳大桥工程

伶仃洋海天一色，烟波浩渺，港珠澳大桥碧海虹飞，连接三地（图 4-12 和图 4-13）。

想当年，“零丁洋里叹零丁”，看今朝，“伶仃洋上望复兴”，伶仃洋见证了一个东方大国的复兴与自信。“非常了不起”的赞誉，是习总书记对港珠澳大桥建设克服世界级难题、创下了世界之最的高度肯定，更是习总书记对“世界之最”纪录背后所反映出的中国自主创新能力的高度赞赏。

长约 55km 的港珠澳大桥于 2009 年 12 月 15 日动工建设，并于 2017 年 7 月 7 日主体工程全线贯通。港珠澳大桥地处海洋腐蚀环境，建设条件复杂，因此其所使用的材料条件苛刻，对材料强度、抗疲劳、耐候、抗腐蚀要求极高，设计服役寿命长，材料性能需求复杂多样，使用的材料类型多，从钢材、钢筋混凝土到涂装材料都有涉及。

图 4–12 港珠澳大桥的九洲航道特大桥

图 4–13 港珠澳大桥的人工岛引桥

整个港珠澳大桥的施工过程，包含 4 处人工岛的建设，砂石的需求量惊人。港珠澳大桥人工岛填海工程砂石料花费 16 亿元，使用砂子 2200 万立方米。全长 6.7km 的沉管表面使用石料回填，石料使用总量相当于 2.5 个金字塔的用量、3.6 万节火车的运输总量。而这些只是港珠澳大桥项目的其中一部分。港珠澳大桥的混凝土结构中的砂石料使用量也非常巨大，从约 55km 的长度来计算，港珠澳大桥的砂石骨料用量至少达 3000 万立方米！

在港珠澳大桥的混凝土工厂内配备了一台制冰机，在拌制混凝土时，向里面加冰以实现降温，使大桥所用混凝土浇筑温度控制在 28℃以内（港珠澳大桥超大断面预制沉管混凝土裂缝控制技术），满足耐久性指标的要求。

总之，港珠澳大桥所体现的不仅仅是中国过去几十年建桥技术的积累，同时也在重新定义中国制造未来的方向。

任务4.5

普通混凝土的配合比设计

建议课时： 4学时

教学目标

知识目标：能识记混凝土配合比设计的方法和步骤。

技能目标：能够正确设计普通混凝土的配合比，保证混凝土工程质量，达到经济合理。

思政目标：培养认真严谨的工作责任意识；
培养深入钻研土木工程的专研知识；
激励解决专业领域的复杂工程问题。

混凝土配合比是指混凝土各组成材料之间的比例。混凝土的组成材料主要包括水泥、粗骨料、细骨料和水。如何确定混凝土单位体积内各组成材料的用量，就称为混凝土配合比设计。

普通混凝土的配合比设计

混凝土配合比的表示方法主要有两种：一种是以 1m^3 混凝土中各材料的质量表示，如水泥 300kg，石子 1200kg，砂 700kg，水 160kg；另一种是以水泥质量为 1，用各组成材料之间的质量比来表示，按水泥、砂、石子和水的顺序排列，换算质量比为 1∶2.20∶3.80∶0.60。当掺外加剂或混凝土掺和料时，其用量以水泥用量的质量分数来表示。

4.5.1 混凝土配合比设计要求

混凝土配合比设计应满足混凝土施工所要求的和易性；满足混凝土结构设计要求的强度等级；满足工程所处环境对混凝土耐久性的要求并符合经济原则，即节约水泥，降低混凝土成本。

4.5.1.1 配合比设计的基本要求

混凝土配合比设计必须达到以下四项基本要求。

（1）满足强度要求，即满足混凝土结构设计或施工进度所要求的强度。

（2）满足施工所要求的混凝土拌和物的和易性，应根据结构物截面尺寸、形状、配筋的疏密程度以及施工方法、设备等因素来确定和易性大小。

（3）满足耐久性要求。根据构件使用环境，确定技术要求，以选定水泥品种、最大水灰比和最小水泥用量。

（4）满足经济要求。水泥强度等级与混凝土强度等级要相适应，在保证混凝土质量的前提下，尽量节约水泥和降低混凝土成本。

4.5.1.2 配合比设计的三个参数

混凝土配合比设计，实质上就是确定水泥、水、砂与石子这四项基本组成材料用量之间的比例关系，即水灰比、单位用水量、砂率三个基本参数。在配合比设计中，只要正确确定这三个参数，就能设计出经济合理的混凝土配合比。

（1）水灰比。水灰比是混凝土中水和水泥质量的比值，对混凝土的强度和耐久性起关键性的作用。原则是在满足工程要求的强度和耐久性的前提下，尽量选择较大值，以节约水泥。

（2）单位用水量。单位用水量是指 $1m^3$ 混凝土的用水量。在水灰比已经确定的情况下，反映了水泥浆与骨料的关系，是控制混凝土拌和物和易性的主要因素。同时也影响其强度和耐久性，其确定原则是在混凝土达到流动性要求的前提下取最小值。

（3）砂率。砂率是混凝土中砂的质量占砂石总量的比例（%），对混凝土拌和物和易性，特别是其中黏聚性和保水性有很大的影响。

水灰比、单位用水量、砂率三个参数的选择是否合理，将直接影响到混凝土的性能和成本。

4.5.2 配合比设计的方法与步骤

4.5.2.1 确定初步配合比

（1）确定混凝土的配制强度（$f_{cu,0}$）。在实际施工中，由于受到各种因素的影响，混凝土的强度值是不稳定的。为了保证所配制的混凝土在使用时其强度标准值达到具有不小于设计所要求的 95% 强度保证率，在进行混凝土配合比设计时，必须使混凝土的配制强度大于设计强度。

当混凝土的设计强度等级小于 C60 时，试配强度应按式（4-6）确定。

$$f_{cu,0} \geqslant f_{cu,k}+1.645\sigma \tag{4-6}$$

当混凝土的设计强度等级不小于 C60 时，试配强度应按式（4-7）确定。

$$f_{cu,0} \geqslant 1.15f_{cu,k} \tag{4-7}$$

式中 $f_{cu,0}$——混凝土配制强度，MPa；

$f_{cu,k}$——混凝土立方体抗压强度标准值，MPa；

σ——混凝土强度标准差，MPa。

混凝土标准差 σ 可根据近期同一品种、同一强度等级的混凝土强度资料，且试件组数不小于 30 时，按式（4-8）计算：

$$\sigma=\sqrt{\frac{\sum_{i=1}^{n}f_{cu,i}^2-n\overline{f}_{cu}^2}{n-1}} \tag{4-8}$$

式中 n——混凝土试件的组数，$n \geqslant 30$；

$f_{cu,i}$——第i组试件的混凝土强度值，MPa；

$\overline{f}_{cu}$——n 组试件的混凝土强度平均值，MPa。

当混凝土强度等级不大于C30时，若计算所得$\sigma<3.0$MPa时，取σ=3.0MPa；当混凝土强度等级高于C30且小于C60时，若计算所得$\sigma<4.0$MPa时，取σ=4.0MPa。

当施工无近期统计资料时，混凝土强度标准差 σ 可按表 4-15 取值。

表 4-15 混凝土强度标准差取值

混凝土设计强度等级	≤ C20	C20 ~ C45	C50 ~ C55
标准差 σ/MPa	4.0	5.0	6.0

（2）确定水灰比（W/C）。水灰比计算公式如下。

$$\frac{W}{C}=\frac{\alpha_a f_{ce}}{f_{cu,0}+\alpha_a\alpha_b f_{ce}} \tag{4-9}$$

$$f_{ce}=\gamma_c f_{ce,k} \tag{4-10}$$

式中 α_a，α_b——回归系数，应根据工程使用的水泥、骨料，通过试验由水灰比与混凝土强度的关系式确定（当不具备试验条件时，对碎石混凝土，α_a可取0.53，α_b可取0.20；对卵石混凝土，α_a可取0.49，α_b可取0.13）；

f_{ce}——水泥的实际强度，MPa；

$f_{ce,k}$——水泥强度等级值，MPa；

γ_c——水泥强度等级值富余系数，见表 4-16。

表 4-16 水泥强度等级值富余系数 γ_c

水泥强度等级	32.5	42.5	52.5
富余系数	1.12	1.16	1.10

（3）确定单位用水量（m_{w0}）。当混凝土水灰比为 0.40 ～ 0.80 时，根据骨料的品种、粒径及施工要求的混凝土拌和物稠度，单位用水量可按表 4-17 选取；若混凝土水灰比小于 0.40 或采用特殊成型工艺的混凝土，其用水量可通过试验确定。

表 4-17 混凝土单位用水量

项目	指标	卵石最大公称粒径 /mm				碎石最大公称粒径 /mm			
		10	20	31.5	40	16	20	31.5	40
坍落度 /mm	10 ～ 30	190	170	160	150	200	185	175	165
	35 ～ 50	200	180	170	160	210	195	185	175
	55 ～ 70	210	190	180	170	220	205	195	185
	75 ～ 90	215	195	185	175	230	215	205	195
维勃稠度 /s	16 ～ 20	175	160		145	180	170		155
	11 ～ 15	180	165		150	185	175		160
	5 ～ 10	185	170		155	190	180		165

注：1. 本表用水量为采用中砂时的平均取值。采用细砂时，每立方米混凝土用水量增加 5 ～ 10kg；采用粗砂时，则可减少 5 ～ 10kg。

2. 掺用各种外加剂或掺和料时，用水量应进行相应调整。

流动性、大流动性混凝土的单位用水量，以表 4-17 中坍落度等于 90mm 的单位用水量为基础，按坍落度每增大 20mm，单位用水量增 5kg。

掺外加剂的混凝土单位用水量可按式（4-11）计算。

$$m_{w0} = m'_{w0}(1-\beta) \quad (4\text{-}11)$$

式中 m_{w0}——掺外加剂的混凝土单位用水量，kg；

m'_{w0}——未掺外加剂的混凝土单位用水量，kg；

β——外加剂的减水率，%，由试验确定。

（4）确定水泥用量（m_{c0}）。根据已确定的混凝土单位用水量 m_{w0} 和水灰比（W/C），可由式（4-12）计算水泥用量。

$$m_{c0} = \frac{m_{w0}}{W/C} \quad (4\text{-}12)$$

根据结构使用环境条件和耐久性要求，计算所得的水泥用量 m_{c0} 应不小于表 4-18 中规定的最小水泥用量。若计算值小于规定值，应取表 4-18 中规定的最小水泥用量值。

表 4-18 混凝土的最大水灰比和最小胶凝材料用量

环境类别	条件	最低强度等级	最大水胶比	最小胶凝材料用量 / (kg/m³)		
				素混凝土	钢筋混凝土	预应力混凝土
一	室内干燥环境； 无侵蚀性静水浸没环境	C20	0.6	250	280	300
二 a	室内潮湿环境； 非严寒和非寒冷地区的露天环境； 非严寒和非寒冷地区与无侵蚀性的水或土壤直接接触的环境； 严寒和寒冷地区的冰冻线以下与无侵蚀性的水或土壤直接接触的环境	C25	0.55	280	300	300
二 b	干湿交替环境； 水位频繁变动环境； 严寒和寒冷地区的露天环境； 严寒和寒冷地区冰冻线以上与无侵蚀性的水或土壤直接接触的环境	C30（C25）	0.50（0.55）	320	320	320
三 a	严寒和寒冷地区冬季水位变动区环境； 受除冰盐影响环境； 海风环境	C35（C30）	0.45（0.50）	330	330	330
三 b	盐渍土环境； 受除冰盐； 海岸环境	C40	0.4	330	330	330

（5）确定合理砂率（β_s）。砂率应根据骨料的技术指标、混凝土拌和物性能及施工要求，参考既有历史资料确定。当缺乏砂率的历史资料时，混凝土砂率的确定应符合下列规定：

① 坍落度小于 10mm 的混凝土，其砂率应经试验确定；

② 坍落度为 10 ～ 60mm 的混凝土，其砂率可根据粗骨料品种、最大公称粒径及水灰比按表 4-19 选取；

③ 坍落度大于 60mm 的混凝土，其砂率可经试验确定，也可在表 4-19 的基础上，按坍落度每增大 20mm，砂率增大 1% 的幅度予以调整。

表 4-19 混凝土的砂率 单位：%

水灰比（W/C）	卵石最大粒径 /mm			碎石最大粒径 /mm		
	10	20	40	16	20	40
0.4	26 ～ 32	25 ～ 31	24 ～ 30	30 ～ 35	29 ～ 34	27 ～ 32
0.5	30 ～ 35	29 ～ 34	28 ～ 33	33 ～ 38	32 ～ 37	30 ～ 35
0.6	33 ～ 38	32 ～ 37	31 ～ 36	36 ～ 41	35 ～ 40	33 ～ 38
0.7	36 ～ 41	35 ～ 40	34 ～ 39	39 ～ 44	39 ～ 44	36 ～ 41

注：1. 本表数字为中砂的选用砂率，对细砂或粗砂，可相应地减小或增大砂率。

2. 只用一个单粒级粗骨料配制混凝土时，砂率应适当增大。

3. 采用人工砂配制混凝土时，砂率可适当增大。

（6）确定粗、细骨料用量（m_{g0}、m_{s0}）。至此，混凝土配合比设计中的三个参数——水灰比、单位用水量和砂率都已经确定下来了。有了这三个参数的限制条件，就很容易确定砂、石的用量。在确定砂、石用量时可以采用两种方法：质量法和体积法。

① 质量法，也称假定密度法。根据经验，如果原材料质量比较稳定，所配制的混凝土拌和物的表观密度将接近一个固定值，可以先假设一个混凝土拌和物的表观密度 ρ_t（kg/m³），按式（4-13）计算砂用量 m_{s0}、石用量 m_{g0}。

$$\begin{cases} m_{c0}+m_{s0}+m_{g0}+m_{w0}=\rho_t \\ \beta_s=\dfrac{m_{s0}}{m_{s0}+m_{g0}}\times 100\% \end{cases} \tag{4-13}$$

式中 m_{s0}——每立方米混凝土的细骨料用量，kg；

m_{g0}——每立方米混凝土的粗骨料用量，kg；

ρ_t——混凝土拌和物的假定表观密度，kg/m^3，可取 2350 ～ 2450kg/m^3。

② 体积法，又称绝对体积法。假定混凝土拌和物的体积等于其各组成材料的绝对体积及拌和物所含少量空气体积之和，则可按式（4-14）计算 1m^3 混凝土拌和物的砂石用量。

$$\begin{cases} \dfrac{m_{c0}}{\rho_c}+\dfrac{m_{s0}}{\rho_s}+\dfrac{m_{g0}}{\rho_g}+\dfrac{m_{w0}}{\rho_w}+0.01\alpha=1 \\ \beta_s=\dfrac{m_{s0}}{m_{s0}+m_{g0}}\times 100\% \end{cases} \tag{4-14}$$

式中 ρ_c——水泥的密度，kg/m^3，可取2900～3100kg/m^3；

ρ_s——细骨料的表观密度，kg/m^3；

ρ_g——粗骨料的表观密度，kg/m^3；

ρ_w——水的表观密度，kg/m^3，可取 1000kg/m^3；

α——混凝土的含气量，%，在不使用引气型外加剂时，α 可以取为 1。

通过以上步骤计算得到的混凝土的材料组成 m_{c0}、m_{w0}、m_{s0}、m_{s0}，并不是最终的配合比，而只能称为初步配合比。因为在以上确定材料组成过程中，大量使用了经验数据，如单位体积用水量和坍落度的关系、水灰比和强度的关系、砂率和水灰比的关系。这些经验数据的使用，简化了配合比设计，但许多影响混凝土技术性质的因素并未考虑，可能不符合实际情况，不一定能满足配合比设计的基本要求。因此，混凝土的配合比设计还要继续进行试配和调整。

4.5.2.2 确定基准配合比

对初步配合比的试配与调整，首先，试拌、检验、调整混凝土拌和物的和易性，直到符合施工要求的和易性为止。确定出满足和易性要求的配合比即基准配合比，它可作为检验混凝土强度之用。

《普通混凝土配合比设计规程》（JGJ 55—2011）规定，每盘混凝土试配的最小搅拌量应符合：骨料最大粒径小于或等于 31.5mm 时，拌和物最小拌和体积为 20L；骨料最大粒径为 40.0mm 时，拌和物最小拌和体积为 25L。当采用机械搅拌时，拌和量应不小于搅拌机公称容量的 1/4 且不应大于搅拌机的公称容量。

调整混凝土拌和物和易性的方法是先调整黏聚性和保水性，然后调整流动性。调整原则如下。

（1）实测坍落度小于设计要求。保持水灰比不变，增加水泥浆，每增大 10mm 坍落度，需增加水泥浆 5% ～ 8%。

（2）实测坍落度大于设计要求。保持砂率不变，增加骨料，每减少 10mm 坍落度，增加骨料 5% ～ 10%。

（3）当拌和物砂浆量不足，出现黏聚性和保水性不良时，可单独加砂，适当提高砂率。

（4）试拌调整后，应测定和易性满足设计要求的混凝土拌和物的表观密度 $\rho_{c,t}$。

（5）计算调整后的各材料拌和物的用量，基准配合比为

$$m_{cj}=\frac{m_{cb}}{m_{cb}+m_{sb}+m_{gb}+m_{wb}}\rho_{c,t} \tag{4-15}$$

$$m_{sj}=\frac{m_{sb}}{m_{cb}+m_{sb}+m_{gb}+m_{wb}}\rho_{c,t} \tag{4-16}$$

$$m_{gj}=\frac{m_{gb}}{m_{cb}+m_{sb}+m_{gb}+m_{wb}}\rho_{c,t} \tag{4-17}$$

$$m_{wj}=\frac{m_{wb}}{m_{cb}+m_{sb}+m_{gb}+m_{wb}}\rho_{c,t} \tag{4-18}$$

式中 m_{cj}，m_{sj}，m_{gj}，m_{wj}——混凝土基准配合比中的水泥、砂、石子、水的用量，kg；

m_{cb}，m_{sb}，m_{gb}，m_{wb}——试拌混凝土拌和物和易性合格后1m³的水泥、砂、石子、水的实际拌和用量，kg；

$\rho_{c,t}$——混凝土拌和物表观密度实测值，kg/m³。

4.5.2.3 确定设计配合比

由基准配合比配制的混凝土虽然满足了和易性的要求，但不一定能满足设计强度的要求，所以应检验其强度。检验混凝土强度时至少应采用三个不同的配合比，其中一个应是前面算出的基准配合比，另外两个配合比的水灰比，宜较基准配合比分别增加或减少 0.05，其用水量与基准配合比基本相同，砂率可分别增加或减少 1%。两组配合比也需试拌、检验。调整和易性，当不同水灰比的混凝土拌和物坍落度与要求值相差超过允许偏差时，可以增减用水量进行调整。

（1）调整水灰比。进行混凝土强度试验时，每个配合比应至少制作 1 组（3 块）试件，标准养护 28d，进行抗压强度试验。每个配合比亦可同时制作两组试块，其中 1 组供快速检验或较早龄期试压，以便提前定出混凝土配合比供施工使用。但应以标准养护 28d 强度的检验结果为依据调整配合比。

（2）确定达到配制强度时各材料的用量。将三个水灰比值（W/C）与对应的混凝土强度值（f_{cu}）作图（W/C-f_{cu} 的关系曲线应为直线）或线性回归计算，求出混凝土配制强度（$f_{cu,0}$）对应的水灰比。最后按下列原则确定 1m³ 混凝土各材料用量。

① 用水量（m_w），取基准配合比中的用水量，并根据制作强度试件时测得的坍落度或维勃稠度进行调整。

② 水泥用量（m_c），用 m_w 乘以选定的灰水比计算确定。

③ 粗、细骨料用量（m_g、m_s），取基准配合比中的粗、细骨料用量，并按选定的灰水比适当调整确定。

（3）确定设计配合比。强度复核后的配合比，应根据实测混凝土拌和物的表观密度 $\rho_{c,t}$ 做校正，以确定 1m³ 混凝土拌和物的各材料用量。

① 按式（4-19）计算出混凝土拌和物的表观密度 $\rho_{c,c}$。

$$\rho_{c,c} = m_c + m_s + m_g + m_w \tag{4-19}$$

② 按式（4-20）计算出校正系数 δ。

$$\delta = \frac{\rho_{c,t}}{\rho_{c,c}} \tag{4-20}$$

当混凝土表观密度实测值与计算值之差的绝对值超过计算值的 2% 时，水泥、水、砂、石子 4 种材料的用量均应乘以校正系数 δ，作为混凝土的设计配合比。

4.5.2.4 确定施工配合比

混凝土设计配合比中，砂、石子都是以干燥状态为准计算出来的。而实际上，施工现场的砂、石子都含有一定的水分，并且含水率经常变化。因此，为保证混凝土质量，现场材料的实际称量应根据砂、石子的含水情况对设计配合比进行修正，修正后的 1m³ 混凝土各材料用量称为施工配合比。

设施工现场砂的含水率为 $a\%$，石子的含水率为 $b\%$，则施工配合比为

$$m_c' = m_c \tag{4-21}$$

$$m_s' = m_s(1 + a\%) \tag{4-22}$$

$$m_g' = m_g(1 + b\%) \tag{4-23}$$

$$m_w' = m_w - m_s a\% - m_g b\% \tag{4-24}$$

式中 m'_c，m'_s，m'_g，m'_w——混凝土施工配合比中的水泥、砂、石子、水的用量，kg。

修正后的配合比即可以直接用于施工的混凝土配合比。施工现场砂、石子的含水率是经常变动的，因此，必须根据进场的原材料情况和天气情况及时调整混凝土配合比，以免因砂、石子含水率的变化而导致混凝土水灰比的波动，从而导致混凝土的强度、耐久性等性能降低。

4.5.3 混凝土配合比设计实例

【例 4-1】钢筋混凝土结构用混凝土配合比设计。某框架结构工程的室内现浇钢筋混凝土梁，混凝土设计强度等级为 C30，施工采用机械拌和及振捣，坍落度为 35 ～ 50mm。施工单位无历史统计资料，所用原材料情况如下。

水泥：42.5 级的普通水泥，密度 ρ_c=3100kg/m^3，强度等级标准值的富余系数 γ_c=1.13。

砂：中砂，级配合格，表观密度 ρ_s=2650kg/m^3，含水率为 3%。

石子：5 ～ 31.5mm 粒级碎石，级配合格，表观密度 ρ_g=2700kg/m^3，含水率为 1%。

外加剂：FDN 高效减水剂，掺入量为 0.8%，减水 15%，减少水泥用量 5%。

（1）确定混凝土初步配合比

① 确定混凝土配制强度 $f_{cu,0}$。查表 4-15，σ=5.0MPa，由式（4-6）得

$$f_{cu,0} \geqslant f_{cu,k}+1.645\sigma=30+1.645\times5.0=38.23\ (\text{MPa})$$

② 确定水灰比 W/C。f_{ce}=1.13×42.5=48.03（MPa）。对于碎石混凝土，α_a 取 0.53，α_b 取 0.20，则混凝土水灰比为

$$\frac{W}{C}=\frac{\alpha_a f_{ce}}{f_{cu,0}+\alpha_a\alpha_b f_{ce}}=\frac{0.53\times48.03}{38.23+0.53\times0.20\times48.03}=0.59$$

该工程为正常的居住或办公用房室内环境，查表 4-18 得混凝土的最大水灰比为 0.60，计算出的水灰比 0.59 < 0.60，满足混凝土耐久性要求。

③ 确定单位用水量 m_{w0}。根据原材料情况，混凝土坍落度为 35 ～ 50mm，石子为 5 ～ 31.5mm 的碎石，查表 4-9，可选取单位用水量 m_{w0}=185kg。

④ 确定水泥用量 m_{c0}。$m_{c0}=\dfrac{m_{w0}}{W/C}=\dfrac{185}{0.59}=314\ (\text{kg})$。

由表 4-18 知每立方米混凝土的最小水泥用量为 280kg，计算出的水泥用量 314kg > 280kg，满足混凝土耐久性要求。

⑤ 确定砂率 β_s。由表 4-19 知，水灰比为 0.59，采用碎石（最大粒径 31.5mm）时，可取 β_s=35%。

⑥ 确定砂、石子用量（m_{s0}、m_{g0}），选用质量法和体积法进行计算。

a. 质量法。列方程组：

$$\begin{cases}314+m_{s0}+m_{g0}+185=2400\\ \dfrac{m_{s0}}{m_{s0}+m_{g0}}\times100\%=35\%\end{cases}$$

解得：m_{s0}=666kg，m_{g0}=1236kg。

b. 体积法，α=1。列方程组：

$$\begin{cases}\dfrac{314}{3100}+\dfrac{m_{s0}}{2650}+\dfrac{m_{g0}}{2700}+\dfrac{185}{1000}+0.01=1\\ \dfrac{m_{s0}}{m_{s0}+m_{g0}}\times100\%=35\%\end{cases}$$

解得：m_{s0}=661kg，m_{g0}=1227kg。

通过比较发现，质量法和体积法的计算结果相近，可任选一种方法进行设计，无须同时用两种方法计算。本例选取体积法的计算结果，即1m^{3}混凝土各材料用量为：水泥314kg、砂661kg、碎石1227kg、水185kg，m_{c0}∶m_{s0}∶m_{g0}=1∶2.11∶3.91，m_{w0}/m_{c0}=0.59。

（2）计算掺减水剂混凝土的配合比。设1m^{3}掺减水剂混凝土中水泥、水、砂、石子和减水剂的用量分别为m_c、m_w、m_s、m_g、m_j，则各材料用量如下。

① 水泥用量m_c=314×（1−5%）=298（kg）。

② 水用量m_w=185×（1−15%）=157（kg）。

③ 砂、石子用量计算。列方程组：

$$\begin{cases}\dfrac{298}{3100}+\dfrac{m_s}{2650}+\dfrac{m_g}{2700}+\dfrac{157}{1000}+0.01=1\\[2ex]\dfrac{m_s}{m_s+m_g}\times 100\%=35\%\end{cases}$$

解得m_s=692kg，m_g=1285kg。

④ FDN减水剂用量$m_j=298\times 0.8\%=2.384$（kg）。

（3）确定施工配合比。1m^{3}混凝土中水泥、水、砂、石子和减水剂的用量分别如下。

① 水泥用量$m_c'=m_c=298\text{kg}$。

② 砂用量$m_s'=m_s(1+a\%)=692\times(1+3\%)=713(\text{kg})$。

③ 石子用量$m_g'=m_g(1+b\%)=1285\times(1+1\%)=1298(\text{kg})$。

④ 水用量$m_w'=m_w-m_s a\%-m_g b\%=157-692\times 3\%-1285\times 1\%=123(\text{kg})$。

⑤ 施工配合比m_c':m_s':m_g':m_w'=1∶2.39∶4.36∶0.41。

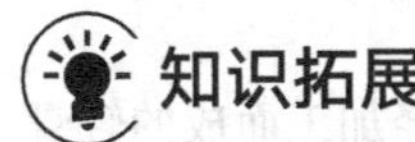

知识拓展

三峡大坝工程

三峡大坝工程是当今世界最大的水力发电工程，是混凝土重力坝，混凝土的用量巨大（图4-14）。但混凝土硬化过程内部所产生的热量的散热问题，是当今世界的一大难题。我国工程师为克服混凝土硬化过程内部产生热量和预防混凝土内部出现散热问题，在进行水泥品种选择时选择低热水泥，同时采取“吃刨冰，吹冷风”的措施，浇筑时内部贯穿了水管，导入冷水散热，如果外部温度过高还会启动喷雾设备来洒水散热，防患于未然，成功解决了这一世界难题。

图4-14 三峡大坝工程照片

对于三峡大坝工程，在国内率先将花岗岩破碎后用作混凝土人工骨料，首次利用性能优良的Ⅰ级粉煤灰作为混凝土掺和料，投入数百万元研究混凝土配合比，包括进一步改进高性能的外加剂，使混凝土综合性能达到最优水平。经多家权威研究机构和总公司试验中心平行试验，优选出的大体积混凝土配合比单位用水量仅90kg/m^{3}左右，达到世界先进水平。

任务4.6

其他混凝土

建议课时： 2学时

教学目标

知识目标：能识记各种特殊混凝土的性能及用途。

技能目标：能够根据不同的工程要求正确选择混凝土的种类。

思政目标：培养求真创新精神、宽阔的专业视野；
树立精益求精的工匠精神。

4.6.1 轻混凝土

其他混凝土

轻混凝土是指用轻的粗、细骨料和水泥配制成的密度不大于1950kg/m^{3}的混凝土。由于自重轻，弹性模量低，因而抗震性能好。与普通烧结砖相比，不仅强度高、整体性好，而且保温性能好。由于结构自重轻，特别适合高层和大跨度结构。

按孔隙结构，轻混凝土可分为轻骨料混凝土、多孔混凝土和大孔混凝土。

4.6.1.1 轻骨料混凝土

轻骨料混凝土是指用轻粗骨料、轻细骨料（或普通砂）、水泥和水配制而成的混凝土，具有轻质、高强、保温和耐火等特点，并且变形性能良好，弹性模量较低，在一般情况下收缩和徐变也较大。

轻骨料混凝土按其来源可以分为：天然轻骨料（天然形成的多孔岩石，经加工而成的轻骨料，如浮石、火山渣及轻砂等），工业废料轻骨料（以工业废料为原料，经加工而成的轻骨料，如粉煤灰、陶粒、膨胀矿渣珠、煤渣及其轻砂等），人造轻骨料（以地方材料为原料，经加工而成的轻骨料，如页岩陶粒、黏土陶粒、膨胀珍珠岩等）。

轻骨料混凝土的强度等级，按立方体抗压强度标准值，划分为LC5.0、LC7.5、LC10、LC15、LC20、LC25、LC30、LC35、LC40、LC45、LC50、LC55、LC60共13个强度等级。

轻骨料混凝土在工业与民用建筑中可用于保温、结构保温和结构承重三方面。由于其具有质轻、比强度高、保温隔热性好、耐火性好、抗震性好等特点，因此与普通混凝土相比，更适合用于高层、大跨度结构、耐火等级要求高的建筑和有节能要求的建筑。

4.6.1.2 多孔混凝土

多孔混凝土是一种不含粗集料，且内部均匀分布着大量封闭小气孔的轻质混凝土。多孔混凝土按形成气孔的方法不同，分为加气混凝土和泡沫混凝土两种。

加气混凝土是以含钙材料（石灰、水泥）、含硅材料（石英砂、粉煤灰等）和发泡剂（铝粉）为原料，经磨细、配料、搅拌、浇筑、发泡、静停、切割和压蒸养护（0.8～1.5MPa压力养护6～28h）等工序生产而成。其表观密度为300～1200kg/m^3，抗压强度为1.5～5.5MPa。加气混凝土具有孔隙率大、吸水率大、强度较低、保温性能好、抗冻性能差等特性，常用作屋面板材料和墙体材料。

泡沫混凝土是将水泥浆和泡沫剂拌和后，再经浇筑、养护硬化而成的一种多孔混凝土。其表观密度为300～500kg/m^3，抗压强度为0.5～0.7MPa。泡沫混凝土可以现场直接浇筑，主要用于屋面保温层。

多孔混凝土的孔隙率可达85%，热导率为0.081～0.290W/（m·K），具有承重和保温双重作用，可制成砌块、墙板、屋面板及保温制品。

4.6.1.3 大孔混凝土

大孔混凝土是以粒径相近的粗骨料和水泥配制成的一种轻混凝土，也称无砂混凝土。由于没有细骨料，在混凝土中形成许多大孔。大孔混凝土按其所用骨料品种，可分为普通大孔混凝土和轻骨料大孔混凝土。

普通大孔混凝土的表观密度为1500～1950kg/m^3，抗压强度为3.5～10MPa，多用于承重及保温的外墙体。轻骨料大孔混凝土的表观密度为500～1500kg/m^3，抗压强度为1.5～7.5MPa，多用于非承重的墙体。

大孔混凝土具有导热性低、透水性好等特点，除用作保温、承重的墙体材料外，也可作为滤水材料，广泛用于市政、水利工程。

4.6.2 抗渗混凝土（防水混凝土）

抗渗混凝土也称防水混凝土，是指抗渗等级等于或大于P6的混凝土。混凝土抗渗等级的要求是根据最大作用水头（水面至防水结构最低处的距离，单位为米）与建筑最小壁厚（单位为米）的比值来确定的。按配制方法，抗渗混凝土一般可分为普通抗渗混凝土、外加剂抗渗混凝土及膨胀水泥抗渗混凝土等。

普通抗渗混凝土是采用较小的水灰比，以减少由于多余水分造成的毛细孔。适当地提高水泥用量及砂率，可以增加水泥砂浆量，在粗骨料周围形成良好的砂浆包裹层，能有效阻隔沿粗骨料互相连通的渗水孔网。

外加剂抗渗混凝土是在混凝土中掺入少量外加剂，改善了混凝土的抗渗性。常用的外加剂有引气剂、减水剂、三乙醇胺及氯化铁、氢氧化铁等密实剂。

用膨胀水泥配制的抗渗混凝土，因膨胀水泥在水化过程中形成大量的钙矾石而产生膨胀。在有约束的条件下，能改善混凝土的孔结构，使毛细孔减少，孔隙率降低，提高混凝土的密实度和抗渗性。

抗渗混凝土主要用于有抗渗要求的水利工程和给排水工程的构筑物（如水池、水塔等）、地下基础工程、屋面防水工程等。

4.6.3 高性能混凝土

高性能混凝土是一种新型高技术混凝土，采用常规材料和工艺生产，具有混凝土结构所要求的各项力学性能，如高耐久性、高工作性和高体积稳定性等。

高性能混凝土的设计思想是，既考虑混凝土结构的强度，又把混凝土结构的持久性作为一个重要的技术指标。以此为目标，根据对混凝土在不同阶段的性能要求有所不同的特点，研究人员设计配制出能满足各阶段性能要求的优质混凝土，提高了混凝土结构的耐久性和可靠性。

高性能混凝土除了常用的组成材料（水泥、砂、石和水）以外，还需加入高效减水剂、高活性性能混合材料（如硅粉、粉煤灰、高炉矿渣等）等辅助性材料。

高性能混凝土是水泥混凝土的发展方向之一，随着土木工程技术的发展，它将更广泛地应用于高层建筑、工业厂房、桥梁工程、港口及海洋工程、水工结构工程等。

4.6.4 纤维混凝土

纤维混凝土是以普通混凝土为基材，将短而细的分散性纤维均匀地撒布在普通混凝土中制成的。由于纤维均匀分布在混凝土中，混凝土的抗拉强度、抗裂性、抗弯强度、抗冲击能力大大提高，抗压强度及耐磨性也有所提高。常用的纤维材料有钢纤维、玻璃纤维、石棉纤维、碳纤维和合成纤维等。

在纤维混凝土中，纤维的掺量、长径比、纤维的分布情况及耐碱性对混凝土性能都有很大影响。以钢纤维为例，无论是抗弯强度或抗拉强度都随含纤率的增大而增大。为了便于搅拌，钢纤维的长径比一般控制在 60 ～ 100 为宜。钢纤维的形状一般有平直状、波纹状和两头带钩等，在应用时尽可能选取有利于和基体黏结的纤维形状。钢纤维混凝土一般可提高抗拉强度 2 倍左右；抗弯强度可提高 1.5 ～ 2.5 倍；抗冲击强度可提高 5 倍以上；延性可提高 4 倍左右，韧性可达 100 倍以上。

纤维混凝土作为一种具有某些优异性能的新型复合材料，正处于发展研究阶段。目前其已逐渐应用于机场跑道、路面、桥面、薄壁轻型结构及用离心法制造压力管道。随着对纤维混凝土研究的深入，纤维混凝土将在工程中进一步得到推广及使用。

4.6.5 泵送混凝土

泵送混凝土是用混凝土泵或泵车沿输送管运输和浇筑混凝土拌和物的方法，是一种有效的混凝土拌和物运输方式，速度快、劳动力少，尤其适合于大体积混凝土和高层建筑混凝土的运输及浇筑。

泵送混凝土除了必须满足混凝土设计强度和耐久性的要求外，还应满足混凝土的可泵性要求。因此，对泵送混凝土的粗骨料、细骨料、外加剂、掺和料等都必须严格控制。《混凝土泵送施工技术规程》（JGJ/T 10—2011）规定，设计泵送混凝土配合比时，胶凝材料总量不宜少于 $320kg/m^3$，用水量与胶凝材料总量之比不宜大于 0.6。《混凝土质量控制标准》（GB 50164—2011）中还规定，对于泵送混凝土，碎石不应大于输送管道内径的 1/3，卵石的最大粒径不应大于输送管道内径的 2/5；细骨料在 0.315mm 筛孔上的通过量不应少于 15%，在 0.16mm 筛孔上的通过量不应少于 5%。

配制泵送混凝土时，需加入泵送剂。泵送剂属于减水剂，掺入后不但可提高混凝土的流动性，还可延缓水泥水化热的放出并有缓凝效果，对大体积混凝土施工十分有利。为提高泵送混凝土的黏聚性和保水性，还可以掺入适量的引气剂或其他化学物质。

泵送混凝土施工工艺是目前最常采用的施工方法之一，主要用于高层建筑、大型建筑等的基础、楼板、墙板及地下工程等。

4.6.6 聚合物混凝土

聚合物混凝土是在组成材料中掺入聚合物的混凝土的统称，是一种有机、无机复合的材料。按其组成及制作工艺可分为：聚合物胶结混凝土（PC）、聚合物水泥混凝土（PCC）及聚合物浸渍混凝土（PIC）。

聚合物胶结混凝土又称树脂混凝土，是以合成树脂为胶结材料，以砂石为骨料的一种聚合物混凝土。聚合物胶结混凝土具有强度高、耐腐蚀、耐磨、收缩率小等优点。但因成本高，目前只能用于特殊工程及部位，如耐腐蚀工程、修补混凝土构件缺陷及有特殊耐磨要求的部位。

聚合物水泥混凝土是以有机高分子材料和水泥共同作为胶凝材料的一种混凝土。通常是在搅拌混凝土的同时掺加一定量的有机高分子聚合物，经成型、固化而成。水泥的水化和聚合物的固化同时进行，相互填充形成整体结构。掺入的聚合物可提高水泥混凝土的强度、抗渗、抗冻及耐磨性。聚合物水泥混凝土可用于铺设无缝地面，修补混凝土路面和机场跑道面层，也可用于做防水层。

聚合物浸渍混凝土是将有机物单体掺入混凝土中，然后用加热或放射线照射的方法使其聚合，使混凝土与聚合物形成一个整体。常用的有机单体有甲基丙烯酸甲酯、苯乙烯、乙烯、丙烯腈等。此外，还要加入催化剂和交联剂等。目前由于聚合物浸渍混凝土造价较高，实际应用时主要利用其高强度、高耐蚀性，制造一些特殊构件，如液化天然气储罐、海洋构筑物及原子反应堆等。我国葛洲坝水电站冲砂闸底板及护坦混凝土用甲基丙烯酸甲酯浸渍，取得了良好的技术经济效益。

4.6.7 耐热混凝土

耐热混凝土是指能长期在高温环境下保持所需的物理力学性能的混凝土。用适当的胶凝材料、耐热粗细骨料和水按一定比例配制而成。按所用的胶凝材料不同，耐热混凝土有硅酸盐水泥耐热混凝土、铝酸盐水泥耐热混凝土、水玻璃耐热混凝土等几种。

硅酸盐水泥耐热混凝土由普通硅酸盐水泥或矿渣硅酸盐水泥、磨细的掺和料、耐热粗细骨料和水配制而成。普通硅酸盐水泥配制的耐热混凝土的极限使用温度可达1200℃，矿渣硅酸盐水泥配制的极限使用温度在900℃以下。

铝酸盐水泥耐热混凝土由高铝水泥或低碱度铝酸盐水泥、耐热度较高的掺和料、耐热粗细骨料和水配制而成。铝酸盐水泥耐热混凝土的极限使用温度为1300℃。

水玻璃耐热混凝土以水玻璃为胶凝材料，氟硅酸钠为硬化剂，掺入耐热掺和料及耐热粗细骨料和水配制而成。水玻璃耐热混凝土的极限使用温度在1200℃以下。

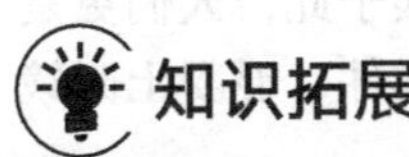

新型混凝土

人类社会在不断发展，科学也在不断进步，而作为建筑建材的重要材料——混凝土，也在不断地更新，很多以前从未听说过的混凝土名称，现在已经渐渐走进我们的生活中（图4-15）。

(a) 再生混凝土

(b) 透水混凝土

(c) 清水混凝土

(d) 彩色混凝土

(e) 生态混凝土

图 4-15 新型混凝土

（1）再生混凝土——将回收进行到底。再生混凝土就是将工地上或者施工过程中一些不用的废弃混凝土块经过破碎、清洗等步骤之后，再按照一定的比例与级配合，部分甚至全部代替砂石等天然集料，再加入水泥、水等就可以配制成新混凝土。这种新型混凝土的出现不仅解决了废弃混凝土如何安置的难题，更能让资源回收充分利用，清洁环境、节约天然骨料资源，是节能环保的好材料。

（2）透水混凝土——道路积水终结者。透水混凝土是一种由骨料、水泥和水拌制而成的多孔轻质混凝土。作为一种新的环保型、生态型的道路材料，透水混凝土所具备的透气、透水以及质量轻等优点，也让它在城市雨水管理和水污染防治等工作上有着不可替代的重要作用。透水混凝土能够利用自身的多孔性实现自由过滤排水，更充分利用雷雨降水发挥透水性路基的“蓄水池功能”。

（3）清水混凝土——混凝土也能“玩艺术”。清水混凝土的另一种称呼为装饰混凝土，“素面朝天”是人们对它最中肯的评价，而这种与生俱来的厚重与清雅也是现代建筑材料无法效仿和媲美的。现代绿色建筑理念深入人心，清水混凝土的应用随之广泛，而它散发出的独特魅力也让更多的人被吸引。当然，作为装饰混凝土，它的用处绝不仅仅局限于此，人们更是将这种新型混凝土应用于洗手池、花盆、混凝土音响、路由器甚至是手机摆件、混凝土眼镜等方面。

（4）彩色混凝土——绚丽缤纷的色彩专家。彩色混凝土被广泛应用于室外装饰、景点改造等公共场所。不仅如此，彩色混凝土还能使水泥地面永久地呈现各种色泽、图案、质感，逼真地模拟自然的材质和纹理，随心所欲地勾画各类图案，而且历久弥新，使人们能够轻松地实现建筑物与人文环境、自然环境和谐相处、融为一体。目前，彩色混凝土已广泛应用于市政步道、园林小路、城市广场、高档住宅小区、停车场、商务办公大楼、户外运动场所（羽毛球场馆、篮球场馆等)。

(5)生态混凝土——环保小能手。生态混凝土也可以称作“植被混凝土”“绿化混凝土”等。它不仅能够适应绿色植物的生长,更具有一定的防护功能。作为混凝土界的“环保小能手”,生态混凝土有着极高的透水性、承载力以及良好的装饰效果,保护了人类赖以生存的自然环境不再遭受破坏。生态混凝土的原理是通过材料筛选、添加功能性添加剂,采用一种特殊工艺制造出来新型产品。它本身所具备的特殊结构和功能,不仅能够减少环境负荷,更在提高生态环境的协调方面做出了重大贡献。目前,这种新型混凝土主要适用于边坡治理(包括河流、湖泊、水库堤坝以及道路两侧的边坡治理)等方面。

思考与练习

一、简答题

1. 简述普通混凝土的组成材料及其在混凝土中的作用。
2. 混凝土用砂、石有什么要求?
3. 影响混凝土拌和物和易性的主要因素是什么?
4. 改善混凝土拌和物和易性的措施有哪些?
5. 提高混凝土强度的措施有哪些?
6. 什么是混凝土的耐久性?提高混凝土耐久性的措施有哪些?
7. 混凝土配合比设计的要求有哪些?

二、计算题

某工程的预制钢筋混凝土梁(不受风雪影响),混凝土设计强度等级为 C25,施工要求坍落度为 30 ~ 50mm(混凝土由机械搅拌、机械振捣)。该单位无历史统计资料,所用原材料情况如下。

普通水泥:强度等级为 32.5(实测 28d 强度为 35.0MPa),表观密度 ρ_c=3100kg/m^3。

中砂:表观密度 ρ_s=2650kg/m^3,堆积密度ρ'_s=1500kg/m^3,含水率为 3%。

碎石:表观密度 ρ_g=2700kg/m^3,堆积密度ρ'_g=1500kg/m^3,最大粒径为 20mm,含水率为 1%。

设计该混凝土的配合比,并求施工配合比。

建筑砂浆

建筑砂浆是由胶凝材料、细骨料、掺和料、水按照一定比例配制而成的建筑材料。与普通混凝土相比，砂浆又称细骨料混凝土。建筑砂浆在建筑工程中是一项用量大、用途广泛的建筑材料。根据胶结材料的不同可分为水泥砂浆、石灰砂浆、混合砂浆和聚合物水泥砂浆等。根据用途，建筑砂浆分为砌筑砂浆、抹面砂浆、装饰砂浆及特种砂浆。

任务5.1

砂浆基本组成与性质

建议课时：1学时

教学目标

知识目标：熟悉砂浆的组成材料、性质要求、技术要求、测定方法以及对砂浆性能的影响；
掌握砂浆和易性的含义。

技能目标：能熟悉选用砂浆的组成材料，包括砂、水泥、水、外加剂；
能正确选用和易性指标；
能正确检测砂浆的和易性。

思政目标：培养旁见侧出、举一反三的学习方法。

5.1.1　砂浆的组成材料

砂浆基本组成与性质

5.1.1.1　胶凝材料

胶凝材料在砂浆中起着胶结作用，它是影响砂浆和易性、强度等技术性质的主要组分。建筑砂浆常用的胶凝材料有水泥、石灰等。砂浆应根据所使用的环境和部位来合理选择胶凝材料。

（1）水泥。水泥是砌筑砂浆的主要胶凝材料。常用的水泥品种有普通水泥、矿渣水泥、火山灰水泥、粉煤灰水泥。对于一些特殊用途砂浆，如修补裂缝、预制构件嵌缝、结构加固等，应采用膨胀水泥。水泥强度等级应根据砂浆品种及强度等级的要求进行选择。M15 及以下强度等级的砂浆宜选用 32.5 级的通用硅酸盐水泥或砌筑水泥；M15 以上强度等级的砂浆宜选用 42.5 级的通用硅酸盐水泥。

（2）石灰。为了改善砂浆的和易性和节约水泥，可在砂浆中掺入适量石灰配制成石灰砂浆或水泥石灰混合砂浆。块状生石灰和消石灰粉，使用前都要淋成石灰膏，并且要充分“陈伏”使石灰中的过火灰彻底熟化，以免影响工程质量。

5.1.1.2　砂

砂浆用砂应符合普通混凝土用砂的技术要求。由于砌筑砂浆层较薄，对砂子的最大粒径应有所限制。对于毛石砌体宜用粗砂，最大粒径应小于砂浆层厚度的 1/5 ～ 1/4。砖砌体以使用中砂为宜，粒径不得大于2.5mm。对于光滑抹面及勾缝用的砂浆则应使用细砂，最大粒径一般为1.2mm。砂的含泥量对砂浆的强度、变形、稠度及耐久性影响较大，砂子中的含泥量应有所控制，水泥砂浆、混合砂浆的强度等级≥5M时，含泥量应≤5%；强度等级<5M时，含泥量应≤10%。若使用细砂配制砂浆时，砂子的含泥量应经试验来确定。

5.1.1.3　拌和水

砂浆拌和水的技术要求与混凝土拌和水相同。

5.1.1.4　掺和料

为了改善砂浆的和易性，节约水泥，降低成本，可在砂浆中掺入适量掺和料。常用的掺和料有电石膏、粉煤灰、粒化高炉矿渣粉、硅灰、沸石粉等。粉煤灰、粒化高炉矿渣粉、硅灰、沸石粉应分别符合国家现行有关标准的规定。

5.1.1.5　外加剂

与混凝土相似，为了改善砂浆的某些性能，可在砂浆中掺入外加剂，更好地满足施工条件和使用功能的要求，如防水剂、增塑剂、早强剂等。外加剂的品种与掺量应通过试验确定。

5.1.2　砂浆的基本性质

5.1.2.1　新拌砂浆的和易性

砂浆的和易性又称砂浆的工作性，是指新拌砂浆能在基面上铺成均匀的薄层，并与基面紧密黏结的性能。和易性良好的砂浆便于施工操作，灰缝填筑饱满密实，与砖石黏结牢固，砌体的强度和整体性较好。因此，和易性良好的砂浆既能提高劳动生产率，又能保证工程质量。砂浆的和易性包括流动性和保水性两个方面。

（1）流动性（稠度）。流动性（稠度）指砂浆在自重或外力作用下流动的性能，用“沉入度”表示，其大小以砂浆稠度测定仪的圆锥体沉入砂浆的深度表示。稠度值越大，砂浆流动性越好，但稠度值过大会使硬化后的砂浆强度降低，且出现分层、析水的现象；稠度值过小，砂浆偏干，不利于施工操作，所以新拌的砂浆应具有一定的稠度。

砂浆所用胶凝材料及掺和料的品种与数量、砂子的粗细和级配状况、用水量及搅拌时间等都会影响砂浆流动性。当砂浆的原材料确定后，流动性的大小主要取决于用水量。因此，施工中常以用水量的多少来调整砂浆的稠度。

（2）保水性。新拌砂浆能够保持水分的能力称为保水性，砂浆的保水性用保水率表示。保水性好的砂浆在施工过程中不易离析，能够形成均匀密实的砂浆薄层；保水性差的砂浆，容易产生分层、泌水、离析，不易铺成均匀的薄层或水分易被砖块很快地吸走，影响水泥正常硬化，降低了砂浆与砖面的黏结力，导致砌体质量下降。

5.1.2.2　硬化砂浆的技术性质

（1）砂浆强度及强度等级。砂浆的强度是以边长为70.7mm×70.7mm×70.7mm的立方体标准试件，一组三块，在温度为20℃±3℃，一定湿度的标准条件下养护28d，用标准试验方法测得的抗压强度平均值。

按抗压强度平均值将水泥砂浆及预拌砌筑砂浆的强度等级分为M5、M7.5、M10、M15、M20、M25、M30；水泥混合砂浆的强度等级分为M5、M7.5、M10、M15。

（2）砂浆的黏结力。由于砌体是靠砂浆把块状材料黏结成为一个整体的，因此砂浆要有一定的黏结力。一般砂浆的抗压强度越高，则其与基材的黏结力越大。此外，砂浆的黏结力也与基层材料的表面状态、清洁程度、润湿状况及施工养护条件有关。如砌筑烧结砖要事先浇水湿润，表面不沾泥土，就可以提高砂浆与砖之间的黏结力，保证墙体的质量。

任务5.2

砌筑砂浆

建议课时：2学时

教学目标

知识目标：掌握砂浆配合比设计的方法和步骤。

技能目标：能正确进行砂浆配合比设计和试配。

思政目标：培养秉承求真、践行务实的态度。

将砖、石、砌块等块材经砌筑成为砌体，起黏结、衬垫和传力作用的砂浆称为砌筑砂浆，是砌体的重要组成部分。

5.2.1 砌筑砂浆的技术要求

砌筑砂浆

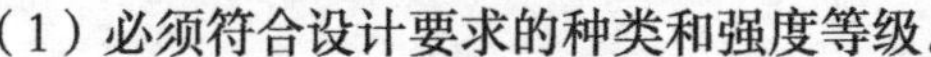

（1）必须符合设计要求的种类和强度等级。

（2）水泥砂浆拌和物的表观密度不宜小于1900kg/m^3；水泥混合砂浆及预拌砌筑砂浆拌和物的表观密度不宜小于1800kg/m^3。

（3）砌筑砂浆施工时的稠度宜按表5-1规定选取。

表5-1 砌筑砂浆的施工稠度（JGJ/T 98—2019）

砌体种类	砂浆稠度/mm
烧结普通砖砌体、粉煤灰砖砌体	70～90
混凝土砖砌体、普通混凝土小型空心砌块砌体、灰砂砖气体	50～70
烧结多孔砖砌体、烧结空心砖砌体、轻集料混凝土小型空心砖砌体、蒸压加气混凝土砌块砌体	60～80
石砌体	30～50

（4）砌筑砂浆的保水率应满足表5-2的规定。

表5-2 砌筑砂浆的保水率（JGJ/T 98—2019）

砂浆种类	保水率/%
水泥砂浆	≥80
水泥混合砂浆	≥84
预拌砌筑砂浆	≥88

（5）抗冻性要求的砌体工程，砌筑砂浆应进行冻融试验。砌筑砂浆的抗冻性应符合表5-3的规定，且当设计对抗冻有明确要求时，尚应符合设计规定。

表5-3 砌筑砂浆的抗冻性（JGJ/T 98—2019）

使用条件	抗冻指标	质量损失率/%	质量损失率/%
夏热冬暖地区	F15	≤5	≤25
夏热冬冷地区	F25		
寒冷地区	F35		
严寒地区	F50		

（6）砌筑砂浆的材料用量按表 5-4 选用。

表 5-4 砌筑砂浆的材料用量（JGJ/T 98—2019）

砂浆种类	材料用量 /（kg/m^3）
水泥砂浆	≥ 200
水泥混合砂浆	≥ 350
预拌砌筑砂浆	≥ 200

注：1. 水泥砂浆的材料用量是指水泥用量。

2. 水泥混合砂浆的材料用量是指水泥和石灰膏、电石膏的材料总量。

3. 预拌砂浆的材料用量是指胶凝材料用量，包括水泥和替代水泥的粉煤灰等活性矿物掺和料。

（7）砂浆试配时应采用机械搅拌。搅拌时间应自开始加水算起。对水泥砂浆和水泥混合砂浆，搅拌时间不得少于 120s；对预拌砌筑砂浆和掺有粉煤灰、外加剂、保水增稠材料等的砂浆，搅拌时间不得小于 180s。

5.2.2 砌筑砂浆配合比设计

砌筑砂浆应根据工程类别及砌体部位的设计要求来选择砂浆的强度等级，再按所选择的砂浆强度等级确定其配合比。

5.2.2.1 水泥混合砂浆配合比计算

根据《砌筑砂浆配合比设计规程》（JGJ/T 98—2019），砌筑砂浆配合比应按以下步骤确定。

（1）计算砂浆的试配强度（$f_{m,0}$）

$$f_{m,0}=kf_2 \tag{5-1}$$

式中 $f_{m,0}$——砂浆的试配强度，MPa，精确至0.1MPa；

f_2——砂浆强度等级值，MPa，精确至 0.1MPa；

k——系数，施工水平优良时 k 取 1.15，施工水平一般时 k 取 1.20，施工水平较差时 k 取 1.25。

（2）计算每立方米砂浆中的水泥用量 Q_C

$$Q_C=\frac{1000(f_{m,0}-\beta)}{\alpha f_{ce}} \tag{5-2}$$

式中 Q_C——每立方米砂浆的水泥用量，kg，精确至1kg；

$f_{m,0}$——砂浆的试配强度，MPa，精确至 0.1MPa；

f_{ce}——水泥的实测强度，MPa，精确至 0.1MPa；

α，β——砂浆的特征系数，其中 α 取 3.03，β 取 −15.09。

在无法取得水泥的实测强度值时，可按式（5-3）计算。

$$f_{ce}=\gamma_C f_{ce,k} \tag{5-3}$$

式中 $f_{ce,k}$——水泥强度等级值，MPa；

γ_C——水泥强度等级值的富余系数，宜按实际统计资料确定，无统计资料时可取 1.0。

（3）计算每立方米砂浆中的石灰膏用量 Q_D

$$Q_D=Q_A-Q_C \tag{5-4}$$

式中 Q_D——每立方米砂浆的石灰膏用量，kg，精确至1kg，石灰膏使用时的稠度宜为120mm±5mm，如稠度不在规定范围可按表5-5进行换算；

Q_A——每立方米砂浆中水泥和石灰膏总量，精确至 1kg，可为 350kg。

表 5-5 石灰膏不同稠度的换算系数（JGJ/T 98—2019）

稠度 /mm	120	110	100	90	80	70	60	50	40	30
换算系数	1.00	0.99	0.97	0.95	0.93	0.92	0.90	0.88	0.87	0.86

（4）确定每立方米砂浆中的砂用量 Q_S。每立方米砂浆中的砂用量，应按砂干燥状态（含水率小于 0.5%）的堆积密度值作为计算值，单位以千克计。

（5）按砂浆稠度选用每立方米砂浆中的用水量。每立方米砂浆中的用水量，可根据砂浆稠度等要求选用，一般为 210 ～ 310kg。

注意：混合砂浆中的用水量，不包括石灰膏或黏土膏中的水；当采用细砂或粗砂时，用水量分别取上限或下限；稠度小于 70mm 时，用水量可小于下限；施工现场气候炎热或干燥季节，可酌量增加用水量。

（6）配合比的试配、调整与确定

① 按计算或查表所得配合比进行试拌时，应按《建筑砂浆基本性能试验方法》（JGJ/T 70—2009）确定其拌和物的稠度和保水率。当不能满足要求时，应调整材料用量，直到符合要求为止。依此确定为试配时的砂浆基准配合比。

② 试配时至少应采用三个不同的配合比，其中一个为基准配合比，其余两个配合比的水泥用量应按基准配合比分别增加和减少 10%。在保证稠度、保水率合格的条件下，可将用水量、石灰膏、保水增稠材料或粉煤灰等活性掺和料用量做相应调整。

③ 三个不同的配合比，经调整后，应按《建筑砂浆基本性能试验方法》（JGJ/T 70—2009）的规定成型试件，测定砂浆的强度等级，并选定符合强度要求的且水泥用量较少的砂浆配合比。

（7）配合比的校正

① 应根据上述确定的砂浆配合比材料用量，按式（5-5）计算砂浆的理论表观密度值。

$$\rho_L = Q_C + Q_D + Q_S + Q_W \tag{5-5}$$

式中 ρ_L——砂浆的理论表观密度值，kg/m^3，精确至$10kg/m^3$；

Q_W——每立方米砂浆中的用水量，kg。

② 应按式（5-6）计算砂浆配合比校正系数 δ。

$$\delta = \frac{\rho_C}{\rho_L} \tag{5-6}$$

式中 ρ_C——砂浆的实测表观密度值，精确至$10kg/m^3$。

③ 当砂浆的实测表观密度值与理论表观密度值之差的绝对值不超过理论值的 2% 时，可将得出的试配配合比确定为砂浆设计配合比；当超过 2% 时，应将试配配合比中每项材料用量均乘以校正系数后，确定为砂浆设计配合比。

（8）确定初步配合比。按上述步骤进行确定，得到的配合比作为砂浆的初步配合比，常用“质量比”表示。

5.2.2.2 现场配制水泥砂浆配合比的选用

（1）水泥砂浆的材料用量可按表 5-6 选用。

表 5-6 每立方米水泥砂浆材料用量（JGJ/T 98—2019）

强度等级	水泥 /kg	砂	用水量 /kg
M5	200 ～ 230	砂的堆积密度值	270 ～ 330
M7.5	230 ～ 260		
M10	260 ～ 290		
M15	290 ～ 330		

续表

强度等级	水泥 /kg	砂	用水量 /kg
M20	340 ～ 400	砂的堆积密度值	270 ～ 330
M25	360 ～ 410		
M30	430 ～ 480		

注：1.M15 及以下强度等级的水泥砂浆，水泥强度等级为 32.5 级，M15 以上强度等级的水泥砂浆，水泥强度等级为 42.5 级。
2. 当采用细砂或粗砂时，用水量分别取上限或下限。
3. 稠度小于 70mm 时，用水量可小于下限。
4. 施工现场气候炎热或干燥季节，可酌量增加用水量。
5. 试配强度应按式（5-1）计算。

（2）水泥粉煤灰砂浆的材料用量可按表 5-7 选用。

表 5-7　每立方米水泥粉煤灰砂浆材料用量（JGJ/T 98—2019）

强度等级	水泥和粉煤灰总量 /kg	粉煤灰	砂	用水量 /kg
M5.0	210 ～ 240	粉煤灰掺量可占胶凝材料总量的 15% ～ 25%	砂的堆积密度值	270 ～ 330
M7.5	240 ～ 270			
M10	270 ～ 300			
M15	300 ～ 330			

注：1. 表中水泥强度等级为 32.5 级。
2. 当采用细砂或粗砂时，用水量分别取上限或下限。
3. 稠度小于 70mm 时，用水量可小于下限。
4. 施工现场气候炎热或干燥季节，可酌量增加用水量。
5. 试配强度应按式（5-1）计算。

5.2.3　砌筑砂浆配合比设计实例

【例 5-1】某砌筑工程用水泥石灰混合砂浆，要求砂浆的强度等级为 M7.5，稠度为 70 ～ 90mm。原材料为 32.5 级普通硅酸盐水泥，该水泥的实测强度为 34.5MPa；采用含水率为 0.2% 的中砂，堆积密度为 1450kg/m^3；石灰膏稠度为 110mm。施工水平一般。试计算砂浆的配合比。

（1）确定砂浆试配强度。施工水平一般，故 k 取 1.20，则 $f_{m,0}=kf_2=1.20\times7.5=9$（MPa）。

（2）计算每立方米砂浆中的水泥用量。由 $\alpha=3.03$，$\beta=-15.09$，$f_{ce}=34.5$MPa，得

$$Q_C=\frac{1000\left(f_{m,0}-\beta\right)}{\alpha f_{ce}}=\frac{1000\times\left[9-(-15.09)\right]}{3.03\times34.5}=230(\text{kg})$$

（3）计算每立方米砂浆中的石灰膏用量，取 $Q_A=350$kg，则 $Q_D=Q_A-Q_C=350-230=120$（kg）。由于石灰膏稠度为 110mm，查表 5-5 换算得：120×0.99=119（kg）。

（4）确定每立方米砂浆中砂用量 $Q_S=1450\times(1+0.2\%)=1497$（kg）。

（5）砂浆配合比为 $Q_C:Q_D:Q_s=230:120:1497=1:0.52:6.51$。

任务5.3

其他种类建筑砂浆

建议课时：1学时

教学目标

知识目标：了解特殊性能砂浆的品种。

技能目标：能够根据工程实际需求选用特殊性能的砂浆。

思政目标：培养绿色节能、和谐自然的环保意识。

5.3.1　普通抹面砂浆

其他种类建筑砂浆

抹面砂浆（抹灰砂浆）是涂抹于建筑物或构筑物表面的砂浆的总称。砂浆在建筑物表面起着平整、保护、美观的作用。抹面砂浆的组成材料要求与砌筑砂浆基本相同。根据抹面砂浆的使用特点，其主要技术性质的要求是具有良好的和易性和较高的黏结力，使砂浆容易抹成均匀平整的薄层，以便于施工，而且砂浆层能与底面黏结牢固。为了防止砂浆层的开裂，有时需加入纤维增强材料，如麻刀、纸筋、稻草、玻璃纤维等；为了使其具有某些特殊功能，也需要选用特殊集料或掺加料。

普通抹面砂浆对建筑物和墙体起保护作用。它可以抵抗风、雨、雪等自然环境对建筑物的侵蚀，提高建筑物的耐久性。此外，经过砂浆抹面的墙面或其他构件的表面又可以达到平整、光洁和美观的效果。抹面砂浆一般分两层或三层施工。各层抹灰要求不同，所以每层所选用的砂浆也不一样。

底层砂浆主要起与基层牢固黏结的作用，因此要求砂浆具有良好的和易性及较高的黏结力，其保水性要好，否则水分就容易被底面材料吸掉而影响砂浆的黏结力，而底面材料表面粗糙有利于与砂浆的黏结，因此基底不同砂浆的组成材料也不同。如用于砖墙的底层抹灰，多用石灰砂浆或石灰炉灰砂浆；用于板条墙或板条顶棚的底层抹灰多用麻刀石灰灰浆；混凝土墙、梁、柱、顶板等底层抹灰多用混合砂浆。

中层砂浆主要起找平作用，多采用混合砂浆或石灰砂浆。

面层砂浆主要起装饰作用，因而要求达到平整美观的效果。一般要求采用细砂拌制的混合砂浆、麻刀石灰砂浆或纸筋砂浆。在容易碰撞或潮湿的地方，如墙裙、踢脚板、地面、雨棚、窗台以及水池、水井等应采用水泥砂浆。

抹面砂浆各层的成分和稠度要求各不相同，详见表5-8。采用的经验配合比（体积比）可参考表5-9。

表5-8　抹面砂浆各层的作用、沉入度、砂的最大粒径及适用砂浆种类

名称	作用	沉入度 /mm	最大粒径 /mm	适用种类
底层	与基层黏结并初步底层找平	100 ～ 120	2.36	石灰砂浆、水泥砂浆、混合砂浆
中层	找平	70 ～ 80		混合砂浆、石灰砂浆
面层	装饰	100	1.18	混合砂浆、麻刀灰、纸筋灰

表 5-9　常用抹面砂浆配合比参考

材料配合比		应用范围
V（石灰）∶V（砂）	（1∶2）～（1∶4）	用于砖石墙表面（檐口、勒脚、女儿墙及防潮房屋的墙除外）
V（石灰）∶V（黏土）∶V（砂）	（1∶1∶4）～（1∶1∶8）	干燥环境的墙表面
V（石灰）∶V（石膏）∶V（砂）	（1∶0.4∶2）～（1∶1∶3）	用于不潮湿房间木质表面
V（石灰）∶V（石膏）∶V（砂）	（1∶0.6∶2）～（1∶15∶3）	用于不潮湿房间的墙和天花板
V（石灰）∶V（石膏）∶V（砂）	（1∶2∶2）～（1∶2∶4）	用于不潮湿房间的线脚及其他装修工程
V（石灰）∶V（水泥）∶V（砂）	（1∶0.5∶4.5）～（1∶1∶5）	用于勒脚、女儿墙以及比较潮湿的部位
V（水泥）∶V（砂）	（1∶3）～（1∶2.5）	用于浴室、潮湿车间等墙裙、勒脚或地面基层
V（水泥）∶V（砂）	（1∶2）～（1∶5）	用于地面、顶棚或墙面面层
V（水泥）∶V（砂）	（1∶0.5）～（1∶1）	用于混凝土，地面随时压光
V(水泥)∶V(石膏)∶V(砂)∶V(锯末)	（1∶1）～（3∶5）	用于吸声抹灰
V（水泥）∶V（白石子）	（1∶2）～（1∶1）	用于水磨石（打底用 1∶2.5 水泥砂浆）
V（水泥）∶V（白石子）	1∶1.5	用于斩假石（打底用 1∶2.5 水泥砂浆）
V（水泥）∶V（白灰）∶V（白石子）	1∶（0.5～1）∶（1.5～2）	用于水刷石（打底用 1∶0.5∶3.5 水泥砂浆）
V（石灰膏）∶V（麻刀）	1∶2.5	用于木板条顶棚底层
m（石灰膏）∶m（麻刀）	1∶1.4	用于木板条顶棚面层
$1m^3$ 石灰膏掺 3.6kg 纸筋		较高级墙面、顶棚

5.3.2 装饰砂浆

装饰砂浆指直接用于建筑物内外表面，以提高建筑物装饰艺术性为主要目的的抹面砂浆。装饰砂浆的底层和中层与普通抹面砂浆基本相同。主要区别在面层，要选用具有一定颜色的胶凝材料和骨料以及采用某些特殊的操作工艺，使表面呈现出不同的色彩、线条与花纹等装饰效果。

装饰砂浆所采用的胶凝材料有普通水泥、白水泥、彩色水泥、石灰以及石膏等。骨料常采用大理石、花岗岩等带颜色的碎石渣或玻璃、陶瓷碎粒，也可选用白色或彩色天然砂、特制的塑料色粒等。

5.3.2.1 常用灰浆类饰面

（1）拉毛。先用水泥砂浆或水泥混合砂浆抹灰层作为底层，抹上水泥混合砂浆、纸筋石灰或水泥石灰浆等做面层，在面层浆体尚未凝结之前利用拉毛工具将砂浆拉出波纹和斑点的毛头，做成装饰面层。拉毛灰同时具有装饰和吸声作用。一般适用于有声学要求的礼堂、剧院等公共建筑的室内墙面，也可用于外墙面、阳台栏板或围墙饰面。

（2）弹涂。弹涂是在墙体表面涂刷一层聚合物水泥色浆后，用电动弹力器分几遍将各种水泥色浆弹到墙面上，形成直径 1 ～ 3mm、颜色不同、互相交错的圆形色点，获得深浅色点互相衬托，构成彩色协调的装饰面层，最后刷一道树脂罩面层，起防护作用。适用于建筑物内外墙面，也可用于顶棚饰面。

（3）喷涂。喷涂多用于外墙饰面，是用砂浆泵或喷斗，将掺有聚合物的水泥砂浆喷涂在墙面基层或底灰上，形成波浪、颗粒或花点质感的饰面层，最后在表面再喷一层甲基硅醇钠或甲基硅树脂疏水剂，以提高饰面层的耐久性和耐污染性。

5.3.2.2 常用石渣类饰面

（1）水刷石。水刷石是将水泥和粒径为 5mm 左右的石渣按比例混合，配制成水泥石渣砂浆，涂抹成型，待水泥浆初凝后，以硬毛刷蘸水刷洗或喷水冲刷，将表面水泥浆冲走，使石渣半露出来，达到装饰效果。水刷石饰面具有石料饰面的质感效果，主要用于外墙饰面，另外檐口、腰线、窗套、阳台、雨篷、勒脚及花台等部位也常使用。

（2）干粘石。干粘石又称为甩石子，是在素水泥浆或聚合物水泥砂浆黏结层上，将彩色石渣、石子等直接粘在砂浆层上，再拍平压实的一种装饰抹灰做法，分为人工甩粘和机械喷粘两种。要求石子黏结牢固、不掉粒、不露浆，石粒的2/3应压入砂浆中。装饰效果与水刷石相同，但其施工是干操作，避免了湿作业，既提高了施工效率，减少污染，又节约材料，应用广泛。

（3）水磨石。水磨石是用普通水泥、白水泥或彩色水泥和有色石渣或白色大理石碎粒及水按适当比例配合，需要时掺入适量颜料，经拌匀、浇筑捣实、养护、硬化、表面打磨、洒草酸冲洗、干燥后上蜡等工序制成的饰面。水磨石分预制和现制两种。它不仅美观而且有较好的防水、耐磨性能，多用于室内地面和装饰，如楼梯踏步、窗台板、柱面、台面、踢脚板和地面板等。

（4）斩假石。又称剁假石，是在水泥砂浆基层上涂抹水泥石渣浆或水泥石屑浆做成面层，待其硬化具有一定强度时，用钝斧及各种凿子等工具在面层上剁斩出纹理，而获得类似天然石材经雕琢后的纹理质感。斩假石既有石材的质感，又有精工细作的特点，给人以朴实、自然、素雅、庄重的感觉。斩假石饰面一般多用于局部小面积装饰，如勒脚、台阶、柱面、扶手等。

5.3.3 防水砂浆

防水砂浆是一种抗渗性高的砂浆。砂浆防水层又称刚性防水，适用于不受振动和具有一定刚度的混凝土或砖石砌体工程。对于变形较大或可能发生不均匀沉陷的建筑物，不宜采用刚性防水层。

根据防水材料组成的不同，防水砂浆一般有以下两种。

5.3.3.1 水泥砂浆

由32.5级以上的普通水泥、集配良好的中砂、掺和料加水制成的砂浆。水泥砂浆进行多层抹面，用作防水层。其配合比中水泥与砂子的质量比不宜大于1∶2.5，水灰比应控制在0.50～0.55，稠度不应大于80mm，适用于一般防水工程。

5.3.3.2 掺加防水剂的水泥砂浆

在水泥砂浆中掺入一定量的防水剂，常用的防水剂有硅酸钠类、金属皂类、氯化物金属盐（主要由$CaCl_2$和$AlCl_3$组成）及有机硅类，能提高砂浆结构密实性，提高防水层的抗渗能力。在钢筋混凝土工程中，应尽量避免采用氯盐类防水剂，以防止钢筋锈蚀。

人工涂抹时，防水砂浆应分五层分层涂抹在基面上，每层厚度约5mm，总厚度20～30mm。第一、第三层可用防水水泥净浆，第二、第四、第五层用防水水泥砂浆，每层在初凝前压实一遍，最后一遍要压光，并精心养护。

5.3.4 保温砂浆

保温砂浆是以各种轻质材料为骨料，以水泥、石膏等为胶凝料，掺加与膨胀珍珠岩或膨胀蛭石、陶砂等轻质多孔骨料，按一定比例配合制成的砂浆，也称为绝热砂浆。保温砂浆具有轻质、保温隔热、吸声等性能，其热导率为0.07～0.1W/（m·K），可用于建筑墙体保温、屋面保温以及隔热管道保温层等。

目前市面上的保温砂浆主要为两种：无机保温砂浆（玻化微珠保温砂浆、水泥膨胀蛭石保温砂浆、复合硅酸铝保温砂浆等）和有机保温砂浆（胶粉聚苯颗粒保温砂浆）。其中无机保温砂浆化学稳定性极佳，施工简便，综合造价低，防火阻燃效果好，使用范围较广。

在这几种保温砂浆材料当中，使用最多的是玻化微珠保温材料和胶粉聚苯颗粒保温砂浆。其中玻化微珠保温砂浆是以闭孔膨胀珍珠岩（玻化微珠）作为轻骨料，加入胶凝材料、抗裂添加剂及其他填充料等组成，具有优异的保温隔热性能和防火、耐老化性能，不空鼓开裂、强度高、施工方便等特点；胶粉聚苯颗粒保温砂浆产品具有质量轻、强度高、隔热防水、抗雨水冲刷能力强、水中长期浸泡不松散等特点，但不耐高温、易燃。复合硅酸铝保温砂浆由于粘接性能及施工质量等存有隐患，所以是国家明令的限用建材。

思考与练习

一、填空题

1. 新拌砂浆的和易性包括_______和_______两个方面。

2. 制作砂浆时生石灰熟化时间不得少于_______，磨细生石灰粉的熟化时间不得少于_______。

3. 水泥混合砂浆的强度等级分为_______、_______、_______和_______。

4. 抹面砂浆一般分为底层、中层和面层分别施工，其中底层有_______的作用，中层有_______的作用，面层有_______的作用。

二、判断题

1. 砂浆的和易性主要包括流动性、保水性、黏聚性。(　　)

2. 普通抹面砂浆的面层起到找平的作用，一般采用细砂配制的混合砂浆。(　　)

3. M15 及以下强度等级的砌筑砂浆可选用 32.5 级的通用水泥。(　　)

4. 砌筑砂浆的流动性用沉入度法检验。(　　)

5. 消石灰粉可以直接用于砌筑砂浆中。(　　)

三、单项选择题

1. 测定砂浆强度的标准试件尺寸为 (　　)。

A. 150mm×150mm×150mm　　B. 10mm×10mm×10mm

C. 40mm×40mm×160mm　　D. 70.7mm×70.7mm×70.7mm

2. 表示砂浆流动性的指标是 (　　)。

A. 坍落度　　B. 维勃稠度　　C. 针入度　　D. 沉入度

3. 不属于水泥混合砂浆强度等级的是 (　　)。

A. M5　　B. M7.5　　C. M15　　D. M20

4. 砌筑砂浆的强度等级是根据标准养护到 (　　) 测得的抗压强度值确定。

A. 3d　　B. 7d　　C. 28d　　D. 14d

四、简答题

1. 砂浆的保水性不良对其质量有何影响？如何提高砂浆的保水性？

2. 抹面砂浆的技术性质要求包括哪些？与砌筑砂浆的技术性质不同点是什么？

3. 影响砂浆强度的基本因素是什么？

4. 配制砂浆时，为什么除水泥外常常还要加入一定量的其他胶凝材料？

五、计算题

某工程砌筑砖墙所用强度等级为 M10 的水泥混合砂浆。采用强度等级为 32.5 的矿渣硅酸盐水泥；砂子为中砂，含水率为 8%，干燥堆积密度为 1450kg/m^3；石灰膏的稠度为 120mm。此工程施工水平一般，试计算此砂浆的配合比。

项目6 墙体材料

任务6.1

砌墙砖

建议课时：3学时

教学目标

知识目标：能识记砌墙砖的类型；
能识记各种砌墙砖的技术特性；
能识记各种砌墙砖的应用。

技能目标：能够熟知建筑上常用砌墙砖的种类；
能够合理地选择砌墙砖的应用范围；
能够使用建筑上常用砌墙砖的检验原理。

思政目标：理解砌墙砖在国民生产与生活中的文化内涵和科学背景；
培养学以致用的学习习惯和良好的团队协作精神；
培养沟通交流的能力及自主和终身学习能力。

砖的种类很多，按所用原材料分有黏土砖、页岩砖、煤矸石砖、粉煤灰砖、灰砂砖和炉渣砖等；按生产工艺可分为烧结砖和非烧结砖，其中烧结砖又可分为烧结普通砖、烧结多孔砖、烧结空心砖，非烧结砖又可分为蒸压灰砂砖、粉煤灰砖、炉渣砖等；按有无孔洞可分为空心砖、实心砖、多孔砖。

6.1.1 烧结普通砖

烧结普通砖

凡通过高温焙烧而制得的砖都统称为烧结砖。烧结普通砖是以黏土、页岩、煤矸石、粉煤灰为主要原料经焙烧而成的实心砖，根据原料不同又分为烧结黏土砖、烧结粉煤灰砖、烧结页岩砖、烧结煤矸石砖等。

6.1.1.1 烧结普通砖的技术性能指标

（1）规格。烧结普通砖的各部位名称及标准尺寸如图 6-1 所示。

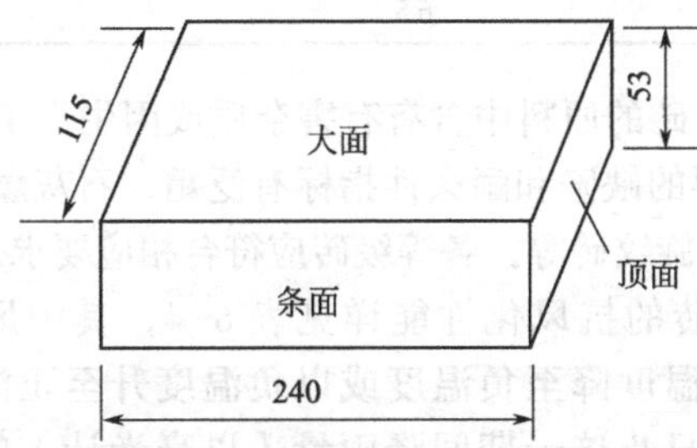

图 6-1 烧结普通砖的各部位名称及标准尺寸（单位：mm）

烧结普通砖的外观质量和尺寸偏差必须符合表 6-1 及表 6-2 的要求。

表 6-1　烧结普通砖的外观质量要求

单位：mm

项目		优等品	一等品	合格品
两条面高度差　≤		2	3	4
弯曲　≤		2	3	4
杂质凸出高度　≤		2	3	4
缺棱掉角的 3 个破坏尺寸不得同时大于		5	20	30
裂纹长度≤	大面上宽度方向及其延伸至条面的长度	30	60	80
	大面上长度方向及其延伸至顶面的长度或条顶面上水平裂纹的长度	50	80	100
完整面不得少于		两条面和两顶面	一条面和一顶面	—
颜色		基本一致	—	—

注：1. 为装饰面施加的色差、凹凸纹、拉毛、压花等不算作缺陷。

2. 凡有下列缺陷之一者，不得称为完整面：缺损在条面或顶面上造成的破坏面尺寸同时大于 10mm×10mm；条面或顶面上裂纹宽度大于 1mm，其长超过 30mm；压陷、粘底、焦花在条面或顶面上的凹陷或凸出超过 2mm，区域尺寸同时大于 10mm×10mm。

表 6-2　烧结普通砖的尺寸允许偏差

单位：mm

公称尺寸	优等品		一等品		合格品	
	样本平均偏差	样本极差≤	样本平均偏差	样本极差≤	样本平均偏差	样本极差≤
240	±2.0	6	±2.5	7	±3.0	8
115	±1.5	5	±2.0	6	±2.5	7
53	±1.5	4	±1.6	5	±2.0	6

（2）强度等级。烧结普通砖按抗压强度分为 MU30、MU25、MU20、MU15、MU10 共五个等级，各个强度等级的抗压强度值应符合表 6-3 的规定。

表 6-3　烧结普通砖强度等级

单位：MPa

强度等级	抗压强度平均值 $\bar{f}$≥	强度标准值 f_k（变异系数 $\delta\leq0.21$）≥	单块最小抗压强度值 f_{min}（变异系数 $\delta>0.21$）
MU30	30.0	22.0	25.0
MU25	25.0	18.0	22.0
MU20	20.0	14.0	16.0
MU15	15.0	10.0	12.0
MU10	10.0	6.5	7.5

（3）耐久性指标。当烧结砖的原料中含有有害杂质或因生产工艺不当时，可造成烧结砖的质量缺陷而影响耐久性，主要的缺陷和耐久性指标有泛霜、石灰爆裂、抗风化性能，以及成品中不允许有欠火砖、酥砖和螺旋纹砖等。各等级砖应符合相应要求。

（4）抗风化性能。烧结砖的抗风化性能详见表 6-4，其中风化区的划分用风化指数进行。风化指数指日气温从正温度降至负温度或以负温度升至正温度的每年平均天数与每年从霜冻之日起至消失霜冻之日止这一期间降雨量（以毫米计）的平均值的乘积。风化指数小于 12700 的为非严重风化区，大于等于 12700 的为严重风化区。严重风化区的砖必须进行冻融试验。

表 6-4　烧结砖的抗风化性能

<table>
<tr><th rowspan="3">种类</th><th colspan="4">严重风化区</th><th colspan="4">非严重风化区</th></tr>
<tr><th colspan="2">5h 沸煮吸水率 /%</th><th colspan="2">饱和系数</th><th colspan="2">5h 沸煮吸水率 /%</th><th colspan="2">饱和系数</th></tr>
<tr><th>平均值</th><th>单块最大值</th><th>平均值</th><th>单块最大值</th><th>平均值</th><th>单块最大值</th><th>平均值</th><th>单块最大值</th></tr>
<tr><td>黏土砖</td><td>≤ 18</td><td>≤ 20</td><td rowspan="2">≤ 0.85</td><td rowspan="2">≤ 0.87</td><td>≤ 19</td><td>≤ 20</td><td rowspan="2"><0.88</td><td rowspan="2"><0.90</td></tr>
<tr><td>粉煤灰砖</td><td>≤ 21</td><td>≤ 23</td><td>≤ 23</td><td>≤ 25</td></tr>
<tr><td>煤矸石砖和页岩砖</td><td>≤ 16</td><td>≤ 18</td><td>≤ 0.74</td><td>≤ 0.77</td><td>≤ 18</td><td>≤ 20</td><td><0.78</td><td><0.80</td></tr>
</table>

注：1. 粉煤灰掺入量（体积分数）小于 30% 时，抗风化性能指标按黏土砖规定判定。

2. 饱和系数为常温 24h 吸水量与沸煮 5h 吸水量之比。

（5）质量等级。强度、抗风化性能和放射性物质含量合格的烧结普通砖，根据尺寸偏差、外观质量、泛霜和石灰爆裂分为优等品（A）、一等品（B）和合格品（C）3 个质量等级。

6.1.1.2　烧结页岩砖

页岩是固结较弱的黏土，经挤压、脱水、重结晶和胶结作用而成的一种黏土沉积岩。烧结页岩砖是以页岩为主要原料，经破碎、粉磨、成型、制坯、干燥和焙烧等工艺制成的，其焙烧温度一般在 1000℃左右。生产这种砖可完全不用黏土，配料时所需水分较少，有利于砖坯的干燥，且制品收缩小，这种砖颜色与普通砖相似，但表观密度较大，为 1500 ～ 2750kg/m^3，抗压强度为 7.5 ～ 15MPa，吸水率为 20% 左右，可代替普通黏土砖应用于建筑工程。为减轻自重，可制成空心烧结页岩砖。烧结页岩砖的质量标准与检验方法及应用范围均与烧结普通砖相同。

6.1.1.3　烧结煤矸石砖

煤矸石是开采煤炭时剔除出来的废料。烧结煤矸石砖是以煤矸石为原料，经配料、粉碎、磨细、成型、焙烧而制得。焙烧时基本不需外投煤，因此生产煤矸石砖不仅节省大量的黏土原料和减少废渣的占地，也可节省大量燃料。烧结煤矸石砖的表观密度一般为 1500kg/m^3 左右，比普通砖轻，抗压强度一般为 10 ～ 20MPa，吸水率为 15% 左右，抗风化性能优良。

6.1.1.4　烧结粉煤灰砖

烧结粉煤灰砖是以粉煤灰为主要原料，掺入适量黏土［两者体积比为 1∶（1 ～ 1.25）］或膨润土等无机复合掺和料，经均化配料、成型、制坯、干燥、焙烧而制成。由于粉煤灰中存在部分未燃烧的碳，焙烧时可降低能耗，也称为半内燃砖。其表观密度为 1400kg/m^3 左右，抗压强度一般为 10 ～ 15MPa，吸水率为 20% 左右，颜色从淡红至深红，能经受 15 次冻融循环而不破坏。这种砖可代替普通黏土砖用于一般的工业与民用建筑中。

6.1.1.5　烧结普通砖的工程应用

烧结普通砖具有一定的强度，耐久性好，价格低，生产工艺简单，原材料丰富，可用于砌筑墙体、基础、柱、烟囱及铺砌地面。优等品用于清水墙和装饰墙，一等品和合格品可用于混水墙，中等泛霜的砖不得用于潮湿部位。

烧结砖的吸水率大，从砂浆中大量吸水后会使水泥不能正常水化硬化，降低砂浆的黏结力，导致砌体强度下降。因此，必须预先将砖浇水湿润，方可砌筑。

6.1.2 烧结多孔砖和烧结空心砖

烧结多孔砖为竖孔，孔洞率不小于 28%（图 6-2）；烧结空心砖为水平孔，孔洞率不小于 40%（图 6-3），主要原料有黏土、页岩、粉煤灰、煤矸石等。

烧结多孔砖与烧结空心砖比烧结普通砖表观密度小，保温隔热性能好，有较大的尺寸和足够的强度。

图 6-2 烧结多孔砖

图 6-3 烧结空心砖

6.1.2.1 烧结多孔砖

（1）规格。烧结多孔砖孔洞直径小，孔数多，孔洞方向与受力方向一致。其外形为直角六面体，长、宽、高尺寸应为 290mm、240mm、190mm、180mm、175mm、140mm、115mm 和 90mm。工程实践中常见长度为 290mm、240mm、190mm 三种，常见宽度为 240mm、190mm、180mm、175mm、140mm、115mm 六种，常见高度为 90mm，其他规格尺寸由供需双方协商确定。其孔洞应符合表 6-5 的规定。

表 6-5 烧结多孔砖和烧结多孔砌块孔形及孔结构

孔形	孔洞尺寸 /mm		最小外壁厚 /mm	最小肋厚 /mm	孔洞率 /%		孔洞排列
	孔洞宽度 b	孔洞长度 L			砖	砌块	
矩形条孔或矩形孔	≤ 13	≤ 40	≥ 12	≥ 5	≥ 28	≥ 33	（1）所有孔宽都应相等，孔采用单向或双向交错排列 （2）孔洞排列上下、左右应对称，分布均匀，手抓孔的长度方向尺寸必须平行于砖的条面

注：1. 矩形孔的孔长 L、孔宽 b 满足式 $L \geq 3b$ 时，为矩形条孔。

2. 孔四个角应做成过渡圆角，不得做成直尖角。

3. 如设有砌筑砂浆槽，则砌筑砂浆槽不计算在孔洞率内。

4. 规格大的砖和砌块应设置手抓孔，手抓孔尺寸为（30 ～ 40mm）×（75 ～ 85mm）。

（2）技术性能

① 强度等级。烧结多孔砖根据抗压强度分为 MU30、MU25、MU20、MU15、MU10 共 5 个等级，各产品等级的强度值均应不低于《烧结多孔砖和多孔砌块》（GB 13544—2011）的规定，见表 6-6。

表 6-6　烧结多孔砖和烧结多孔砌块强度等级　单位：MPa

强度等级	抗压强度平均值 $\overline{f}$ ≥	强度标准值 f_k ≥
MU30	30.0	22.0
MU25	25.0	18.0
MU20	20.0	14.0
MU15	15.0	10.0
MU10	10.0	6.5

② 密度等级。烧结多孔砖的密度等级分为 1000、1100、1200、1300 共 4 个等级。密度等级应符合表 6-7 的规定。

表 6-7　烧结多孔砖和烧结多孔砌块密度等级　单位：kg/m^3

密度等级		3 块多孔砖和多孔砌块干燥表观密度平均值
烧结多孔砖	烧结多孔砌块	
—	900	≤ 900
1000	1000	900 ～ 1000
1100	1100	1000 ～ 1100
1200	1200	1100 ～ 1200
1300	—	1200 ～ 1300

（3）烧结多孔砖的工程应用。烧结多孔砖可用于砌筑 6 层以下建筑物的承重墙或者高层框架结构的填充墙。由于其多孔构造，不宜用于基础墙、地面以下或室内防潮层以下的建筑部位。中等泛霜的砖不得用于潮湿的部位。

6.1.2.2　烧结空心砖

（1）规格。烧结空心砖的孔洞方向与受力方向垂直。砖的外形为直角方面体，在与砂浆的结合面上宜设有增加结合力的深度 2mm 以上的凹线槽（图 6-3）。

烧结空心砖的长度、宽度、高度尺寸应符合下列要求。

长度规格尺寸（mm）: 390，290，240，190，180（175），140。

宽度规格尺寸（mm）: 190，180（175），140，115。

高度规格尺寸（mm）: 180（175），140，115，90。

其他规格尺寸由供需双方协商确定。

（2）技术性能

① 密度级别。根据体积密度的不同，烧结空心砖分为 800 级、900 级、1000 级、1100 级共 4 个密度级别，其对应的 5 块砖体积密度平均值应符合表 6-8 的规定。

表 6-8　烧结空心砖和烧结空心砌块密度等级　单位：kg/m^3

密度等级	5 块体积密度平均值
800	≤ 800
900	801 ～ 900
1000	901 ～ 1000
1100	1001 ～ 1100

② 强度等级。《烧结空心砖和空心砌块》（GB/T 13545—2014）规定，空心砖的强度等级分为 MU10.0、MU7.5、MU5.0、MU3.5 共 4 个等级，各强度等级的强度值应符合表 6-9 的规定。

表 6-9　烧结空心砖和烧结空心砌块强度等级（GB/T 13545—2014）

强度等级	抗压强度 /MPa		
	抗压强度平均值 $\bar{f}$ ≥	强度标准值 f_k（变异系数 δ ≤ 0.21）≥	单块最小抗压强度值点 f_{min}（变异系数 δ>0.21）
MU10.0	10.0	7.0	8.0
MU7.5	7.5	5.0	5.8
MU5.0	5.0	3.5	4.0
MU3.5	3.5	2.5	2.8

（3）烧结空心砖的工程应用。烧结空心砖的自重较轻、强度较低，多用作建筑物的非承重部位的墙体，如多层建筑的内隔墙或框架结构的填充墙等。

6.1.3　非烧结砖

非烧结砖又称免烧砖。这类砖的强度是通过在制砖时掺入一定量胶凝材料或在生产过程中形成一定的胶凝物质而得到的。

6.1.3.1　蒸压灰砂砖

蒸压灰砂砖是以石灰和砂为主要原料，经磨细、混合搅拌、陈化、压制成型和蒸压养护制成的。一般石灰占 10% ～ 20%，砂占 80% ～ 90%。

蒸压养护是在 0.8 ～ 1.2MPa 的压力和 175 ～ 191℃的条件下，经过 6h 左右的湿热养护，使原来在常温常压下几乎不与 $Ca(OH)_2$ 反应的砂（晶态 SiO_2），产生具有胶凝能力的水化硅酸钙凝胶，水化硅酸钙凝胶与 $Ca(OH)_2$ 晶体共同将未反应的砂粒黏结起来，从而使砖具有强度。

蒸压灰砂砖的规格与普通黏土砖相同。根据《蒸压灰砂实心砖和实心砌块》（GB 11945—1999）的规定，按抗压强度分为 MU25、MU20、MU15、MU10 共 4 个等级。强度等级大于 MU15 的砖可用于基础及其他建筑部位，MU10 的砖可用于砌筑防潮层以上的墙体。长期使用温度高于 200℃以及承受急冷、急热或有酸性介质侵蚀的建筑部位，应避免使用灰砂砖。

6.1.3.2　粉煤灰砖

粉煤灰砖是以粉煤灰和石灰为主要原料，掺加适量石膏和炉渣，加水混合拌成坯料，经陈化、轮碾、加压成型，再通过常压或高压蒸汽养护而制成的一种墙体材料。其尺寸规格与普通黏土砖相同。

根据《蒸压粉煤灰砖》（JC/T 239—2001），按外观质量、强度、抗冻性和干燥收缩值，粉煤灰砖分为优等品、一等品和合格品，粉煤灰砖的强度等级分为 MU30、MU25、MU20、MU15 和 MU10 共 5 个等级，其强度和抗冻性指标要求见表 6-10。一般要求优等品和一等品干燥收缩值不大于 0.65mm/m，合格品干燥收缩值不大于 0.75mm/m。

表 6-10　粉煤灰砖强度指标

强度等级	抗压强度 /MPa		抗折强度 /MPa		抗冻性	
	10 块平均值	单块最小值	10 块平均值	单块最小值	抗压强度 /MPa	
MU30	≥ 30.0	≥ 24.0	≥ 6.2	≥ 5.0	≥ 24.0	质量损失率，单块值≥ 2.0%
MU25	≥ 25.0	≥ 20.0	≥ 5.0	≥ 4.0	≥ 20.0	
MU20	≥ 20.0	≥ 16.0	≥ 4.0	≥ 3.2	≥ 16.0	
MU15	≥ 15.0	≥ 12.0	≥ 3.3	≥ 2.6	≥ 12.0	
MU10	≥ 10.0	≥ 8.0	≥ 2.5	≥ 2.0	≥ 8.0	

注：强度级别以蒸汽养护 1d 后的强度为准。

粉煤灰砖可用于工业与民用建筑的墙体和基础，但用于基础或易受冻融和干湿交替作用的建筑部位时，强度等级必须为 MU15 及以上。用粉煤灰砖砌筑的建筑物，应适当增设圈梁及伸缩缝或采取其他措施，以避免或减少收缩裂缝。

粉煤灰砖不得用于长期受热（200℃以上）、受急冷急热或有酸性介质侵蚀的部位。

6.1.3.3 炉渣砖

炉渣砖是以煤燃烧后的残渣为主要原料，掺以适量的石灰和少量石膏，加水搅拌、陈化、轮辗、成型和蒸养或蒸压养护而制得的实心砌墙砖，其规格与普通黏土砖相同。根据《炉渣砖》（JC/T 525—2007），炉渣砖的主要强度指标参见表 6-11。炉渣砖可以用于建筑物的墙体和基础，但是用于基础或易受冻融和干湿交替作用的部位必须采用强度等级 MU15 以上的砖。防潮层以下建筑部位也应采用强度等级 MU15 以上的炉渣砖。

表 6-11 炉渣砖的主要强度指标

单位：MPa

强度等级	抗压强度平均值$\bar{f}$ ≥	强度标准值f_k（变异系数 $\delta \leq 0.21$）≥	单块最小抗压强度f_{min}（变异系数 $\delta>0.21$）≥	碳化性能（平均值）/N	抗冻性	
					抗压强度 /MPa	质量损失率，单块值 ≥ 2.0%
MU25	25.0	19.0	20.0	22.0	20.0	
MU20	20.0	14.0	16.0	16.0	16.0	
MU15	15.0	10.0	12.0	12.0	12.0	

6.1.4 混凝土实心砖

混凝土实心砖

混凝土实心砖是以水泥、骨料，以及根据需要加入的掺和料、外加剂等，经加水搅拌、成型、养护制成的。它具有尺寸规整、准确、强度高、砌筑灰缝均匀等特点，由于是混凝土制品，还具备混凝土产品的性质。

6.1.4.1 规格

混凝土实心砖的外形及主规格同烧结普通砖，其他规格由供需双方协商确定。

6.1.4.2 密度等级

按混凝土自身的密度分为 A 级（≥ 2100kg/m³）、B 级（1681 ～ 2099kg/m³）和 C 级（≤ 1680kg/m³）3 个密度等级。

6.1.4.3 强度等级

砖的抗压强度分为 MU40、MU35、MU30、MU25、MU20、MU15 共 6 个等级。

6.1.4.4 代号和标记

代号为 SCB，产品按下列顺序进行标记：代号、规格尺寸、强度等级、密度等级和标准编号。如规格为 240mm×115mm×53mm、抗压强度等级 MU25、密度等级 B 级、合格的混凝土砖，标记为 SCB 240×115×53 MU25 B GB/T 21144—2007。

6.1.4.5 技术要求

混凝土实心砖的技术要求有尺寸偏差、外观质量、密度等级、强度等级、最大吸水率、干燥收缩率和相对含水率、抗冻性、碳化系数和软化系数等项目，具体要求见《混凝土实心砖》（GB/T 21144—2007）。

6.1.5　承重混凝土多孔砖

承重混凝土多孔砖是以水泥、砂、石等为主要原材料，经配料、搅拌、成型、养护制成，用于承重结构的多排孔混凝土砖，代号 LPB。组成混凝土多孔砖的原材料主要有水泥、集料、粉煤灰、粒化高炉矿渣、外加剂、水和其他材料。其中，集料又包括粗集料、细集料、轻集料，各种原材料都应符合相应规定。

6.1.5.1　规格

混凝土多孔砖的外形为长方体，常用砖型规格尺寸：长度 360mm、290mm、240mm、190mm、140mm，宽度 240mm、190mm、115mm、90mm，高度 115mm、90mm。其他规格尺寸可由供需双方协商确定。孔洞率应不小于 25%，不大于 35%。

6.1.5.2　强度等级

混凝土多孔砖抗压强度等级分为 MU15、MU20、MU25 共 3 个等级。

6.1.5.3　代号和标记

产品按下列顺序标记：代号、规格尺寸、强度等级、标准编号。如规格尺寸为 240mm×115mm×90mm、强度等级 MU15 的混凝土多孔砖，标记为 LPB240×115×90 MU15 GB 25779—2010。

6.1.5.4　技术要求

混凝土多孔砖的技术要求有外观质量、尺寸偏差、孔洞率、最小外壁和最小肋厚、强度等级、最大吸水率、线性干燥收缩率和相对含水率、抗冻性、碳化系数、软化系数、放射性等项目，具体要求见《承重混凝土多孔砖》（GB 25779—2010）。

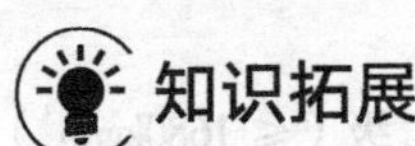

中国古代墙体材料——烧结砖

从明代始，中国砖瓦的制作技术已经成熟，并在民用建筑中普遍使用。张问之编撰的《造砖图说》对紫禁城内铺设的“金砖”的制作分为选土（其土必取城东北陆墓所产干黄作金银色者，掘而运，运而晒，晒而椎，椎而舂，舂而磨，磨而筛，凡七转而后得土）、练泥（复澄以三级之池，滤以三重之罗，筑地以晾之，布瓦以之，勒以铁弦，踏以人足，凡六转而后成泥）、澄浆（揉以手，承以托版，研以石轮，椎以木掌，避风避日，置之阴室，而日日轻筑之）、制坯成型、阴干、入窑烧制（先以草熏一月，乃以片柴烧一月，又以棵柴烧一月，又以松枝柴烧四十日，凡百三十日而后窨水出窑）六道工序，制作周期将近两年，可见制作程序之烦琐、成本和耗能之巨大。

《天工开物》对制砖工艺的叙述则要简单得多，制品可为“郡邑城雉民居垣墙所用”。选土几乎可以就地取材：“亦掘地验辨土色，或蓝或白，或红或黄，皆以粘而不散、粉而不沙者为上”。制泥和成型也大为简化：“汲水滋土，人逐数牛错趾，踏成稠泥，然后填满木匡之中，铁线弓夏平其面，而成坯形”。烧制缩短为1～2昼夜的时间，燃料也可用薪柴或者煤炭。

对秦皇岛板场峪明代长城砖窑群遗址的发掘，也证明了明代以木材为燃料的龙窑、马蹄窑和牛角尖窑等多种形式的砖窑。窑内大都保存着当时烧好的筑长城用的青砖，尺寸36cm×17cm×9cm，重10.5kg左右，每座窑里码砖20层，存砖5000多块。广武长城青砖的尺寸（40cm×18cm×8cm）和质量与板场峪明代长城砖窑内的存砖基本一致（图6-4），与其他同时代城墙包砖尺寸有差异。青砖颜色为浅灰色，应为薪柴烧制。

图6-4 明代青砖砌筑长城

留存至今的明代青砖以长城为代表，长城砖均为青灰色，沙泥质，由于各窑口土质不同，个别砖杂质含量较大。与现代烧结黏土砖相比，大部分长城青砖密度和弹性模量稍小而吸水率较高，说明其孔隙率较高，烧结程度也不及现代烧结黏土砖。

明代中国制砖技术虽已成熟，但是民用和皇室之用的砖制作工艺差异是非常大的，成型压力也普遍较低，未被重视，且制作工艺缺乏定量描述，只能凭借“陶长”的经验掌控。

任务6.2

砌块

建议课时：2学时

教学目标

知识目标：能识记砌块的类型；
能识记各种砌块的技术特性；
能识记各种砌块的应用。

技能目标：能够熟知建筑上常用砌块的种类；
能够合理地选择砌块的应用范围；
能够使用建筑上常用砌块的检验原理。

思政目标：理解砌块在国民生产生活中的科学背景；
培养学以致用的学习习惯和良好的团队协作精神；
培养沟通交流的能力及自主和终身学习能力。

建筑砌块是我国大力推广应用的新型墙体材料之一，品种规格很多，主要有普通混凝土小型砌块、蒸压加气混凝土砌块、轻集料混凝土小型空心砌块、粉煤灰混凝土小型空心砌块、石膏砌块、泡沫混凝土砌块等。

6.2.1 普通混凝土小型砌块

普通混凝土小型砌块主要由水泥、矿物掺和料、砂、石、水等为原材料，经搅拌、振动成型、养护等工艺制成的小型砌块，包括空心砌块（空心率不小于25%，代号为H）和实心砌块（空心率小于25%，代号为S）。砌块按使用时砌筑墙体的结构和受力情况，分为承重结构用砌块（代号L，简称承重砌块）和非承重结构用砌块（代号N，简称非承重砌块）。砌块的外形宜为直角六面体，常用砌块的规格尺寸见表6-12。

表6-12 常用砌块的规格尺寸（GB/T 8239—2014） 单位：mm

长度	宽度	高度
390	90，120，140，190，240，290	90，140，190

注：其他规格尺寸可由供需双方协商确定。采用薄灰缝砌筑的块型，相关尺寸可做相应调整。

按砌块的抗压强度分级，见表6-13。混凝土砌块的强度等级应符合表6-14的规定。

表6-13 砌块的强度等级（GB/T 8239—2014）

砌块种类	承重砌块（L）	非承重砌块（N）
空心砌块（H）	MU7.5，MU10，MU15，MU20，MU25	MU5.0，MU7.5
实心砌块（S）	MU15，MU20，MU25，MU30，MU35，MU40	MU10，MU15，MU20

表 6-14 混凝土砌块的强度等级（GB/T 8239—2014） 单位：MPa

强度等级	抗压强度	
	平均值≥	单块最小值≥
MU5.0	5.0	4.0
MU7.5	7.5	6.0
MU10	10.0	8.0
MU15	15.0	12.0
MU20	20.0	16.0
MU25	25.0	20.0
MU30	30.0	24.0

这类小型砌块适用于地震设计烈度为8度和8度以下地区的一般工业与民用建筑的墙体。用于承重墙和外墙的L类砌块，要求吸水率应不大于10%，线性干燥收缩值应不大于0.45mm/m；非承重和内墙用的N类砌块，要求吸水率应不大于14%，线性干燥收缩值应不大于0.60mm/m。砌块应按同一标记分别堆放，不得混堆；砌块在堆放、运输和砌筑过程中，应有防雨水措施，宜采用薄膜包装；砌块装卸时，不应扔摔，应轻码轻放，不应用翻斗倾卸。

6.2.2 蒸压加气混凝土砌块

蒸压加气混凝土砌块

蒸压加气混凝土砌块是以钙质材料（水泥、石灰等）和硅质材料（矿渣和粉煤灰）加入引气剂（铝粉等），经配料、搅拌、浇筑、发气、切割和蒸压养护而成的轻质块体材料。

6.2.2.1 规格

蒸压加气混凝土砌块的规格尺寸很多。根据《蒸压加气混凝土砌块》（GB/T 11968—2006）的规定，长度一般为600mm，宽度有100mm、120mm、125mm、150mm、180mm、200mm、240mm、250mm、300mm共九种规格，高度有200mm、240mm、250mm、300mm共四种规格。但在实际应用中，尺寸可根据供需双方协商确定。

6.2.2.2 砌块等级

蒸压加气混凝土砌块根据尺寸偏差、外观质量（缺棱掉角、裂纹、疏松、层裂等）、干密度、抗压强度和抗冻性划分为优等品（A）、合格品（B）两个等级。

6.2.2.3 强度等级

蒸压加气混凝土砌块的强度级别是将试样加工成100mm×100mm×100mm的立方体试件，一组3块，以平均抗压强度划分为A1.0，A2.0，A2.5，A3.5、A5.0、A7.5、A10.0共7个等级，同时要求各强度等级的砌块单块最小抗压强度分别不低于0.8MPa、1.6MPa、2.0MPa、2.8MPa、4.0MPa、6.0MPa、8.0MPa。

6.2.2.4 干密度分级

蒸压加气混凝土砌块根据干燥状态下的表观密度划分为B03、B04、B05、B06、B07、B08共6个级别。蒸压加气混凝土砌块的干密度级别参见表6-15，干密度和强度级别对照参见表6-16。

表 6-15 蒸压加气混凝土砌块的干密度级别 单位：kg/m³

干密度级别		B03	B04	B05	B06	B07	B08
干密度	优等品（A）≤	300	400	500	600	700	800
	合格品（B）≤	325	425	525	625	725	825

表 6-16 干密度级别和强度级别对照

干密度级别		B03	B04	B05	B06	B07	B08
强度级别	优等品（A）	A1.0	A2.0	A3.5	A5.0	A7.5	A10.0
	合格品（B）			A2.5	A3.5	A5.0	A7.5

此外，蒸压加气混凝土砌块尚应满足干燥收缩、抗冻性、导热和隔声等性能的技术要求。

6.2.2.5 蒸压加气混凝土砌块的工程应用

蒸压加气混凝土砌块主要用于框架结构的外墙填充和内墙隔断，或用于多层建筑的外墙或保温隔热复合墙体。B03、B04、B05 级一般用于非承重结构的围护和填充墙，也可用于屋面保温；B06、B07、B08 可用于不高于 6 层建筑的承重结构。在标高 ±0.000 以下，长期浸水或经常受干湿交替，受酸碱侵蚀以及制品表面温度高于 80℃的部位，不允许使用蒸压加气混凝土砌块。

6.2.3 轻集料混凝土小型空心砌块

通过轻粗集料、轻砂（或普通砂）、水泥和水等原材料配制而成的干表观密度不大于 1950kg/m³ 的混凝土，用其制成的小型空心砌块，称为轻集料混凝土小型空心砌块。其生产工艺与普通混凝土小型空心砌块类似。与普通混凝土小型空心砌块相比，轻集料混凝土小型空心砌块质量更轻，保温性能、隔声性能、抗冻性能更好，主要应用于非承重结构的围护墙和框架结构中的填充墙。

轻集料混凝土小型空心砌块的尺寸规格为 390mm×190mm×190mm，其他规格尺寸可由供需双方商定。《轻集料混凝土小型空心砌块》（GB/T 15229—2011）规定，轻集料混凝土小型空心砌块的密度等级有 700kg/m³、800kg/m³、900kg/m³、1000kg/m³、1100kg/m³、1200kg/m³、1300kg/m³、1400kg/m³ 共 8 个级别，强度等级有 MU2.5、MU3.5、MU5.0、MU7.5、MU10.0 共 5 个等级。

6.2.4 粉煤灰混凝土小型空心砌块

粉煤灰混凝土小型空心砌块

粉煤灰混凝土小型空心砌块是指以粉煤灰、水泥、集料、水为主要组分（也可加入外加剂等），经配料、搅拌、成型、养护制成的混凝土小型空心砌块，代号为 FHB。主规格尺寸为 390mm×190mm×190mm，其他规格尺寸可由供需双方商定。根据《粉煤灰混凝土小型空心砌块》（JC/T 862—2008），按照孔的排数可分为单排孔（1）、双排孔（2）、多排孔（D）三类；按砌块密度等级，分为 600、700、800、900、1000、1200 和 1400 共 7 个等级；按砌块抗压强度，分为 MU3.5、MU5.0、MU7.5、MU10、MU15、MU20 共 6 个强度等级。其施工应用与普通混凝土小型空心砌块类似。粉煤灰混凝土小型空心砌块的尺寸允许偏差和外观质量见表 6-17。

表 6-17 粉煤灰混凝土小型空心砌块的尺寸允许偏差和外观质量（JC/T 862—2008）

项目			指标
尺寸允许偏差 /mm	长度		±2
	宽度		±2
	高度		±2
最小外壁厚 /mm ≥	用于承重墙体		30
	用于非承重墙体		25
肋厚 /mm ≥	用于承重墙体		25
	用于非承重墙体		15
缺棱掉角	数量 / 个	≤	2
	3 个方面投影的最小值 /mm	≤	20
裂缝延伸投影的累计尺寸 /mm		≤	20
弯曲 /mm		≤	2

粉煤灰混凝土小型空心砌块适用于一般工业与民用建筑的墙体和基础，但不宜用于长期受高温和经常受潮湿的承重墙，也不宜用于酸性介质侵蚀的建筑部位。

6.2.5 石膏砌块

石膏砌块是以建筑石膏为主要原料，经加水搅拌、浇筑成型和干燥制成的建筑石膏制品。石膏砌块的外形为长方体，通常在纵横边缘分别设有榫头和榫槽。生产中允许加入纤维增强材料或其他集料，也可加入发泡剂、憎水剂。按照其结构特征，可分为实心石膏砌块（代号 S）和空心石膏砌块（代号 K）；按照其防潮性能，可分为普通石膏砌块（代号 P）和防潮石膏砌块（代号 F）。

石膏砌块的规格：长度方向公称尺寸为600mm、666mm；高度方向公称尺寸为500mm；厚度方向公称尺寸为80mm、100mm、120mm、150mm。其他规格可由供需双方商定。

石膏砌块的物理力学性能应符合表 6-18 的规定。

表 6-18 石膏砌块的物理力学性能（JC/T 698—2010）

项目		要求
表观密度 /（kg/m^3）	实心石膏砌块	≤ 1100
	空心石膏砌块	≤ 800
断裂荷载 /N		≥ 2000
软化系数		≥ 0.6

石膏砌块主要用于框架结构或其他结构建筑物的非承重墙体。利用各种废料生产石膏砌块是今后的发展趋势，在保证石膏砌块各种技术性能的同时，可以降低制造成本、保护生态环境。

6.2.6 泡沫混凝土砌块

泡沫混凝土砌块是用物理方法将泡沫剂水溶液制备成泡沫，再将泡沫加入由水泥基胶凝材料、集料、掺和料、外加剂和水等制成的料浆中，经混合搅拌、浇筑成型、自然或蒸汽养护而成的轻质多孔混凝土砌块，也称发泡混凝土砌块。《泡沫混凝土砌块》（JC/T 1062—2007）规定砌块的规格尺寸：长度方向有400mm、600mm；宽度方向有100mm、150mm、200mm、250mm；高度方向有200mm、300mm。其他规格尺寸由供需双方协商确定。按砌块立方体抗压强度分为A0.5、A1.0、A1.5、A2.5、A3.5、A5.0、A7.5共7个强度等级；按砌块干表观密度分为B03、B04、B05、B06、B07、B08、B09、B10共8个等级；按砌块尺寸偏差和外观质量分为一等品（B）和合格品（C）两个等级。

泡沫混凝土属于气泡状绝热材料，突出特点是在混凝土内部形成封闭的泡沫孔，使混凝土轻质化和保温隔热化。泡沫混凝土砌块主要用于有保温隔热要求的工业与民用建筑物的墙体和屋面、框架结构的填充墙等。

任务6.3

墙体板材

建议课时： 2学时

教学目标

知识目标：能识记墙板的类型；
能识记各种墙板的技术特性；
能识记各种墙板的特性和应用。

技能目标：能够熟知建筑上常用墙板的种类；
能够合理地选择墙板的应用范围；
能够理解建筑上常用墙板的检验原理，并在实操中使用对应检验方法。

思政目标：理解墙板在生产生活中的科学背景；
培养学以致用的学习习惯和良好的团队协作精神；
培养沟通交流的能力及自主和终身学习能力。

单独一种材料制作的墙板很难同时满足墙体的物理和装饰性能要求，因此常常采用几种不同材料制成复合墙板，以满足建筑物内、外隔墙的综合功能要求。由于该复合墙板和墙体品种繁多，下面仅介绍常用的几种复合墙板或墙体。

墙体板材

6.3.1 GRC复合外墙板

GRC复合外墙板是以低碱度水泥砂浆作为基材，以耐碱玻璃纤维作为面层，内设钢筋混凝土肋，并填充绝热材料作为内芯，一次制成的一种轻质复合墙板。

6.3.2 金属面夹芯板

金属面夹芯板是近年来随着轻钢结构的广泛使用而产生的，它通过黏结剂将金属面和芯层材料黏结而成。常用的金属面有钢板、铝板、彩色喷涂钢板、镀锌钢板、不锈钢板等，芯层材料主要有硬质聚氨酯泡沫塑料、聚苯乙烯泡沫塑料、岩棉等。

6.3.3 钢筋混凝土绝热材料复合外墙板

钢筋混凝土绝热材料复合外墙板包括承重混凝土岩棉复合外墙板和非承重薄壁混凝土岩棉复合外墙板。承重复合墙板主要用于大模和大板高层建筑，非承重复合墙板主要用于框架轻板和高层大模体系的外墙工程。

6.3.4 石膏板复合墙板

石膏板复合墙板是以石膏板为面层、绝热材料（通常采用聚苯乙烯泡沫塑料、岩棉或玻璃棉等）为芯材的预制复合板；石膏板复合墙体是以石膏板为面层、绝热材料为绝热层，并设有空气层与主体外墙进行现场复合而成的外墙保温墙体。

6.3.5 聚苯模块混凝土复合绝热墙体

聚苯模块混凝土复合绝热墙体是将聚苯乙烯泡沫塑料板组成模块，并在现场连接成模板，在模板内部放置钢筋和浇筑混凝土而成墙体。此模板不仅是永久性模板，而且是墙体的高效保温隔热材料。聚苯板组成聚苯模块时往往设置一定数量的高密度树脂腹筋，并安装连接件和饰面板。此种方式不仅可以不使用木模或钢模而加快施工进度，而且由于聚苯模板的保温保湿作用，便于夏冬两季施工中混凝土强度的增长。在聚苯板上还可以十分方便地进行开槽、挖孔以及铺设管道、电线等操作。

□ 思考与练习

1. 烧结普通砖的强度等级是如何确定的?

2. 采用烧结空心砖有何优越性? 烧结多孔砖和烧结空心砖在外形、性能和应用等方面有何不同?

3. 粉煤灰砌块的组成、性能及应用分别是什么?

4. 蒸压加气混凝土砌块的强度、体积密度、产品等级是怎样划分的? 其主要技术要求有哪些?

5. 墙板是如何分类的? 什么是复合墙板? 复合外墙板有哪些品种? 它们的适用范围是什么?

6. 为何要限制烧结黏土砖的使用? 墙体材料改革的重大意义及发展方向分别是什么? 你所在的地区采用了哪些新型墙体材料? 它们与烧结普通黏土砖相比有何优越性?

建筑钢材

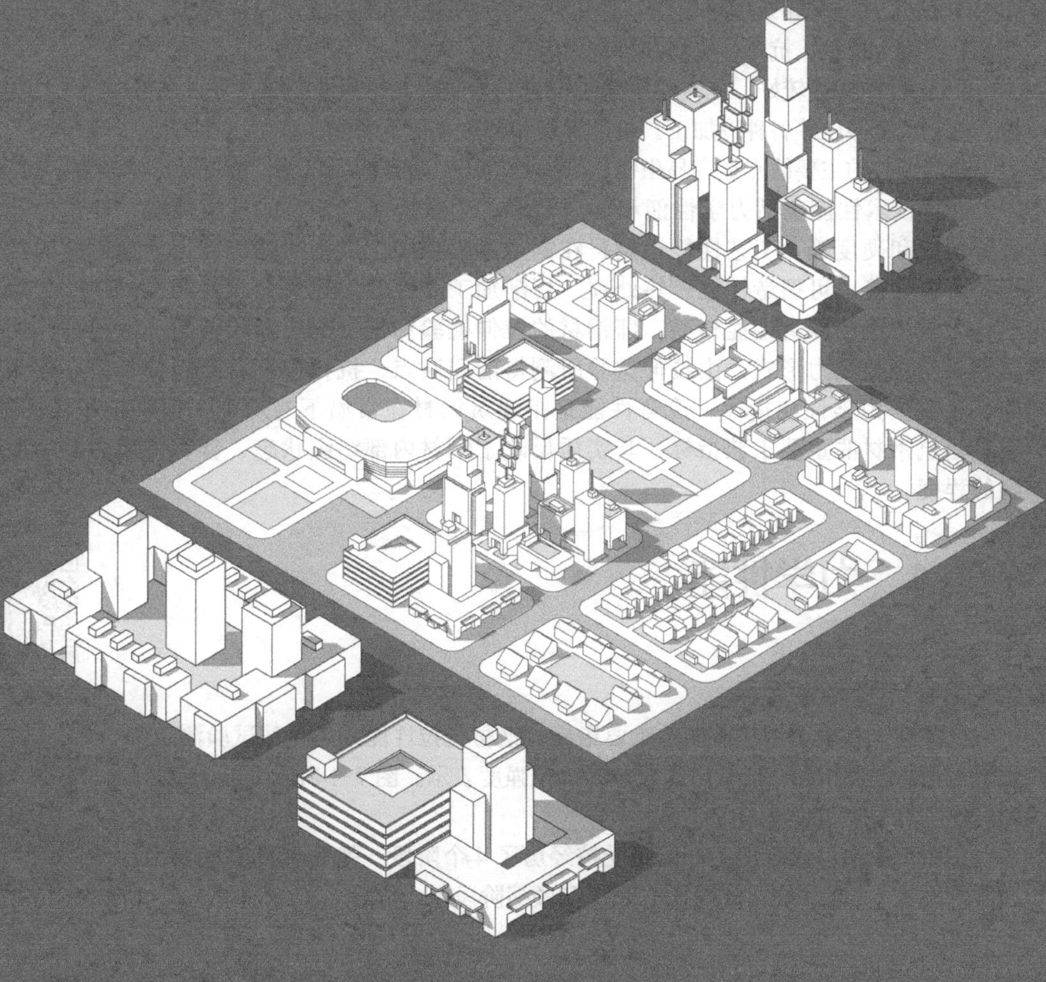

任务7.1

钢材的主要技术性能

建议课时： 2学时

教学目标

知识目标：能识记钢材的力学性能和工艺性能；
能识记钢材冷加工和热加工的方式。

技能目标：能够正确使用万能试验机对钢筋的抗拉性能和冷弯性能进行测试；
能够正确区分建筑钢材的分类。

思政目标：培养认真严谨的工作责任意识；
树立工匠精神；激励团队合作意识。

钢是将生铁在炼钢炉内熔炼，并将含碳量控制在 2% 以下的铁碳合金。建筑工程所用的钢筋、钢丝、型钢（扁钢、工字钢、槽钢、角钢）等，通称为建筑钢材。作为工程建设中的主要材料，它广泛应用于工业与民用房屋建筑、道路桥梁、国防等工程中。

建筑钢材的主要优点如下。

① 强度高。在建筑中可用作各种构件，特别适用于大跨度及高层建筑。在钢筋混凝土中，能弥补混凝土抗拉、抗弯、抗剪和抗裂性能较低的缺点。

② 塑性和韧性较好。在常温下建筑钢材能承受较大的塑性变形，可以进行冷弯、冷拉、冷拔、冷轧、冷冲压等各种冷加工。可以焊接和铆接，便于装配。

建筑钢材的主要缺点是容易生锈，维护费用高，防火性能较差，能耗及成本较高。

钢材技术性能包括力学性能和工艺性能。力学性能指钢材的抗拉性能、冲击性能、耐疲劳性能和硬度等。工艺性能指钢材在制造过程中加工成型的适应能力，如钢材的冷弯性能、可焊性能、可锻造性能、热处理、切削加工等性能。建筑力学性能检验中，一般都要进行力学性能和冷弯性能检验，即钢材的拉伸检验和钢材的弯曲检验两项。拉伸作用是建筑钢材的主要受力形式，由拉伸试验所测得的屈服点、抗拉强度、断后伸长率是建筑钢材的三个重要力学性能指标。冷弯性能是指建筑钢材在常温下易于加工而不被破坏的能力，它是建筑钢材的重要工艺指标，其实质反映了钢材内部组织状态、含有内应力及杂质等缺陷的程度。

7.1.1 力学性能

钢筋的抗拉强度

7.1.1.1 抗拉性能

抗拉性能是表示钢材性能的重要指标。钢材抗拉性能采用拉伸试验测定。建筑用钢的强度指标，通常用屈服点和抗拉强度表示。图 7-1 所示为低碳钢拉伸时的应力与应变曲线。

建筑钢材的拉伸性能

从图 7-1 中可以看出，低碳钢受拉经历了 4 个阶段：弹性阶段Ⅰ（*OA*）、屈服阶段Ⅱ（*AB*）、强化阶段Ⅲ（*BC*）和颈缩阶段Ⅳ（*CD*）。

（1）屈服点（屈服强度）。OA 段为一条直线，说明应力和应变成正比关系。如卸去拉力，试件能恢复原状，这种性质即为弹性，该阶段为弹性阶段。应力 σ 与应变 ε 的比值为常数，该常数为弹性模量 E（$E=\sigma/\varepsilon$），弹性模量反映钢材抵抗变形的能力，是计算结构受力变形的重要指标。

当对试件的拉伸应力超过 A 点后，应力和应变不再成正比关系，开始出现塑性变形而进入屈服阶段 AB，屈服下限 $B_下$点（此点较稳定，易测定）所对应的应力值为屈服强度或屈服点，用 σ_s 表示，单位为 MPa。结构设计时一般以 σ_s 为强度取值的依据，单位 MPa。计算公式为

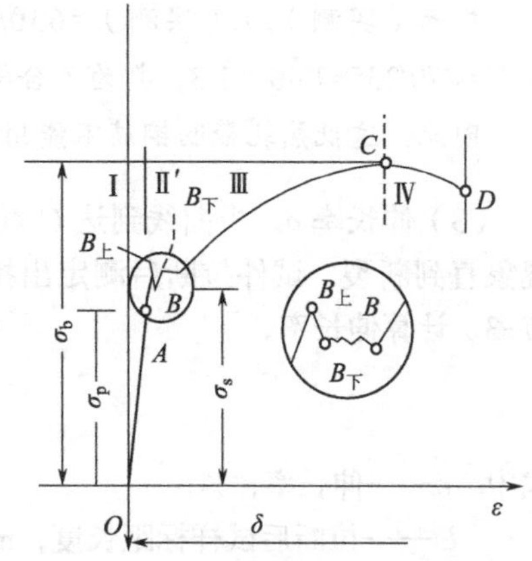

图 7–1 低碳钢拉伸时的应力与应变曲线

δ—伸长率；σ_p—材料的弹性阶段的最大强度

$$\sigma_s=\frac{F_s}{S_0} \tag{7-1}$$

式中 σ_s——材料的屈服强度或屈服点，MPa；

F_s——材料屈服时的载荷，N；

S_0——试样原横截面面积，mm^2。

对屈服现象不明显的中碳和高碳钢（硬钢），规定以产生残余变形为原标距长度的 0.2% 所对应的应力值作为屈服强度，称为条件屈服点。

（2）抗拉强度。从 BC 曲线逐步上升可以看出，试件在屈服阶段以后，其抵抗塑性变形的能力又重新提高，这一阶段称为强化阶段。对应于最高点 C 的应力值称为极限抗拉强度，简称抗拉强度，指材料被拉断之前，所能承受的最大应力，用 σ_b 表示。计算公式为

$$\sigma_b=\frac{F_b}{S_0} \tag{7-2}$$

式中 σ_b——材料被拉断之前，所能承受的最大应力，MPa；

F_b——试样拉断前所承受的最大载荷，N；

S_0——试样原横截面面积，mm^2。

屈服点和抗拉强度是工程技术上设计和选材的重要依据。因此，也是金属材料购销和检验工作中的重要性能指标。

设计中抗拉强度不能利用，但屈强比即屈服强度和抗拉强度之比却能反映钢材的利用率及结构的安全可靠性，屈强比越小，反映钢材受力超过屈服点工作时的可靠性越大，因而结构的安全性越高。但屈强比太小，则反映钢材不能有效地被利用，造成钢材浪费。

因此，对有抗震设防要求的框架结构，其纵向受力钢筋的强度应满足设计要求；当设计无具体要求时，对一、二级抗震等级，检验所得的强度实测值应符合下列规定：

① 钢筋的抗拉强度实测值与屈服强度实测值的比值不应小于 1.25；

② 钢筋的屈服强度实测值与屈服强度标准值的比值不应大于 1.3。

【例 7-1】有一批公称直径为 ϕ20mm、牌号为 HRB335 的钢筋混凝土用热轧带肋钢筋，复试结果如下：屈服强度 σ_s 为 470MPa，抗拉强度 σ_b 为 630MPa，伸长率 δ_s 为 16%，冷弯合格。求这批轧带肋钢筋能否用于有抗震要求的纵向受力构件中？

解：从表面来看，上述数据都符合牌号为 HRB335 的钢筋混凝土用热轧带肋钢筋标准要求。

按 σ_b（实测）/σ_s（实测）=630/470 =1.34＞1.25，判为不合格；但按 σ_s（实测）/σ_s（标准）=470/335=1.40＞1.3，判为不合格。

因此，这批热轧带肋钢筋不能用于有抗震要求的纵向受力结构中。

（3）伸长率 δ。当曲线到达 C 点后，试件薄弱处急剧缩小，塑性变形迅速增加，产生颈缩现象直到断裂。试件拉断后测定出拉断后标距部分的长度 L_1，L_1 与试件原标距 L_0 比较。按式（7-3）计算伸长率。

$$\delta=\frac{L_1-L_0}{L_0}\times100\% \tag{7-3}$$

式中 δ——伸长率，%；

L_1——拉断后试样标距长度，mm；

L_0——试样原标距长度，mm。

标距长度对伸长率的影响很大，所以伸长率必须注明标距。标准试件的标距长度为 L_0=10d_0，d_0 为试件的直径。当标距长度为 10d_0 时，其伸长率叫做 δ_{10}。短试样所测得的伸长率大于长试样。对于不同材料，只有采用相同长度的试样，δ 值才能进行比较。

7.1.1.2 冲击韧性

冲击韧性是指钢材抵抗冲击荷载的能力。冲击韧性值 α_k 用标准试件以摆锤从一定高度自由落下冲断"V"试件时，单位面积所消耗的功来表示，计算公式如下。

$$\alpha_k=\frac{W}{A} \tag{7-4}$$

式中 W——冲击试件所消耗的功，J；

A——试件在端口处的截面面积，cm^2，见图 7-2。

α_k 越大，钢材的冲击韧性越好，抵抗冲击作用能力越强，受脆性破坏的危险性越小。影响钢材冲击韧性值的因素很多，如化学成分、冶炼轧制质量、内部组织状态、温度等。钢材中硫、磷含量越高，对钢材的冲击韧性值影响越大。钢材的冲击韧性会随温度的降低而下降，这种下降不是平缓的，如图 7-3 所示。在图 7-3 中，当温度降至某一温度之前，钢材的冲击韧性值随温度的降低下降不大；但当温度降至某一温度后，钢材的冲击韧性会急剧降低而呈现脆性，这种现象称为钢材的冷脆性，这时的温度称为脆性转变温度。脆性转变温度越低，钢材的低温冲击性能越好。因此，在负温下使用的钢材应选脆性转变温度低于使用温度的钢材，并满足相应规范的规定。

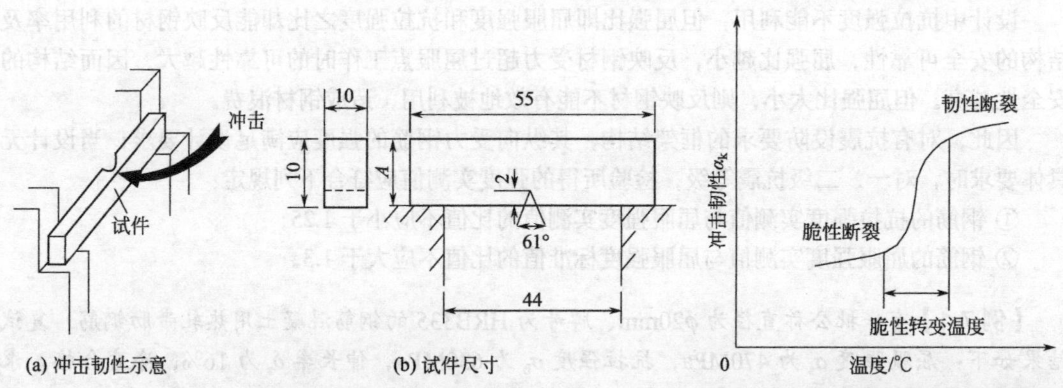

图 7-2 冲击韧性实验示意（单位：cm）

图 7-3 钢材冲击韧性与温度的关系

7.1.1.3 硬度

钢材的硬度是指钢材抵抗外物压入其表面的能力，它是钢材抵抗弹性变形和塑性变形的破坏能力，也是抵抗残余变形和反破坏的能力。硬度不是一个简单的物理概念，而是材料弹性、塑性、强度和韧性等力学性能的综合表现性能指标。钢材硬度的测定方法有布氏法、洛氏法和维氏法。常用的是布氏法和洛氏法，它的硬度指标分别为布氏硬度（HB）和洛氏硬度（HR）。布氏法是用直径 D 的钢球或硬质合金球以规定的试验力 F 压入试件表面，经规定保持时间后卸除试验力测定表面压痕直径 d，如图 7-4 所示。以试验力除以表面积得到的应力值为布氏硬度值 HB，此值无单位。

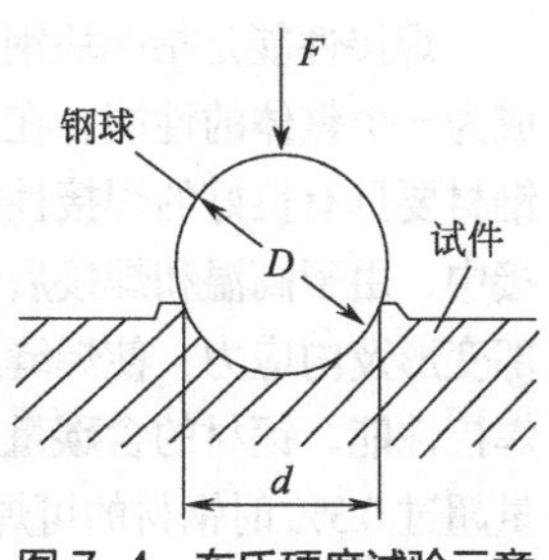

图 7-4 布氏硬度试验示意

7.1.1.4 耐疲劳性

耐疲劳性是指钢材在方向、大小周期性变化的荷载交替作用下，在局部高应力区域形成微小裂纹，再由微小裂纹逐渐扩展以致突然发生脆性断裂的现象（称为疲劳破坏）。疲劳破坏发生的主要原因是材料内部结构并不均匀，导致应力传递的不平衡，在薄弱部位产生应力集中，进而产生微裂纹。微裂纹不断增加扩大，最终导致钢材突然断裂。由于疲劳破坏在时间上是突发性的，位置是局部的，应力是较低的，环境和缺陷敏感都是较小的，所以疲劳破坏不易被及时发现，因而常常会造成灾难性的事故。钢材疲劳破坏的指标用疲劳强度来表示，它是指疲劳试验时试件在交变应力作用下，以规定的周期基数内部发生断裂所能承受的最大应力。影响钢材疲劳性能的因素主要有加工工艺、荷载性能、结构和材质等。为减少和消除这种危害，可以通过在金属中添加各种“维生素”来提高金属的抗疲劳性。例如在金属中加入万分之几或千万分之几的稀土元素可以大大提高金属的抗疲劳性，延长金属的使用寿命，也可以采用金属免疫疗法、减少金属薄弱环节、增加金属表面光泽度等措施来改善。

7.1.2 工艺性能

钢筋的冷弯性能

7.1.2.1 冷弯性能

冷弯性能的测定是将钢材试件在规定的弯心直径上冷弯到 180° 或 90°，在弯曲处的外表及侧面，如无裂纹、起层或断裂现象发生，即认为试件冷弯性能合格，见图 7-5。出现裂纹前能承受的弯曲程度越大，则材料的冷弯性能越好。弯曲程度一般用弯曲角度或弯芯直径 d 对钢筋直径 a 的比值来表示，弯曲角度越大或弯芯直径 d 对钢筋直径 a 的比值越小，则材料的冷弯性能就越好。工程上常采用该方法来检验建筑钢材各种焊接接头的焊接质量。

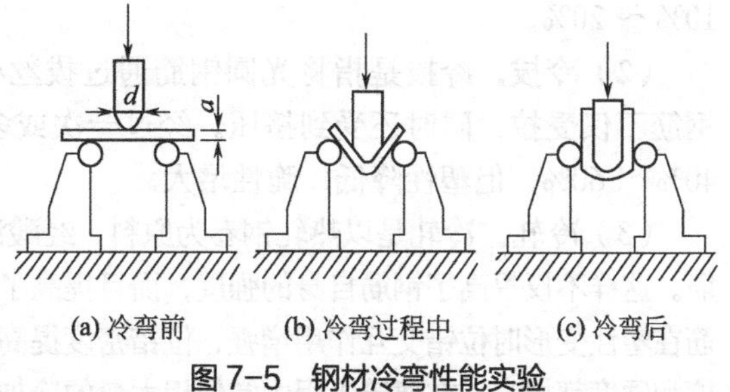

图 7-5 钢材冷弯性能实验

d—弯芯直径；a—钢筋直径

建筑钢材在加工过程中，如发现脆断、焊接性能不良或力学性能显著不正常等现象，应根据现行国家标准对该批建筑钢材进行化学成分检验或其他专项检验。

7.1.2.2 焊接性能

焊接性能是指两块钢材在局部快速加热条件下使结合部位迅速熔化或半熔化，从而牢固地结合成为一个整体的性能。在土木工程中，钢材间的连接大多数还是采用焊接方式来完成的，这就要求钢材要具有良好的焊接性能。可焊性好的钢材，焊缝处性质与钢材基本相同，焊接牢固可靠。在焊接中，由于高温和焊接后急剧冷却作用，焊缝及附近的过热区将发生晶体组织及结构变化，产生局部变形及内应力，使焊缝周围的钢材产生硬脆倾向，降低了焊接的质量。钢材的化学成分可影响其焊接性能。钢材的含碳量越高，可焊性越低。含碳量小于 0.25% 的碳素钢具有良好的可焊性，含碳量超过 0.3% 时钢材的可焊性就会较差。另外，钢材中硫、磷以及加入合金元素都会降低其可焊性。

7.1.2.3 切削性能和锻铸性能

切削性能反映出用切削工具对钢材进行切削加工的难易程度。可锻性指钢材在锻压加工中能承受塑性变形而不破裂的性能，它反映了钢材在加工过程中成形的难易程度。由于锻压加工变形方式不同，所以可锻性的表示指标也不同。影响可锻性的因素很多，如钢材自身的化学成分、相组成、晶粒大小和温度、变形方式、速度、材料表面状况、周围环境介质等外部因素。一般情况下，材料内部组织均匀、杂质少，材料表面光洁，可锻性高；而合金元素的增加会提高钢材的抗变形能力，降低钢材的塑性，使可锻性降低。可铸性是反映钢材熔化浇铸成为铸件的难易程度，表现为熔化状态时的流动性、吸气性、氧化性、熔点，铸件显微组织的均匀性、致密性以及冷缩率等。

7.1.3 钢材的冷加工与热处理

7.1.3.1 冷加工强化

将钢材在常温下进行冷拉、冷拔和冷轧，使其产生塑性变形，从而提高其屈服强度、降低塑性和韧性的过程称为钢材的冷加工强化。

（1）冷拉。冷拉是指在常温条件下，用冷拉设备以超过原来钢筋屈服强度的拉应力强行对钢筋进行拉伸，使其产生塑性变形以达到提高钢筋屈服强度和节约钢材的目的。将热轧钢筋用冷拉设备加力进行张拉，经冷拉时效后可使屈服强度提高 20% ～ 25%，可节约钢材 10% ～ 20%。

（2）冷拔。冷拔是指将光圆钢筋通过拔丝模孔强行拉拔。此工艺比纯冷拉作用更为强烈，钢筋不仅受拉，同时还受到挤压。经过一次或多次冷拔后得到的冷拔低碳钢丝屈服强度可提高 40% ～ 60%，但塑性降低、脆性增大。

（3）冷轧。冷轧是以热轧钢卷为原料，经酸洗去除氧化层，经冷连轧后轧成断面形状规则的钢筋。这样不仅提高了钢筋自身的强度，而且提高了其与混凝土之间的黏结力。冷加工是依靠机械使钢筋在塑性变形时位错交互作用增强、位错密度提高和变形抗力增大，这些方面相互促进而导致钢材强度和硬度都提高。在建筑工程中常使用大量的冷加工强化钢筋，以达到节约钢材的经济目的，但由于其安全储备小，尤其是冷拔钢丝，应用日益减少。应用冷加工钢筋时必须符合相关规范要求。

7.1.3.2 时效处理

经过冷加工强化处理后的钢筋，在常温下存放 15 ～ 20d 或加热到 100 ～ 200℃并保持 2 ～ 3h 后，其屈服强度、抗拉强度及硬度都进一步提高，塑性及韧性继续降低，弹性模量基本恢复的这个过程称为时效处理。前者称为自然时效，后者称为人工时效。

钢材的冷拉时效前后性能变化可由拉伸试验的应力 - 应变图中看出，如图 7-6 所示。将钢材以大于其屈服强度的拉力对其进行冷拉后卸载，使钢材产生一定的塑性变形即得到冷拉钢筋。钢材的屈服强度会由原来的 σ_s 提高到 σ_c，这说明冷加工对钢材的屈服强度产生了影响。如果卸载后立即再拉伸，钢材的极限强度不会有所变化，但如果卸载后经过一段时间再对钢材进行拉伸，钢材的屈服强度 σ_c 会再次提高至 σ_c'，同时极限抗拉强度也会由原来的 σ_b 高至 σ_b'，这表明经过时效后钢材的屈服强度和抗拉强变都会增强。

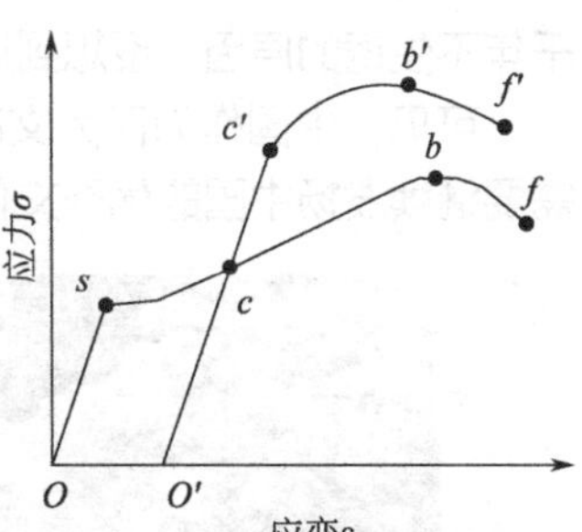

图 7-6 钢材冷拉时效前后应力 - 应变关系

Oscbf—冷拉前曲线走向；*O'cbf*—冷拉后曲线走向；*O'c'b'f'*—冷拉及时效后曲线走向

7.1.3.3 钢材的热处理

热处理是指将固态下的钢材以一定的方式，在一定的介质内进行加热、保温，然后采取合适的方式进行冷却，通过改变材料表面或内部的组织结构得到所需要的性能的一种工艺。热处理是机械制造中的重要工艺之一，与其他加工工艺相比，热处理一般不改变原有形状和整体的化学成分，而是通过改变其内部显微组织或表面化学成分而改善其使用性能。这种改善是内在质量的改善，一般肉眼是看不到的。钢材的显微组织复杂，可以通过热处理予以控制，以改善钢材的使用性能和工艺性能。

（1）退火。退火是指将钢材加热到发生相变或部分相变的温度并保持一段时间后使其随炉慢慢冷却的一种热处理工艺。退火是为了改善组织、消除缺陷、细化晶粒，可使成分均匀化，提高钢材的力学性能，减少残余应力，防止变形开裂。在钢筋冷拔过程中经常需要通过退火来提高其塑性和韧性。

（2）正火。正火是将钢材加热到临界点以上的适当温度，保持一定时间后在空气中自然冷却的热处理方法。正火是退火的一种特例，两者仅是在冷却的速率上有所不同。正火能消除网状渗碳体结构，细化晶格，提高钢材的综合力学性能，对要求不高的零件采用正火代替退火是较为经济的。

（3）淬火。淬火是将钢加热到临界温度以上，保温一段时间后迅速将其置人淬火剂中，使其温度突然降低以达到急速冷却的热处理方法。淬火能增加钢的强度和硬度，降低塑性和韧性。淬火中常用的淬火剂有水、油、碱水和盐溶液等。

（4）回火。回火是将经过淬火的钢材加热到临界点后再用符合要求的方法对其进行冷却，以获得所需要的组织和性能的热处理工艺。回火的目的是为了消除淬火产生的内应力，降低硬度和脆性，以取得预期的力学性能。回火一般与淬火、正火配合使用。

知识拓展

中国出土文物采用的加工工艺

1994 年陕西省考古队来到兵马俑 1 号坑进行考古发掘，这次考古有了非常令人震惊的发现。当时考古队员发现一尊兵马俑是倒在地上的，为此就想着将其还原，可是没想到却在搬动的过程中发现这尊兵马俑下面似乎压着一把青铜剑（图 7-7），当时大家都认为这把青铜剑肯定被压坏了，毕竟如此巨大重量的兵马俑怎么可能压不坏它呢？

经专家们鉴定：这把秦俑青铜剑除了采用冷加工和热加工的工艺外，还自带“记忆”功能。通过 X 射线照射，发现这把秦俑青铜剑身上含有超前的铬物质，这也是为什么越王勾践剑历经千年不生锈的原因，没想到这把秦俑青铜剑同样也有。

可见，中国作为四大文明古国，具有超越当时的先进加工工艺。中国人民是伟大的，我们需要继续发扬中国的优秀文化，加倍努力，为中国梦的实现“添砖加瓦”。

(a) 青铜剑挖掘时的位置

(b) 青铜剑现场照片

图 7-7　兵马俑 1 号坑考古发掘的青铜剑

7.1.4 建筑用钢的分类

钢材按化学成分分类可以粗分为碳素结构钢和合金钢两类。碳素结构钢按其含碳量又可分为低碳钢、中碳钢和高碳钢。建筑用钢中使用最多的是低碳钢（即含碳量小于 0.25% 的钢）。合金钢按其合金元素总量分为低合金钢、中合金钢和高合金钢。建筑用钢中使用最多的是低合金高强度结构钢（即合金元素总含量小于 5% 的钢）。

7.1.4.1 碳素结构钢

碳素结构钢的化学成分主要是铁，其次是碳，其含碳量为 0.02% ～ 2.06%。

（1）牌号。碳素结构钢以屈服点等级为主划分成 4 个牌号，即 Q195、Q215、Q235 和 Q275，各牌号钢又按其硫、磷含量由多到少分为 A、B、C、D 四个质量等级，碳素结构钢的牌号表示是按顺序由代表屈服点的字母 Q、屈服点数值（MPa）、质量等级符号（A、B、C、D）、脱氧程度符号（F、TZ、Z）四部分组成。其中脱氧程度符号“F”为沸腾钢、“Z”为镇静钢、“TZ”为特殊镇静钢。当为镇静钢或特殊镇静钢时，“Z”与“TZ”允许省略。例如 Q235-A.F，它表示屈服点为 235MPa 的平炉或氧气转炉冶炼的 A 级沸腾碳素结构钢。

（2）力学性能。常用碳素结构钢要求具有良好的力学性能和优良的焊接性，其力学性能应符合碳素结构钢（拉伸试验）的规定。随着牌号的增大，对钢材屈服强度和抗拉强度的要求增大，对伸长率的要求降低。

（3）冷弯性能。常用碳素结构钢冷弯试验的弯心直径应符合碳素结构钢（冷弯试验）的规定。

7.1.4.2 低合金高强度结构钢

低合金高强度结构钢是指在炼钢过程中，有意识地在碳素钢中加入总量小于 5% 的一种或多种能改善钢材性能的合金元素而制得的钢种。常用的合金元素有硅、锰、钛、钒、铬等。低合金高强度结构钢具有强度高、塑性和低温冲击韧性好、耐锈蚀等特点。

（1）牌号。根据《低合金高强度结构钢》（GB/T 1591—2018）的规定，低合金高强度结构钢的牌号有 8 个，分别为 Q345、Q390、Q420、Q460、Q500、Q500、Q620 和 Q690。由代表钢材屈服强度的字母 Q、屈服强度数值（MPa）、质量等级符号（A、B、C、D、E）三个部分按顺序组成。例如：Q390A 表示屈服强度不小于 390MPa 的质量等级为 A 级的低合金高强度结构钢。用低合金高强度结构钢代替碳素结构钢 Q235 可节省钢材 15% ～ 25%，并减轻了结构的自重。

（2）力学性能。常用低合金高强度结构钢要求具有良好的力学性能，其力学性能应符合低合金高强度结构钢（拉伸试验）的规定。

（3）冷弯性能。常用低合金高强度结构钢冷弯试验的弯心直径应符合规范的规定。

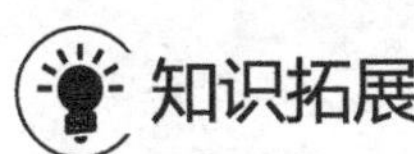

知识拓展

国家体育场用钢材分析

作为世界上最大的钢结构体育场馆和世界上跨度最大的单体钢结构工程，国家体育场（“鸟巢”）（图 7-8）的建设共使用各类钢材 11 万吨，其中不得不提到的就是被称为“鸟巢钢”的 Q460E-Z35 钢材，它在整个国家体育场中的用量只有 400 多吨，占的比例微乎其微，但正是这 400 多吨钢的国产化，让国家体育场真正成为 100% 中国制造。

国家体育场是国内首次应用 Q460 级别高强度钢材的建筑。之前，Q460 钢材仅用在机械方面，如大型挖掘机等。这是因为建筑结构用钢和工程机械用钢不尽相同，建筑结构用钢首先要具有良好的抗震性。强度低的钢材延伸率高，能像弹簧一样在受到强大外力影响时，通过变形吸收外力的能量，防止断裂，更有利于提高抗震性能。Q460 钢材被公认为是建筑结构用钢的顶级产品，曾经只有韩国和日本等极少数国家才能生产。在国家体育场的建设中，如果从国外进口 Q460 钢材，不但交货期长而且价格昂贵，还可能导致国家体育场施工再度延期，更重要的是，奥运工程全部“中国制造”的梦想将就此破灭。

完全钢铁结构的国家体育场从设计变为现实，是世界建筑业的奇迹，而“鸟巢钢”——Q460 钢材在中国科研人员的努力下从无到有，实现自主生产，更是金属材料业的壮举。

(a) 鸟巢用钢照片

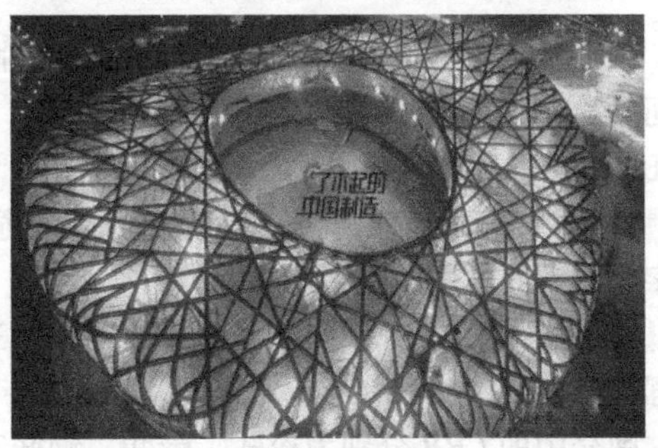

(b) 鸟巢效果图

图 7-8 国家体育场

任务7.2

常用建筑钢材选用与标准

建议课时：1学时

教学目标

知识目标：能识记钢筋的种类和强度等级；
能识记型钢的种类。

技能目标：能够根据工程特点和规范选择钢材；
能够正确区分钢筋的种类。

思政目标：培养认真严谨的工作责任意识；
树立工匠精神的重要性；
激励学生的团队合作意识。

7.2.1 工程中常用的钢筋

工程中经常使用的钢筋品种有钢筋混凝土用热轧带肋钢筋、钢筋混凝土用热轧光圆钢筋、低碳钢热轧圆盘条、冷轧带肋钢筋、钢筋混凝土用余热处理钢筋等。建筑施工所用钢筋必须与设计相符，并且满足产品标准要求。

钢筋是由轧钢厂将炼钢厂生产的钢锭经专用设备和工艺制成的条状材料。在钢筋混凝土和预应力钢筋混凝土中，钢筋属于隐蔽材料，其品质优劣对工程影响较大。钢筋抗拉能力强，在混凝土中加钢筋，使钢筋和混凝土黏结成一整体，构成钢筋混凝土构件，就能弥补混凝土的不足。

7.2.1.1 钢筋牌号

钢筋的牌号与选择

钢筋牌号是人们给钢筋所取的名字，牌号不仅表明了钢筋的品种，而且可以大致判断其质量。按钢筋牌号分类，主要可分为以下几种：HRB400、HRB500、HRB600、HPB300、CRB550 等。

牌号中的 HRB 分别为热轧、带肋、钢筋三个词的英文首位字母，后面的数字表示钢筋的屈服强度最小值。

牌号中的 HPB 分别为热轧、光圆、钢筋三个词的英文首位字母，后面的数字表示钢筋的屈服强度最小值。

牌号中的 CRB 分别为冷轧、带肋、钢筋三个词的英文首位字母，后面的数字表示钢筋的抗拉强度最小值。

工程图纸中，HPB300 级钢筋，是用牌号为 Q235 碳素结构钢制成的热轧光圆钢筋，常用符号“Φ”表示。牌号为 HRB400 的钢筋混凝土用热轧带肋钢筋常用符号用“⌽”表示。

7.2.1.2 钢筋混凝土用热轧带肋钢筋

钢筋混凝土用热轧带肋钢筋（俗称螺纹钢）是最常用的一种钢筋（表 7-1），它是用低合金高强度结构钢轧制成的条形钢筋，通常带有 2 道纵肋和沿长度方向均匀分布的横肋，按肋纹的形状又分为月牙肋和等高肋。由于表面肋的作用，和混凝土有较大的黏结能力，因而能更好地承受外力的作用，适用于作为非预应力钢筋、箍筋、构造钢筋。热轧带肋钢筋经冷拉后还可作为预应力钢筋。热轧带肋钢筋直径为6～50mm。推荐的公称直径（与该钢筋横截面面积相等的圆所对应的直径）为6mm、8mm、10mm、12mm、16mm、20mm、25mm、32mm、40mm、50mm。

月牙肋钢筋表面及截面形状见图7-9；等高肋钢筋表面及截面形状见图7-10。

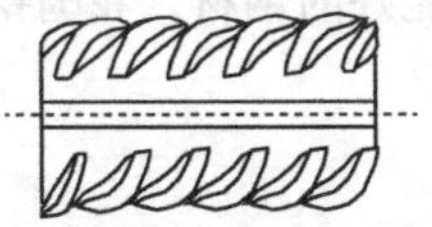

图7-9　月牙肋钢筋表面及截面形状

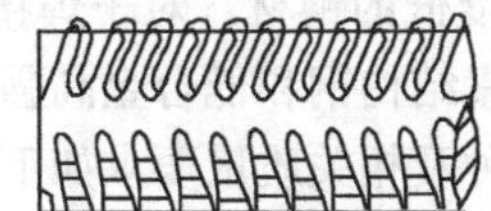

图7-10　等高肋钢筋表面及截面形状

7.2.1.3　钢筋混凝土用热轧光圆钢筋

热轧光圆钢筋是经热轧成形并自然冷却而成的，横截面为圆形，且表面为光滑的钢筋混凝土配筋用钢材，其钢种为碳素结构钢，钢筋级别为Ⅰ级，强度代号为R300（R代表热轧，屈服强度大于300MPa）。适用于非预应力钢筋、箍筋、构造钢筋、吊钩等。热轧光圆钢筋的直径为6～22mm。推荐的公称直径为8mm、10mm、12mm、16mm和20mm。表7-1是热轧光圆钢筋和热轧带肋钢筋的性能参数。

表7-1　热轧光圆钢筋和热轧带肋钢筋的性能参数

钢筋种类	牌号	屈服强度/MPa	抗拉强度/MPa	断后伸长率/%	最大力总伸长率/%	公称直径/mm	180°弯心直径
		≥					
热轧光圆钢筋	HPB300	300	420	25	10.0	6～22	*d*
热轧带肋钢筋	HRB400	400	540	16	7.5	6～25	4*d*
						28～40	5*d*
	HRBF400					>40～50	6*d*
	HRB500	500	630	15		6～25	6*d*
	HRBF500					28～40	7*d*
						>40～50	8*d*
	HRB600	600	730	14		6～25	6*d*
						28～40	7*d*
						>40～50	8*d*

7.2.1.4　低碳钢热轧圆盘条

热轧盘条是热轧型钢中截面尺寸最小的一种，大多通过卷线机卷成盘卷供应，故称盘条或盘圆。低碳钢热轧圆盘条由屈服强度较低的碳素结构钢轧制，是目前用量最大、使用最广的线材之一，适用于非预应力钢筋、箍筋、构造钢筋、吊钩等。热轧圆盘条又是冷拔低碳钢丝的主要原材料，用热轧圆盘条冷拔而成的冷拔低碳钢丝可作为预应力钢丝，用于小型预应力构件（如多孔板等）或其他构造钢筋、网片等。热轧盘条的直径范围为5.5～14.0mm。常用的公称直径为5.5mm、6.0mm、6.5mm、7.0mm、8.0mm、9.0mm、10.0mm、11.0mm、12.0mm、13.0mm、14.0mm。

7.2.2　型钢

建筑中的主要承重结构常使用各种规格的型钢，来组成各种形式的钢结构。钢结构常用的型钢有圆钢、方钢、扁钢、工字钢、槽钢、角钢等。型钢由于截面形式合理，材料在截面上的分布对受力有利，且构件间的连接方便，所以是钢结构中采用的主要钢材。钢结构用钢的钢种和牌号，主要根据结构的重要性、荷载特征、结构形式、应力状态、连接方法、钢材厚度和工作环境等因素选择。对于承受动力荷载或振动荷载的结构、处于低温环境的结构，应选择韧性好、脆性临界温度低的钢材。对于焊接结构应选择焊接性能好的钢材。我国钢结构用热轧型钢主要采用的是碳素结构钢和低合金高强度结构钢。

常用型钢品种及相关质量要求如下。

7.2.2.1 热轧扁钢

热轧扁钢是截面为矩形并稍带钝边的长条钢材，主要由碳素结构钢或低合金高强度结构钢制成。其规格以厚度×宽度（mm）表示，如“4×25”，即表示厚度为4mm，宽度为25mm的扁钢。在建筑工程中多用作一般结构构件，如连接板、栅栏、楼梯扶手等。

扁钢的截面尺寸和允许偏差应符合相关的规定。

7.2.2.2 热轧工字钢

热轧工字钢也称钢梁，是截面为工字形的长条钢材，主要由碳素结构钢轧制而成。其规格以腰高（h）×腿宽（b）×腰厚（d）（mm）表示，如“工160×88×6”，即表示腰高为160mm、腿宽为88mm、腰厚为6mm的工字钢。工字钢的规格也可用型号表示，型号表示腰高的长度（cm），如工16号。腰高相同的工字钢，如有几种不同的腿宽和腰厚，需在型号右边加a、b或c予以区别，如32a、32b、32c等。热轧工字钢的规格为10～63号。工字钢广泛应用于各种建筑钢结构和桥梁，主要用在承受横向弯曲的杆件。如图7-11所示为热轧工字钢的截面。热轧工字钢的高度h、腿宽度b、腰厚度d尺寸允许偏差应符合相关的规定。

7.2.2.3 热轧槽钢

热轧槽钢是截面为凹槽形的长条钢材，主要由碳素结构钢轧制而成。其规格表示方法同工字钢。如120×53×5，表示腰高为120mm、腿宽为53mm、腰厚为5mm的槽钢，或称12号槽钢。腰高相同的槽钢，如有几种不同的腿宽和腰厚，也需在型号右边加上a、b或c予以区别，如25a、25b、25c等。热轧槽钢的规格为5～40号。

槽钢主要用于建筑钢结构和车辆制造等，30号以上可用于桥梁结构作为受拉力的杆件，也可用作工业厂房的梁、柱等构件。槽钢常常和工字钢配合使用。热轧槽钢的截面如图7-12所示。热轧槽钢的高度a、腿宽度b、腰厚度c尺寸允许偏差应符合相关的规定。

7.2.2.4 热轧等边角钢

热轧等边角钢俗称角铁，是两边互相垂直成角形的长条钢材，主要由碳素结构钢轧制而成。其规格以边宽×边宽×边厚（mm）表示，如30×30×3，即表示边宽为30mm、边厚为3mm的等边角钢。也可用型号表示，型号是边宽长度（cm），如3号。型号不表示同一型号中不同边厚的尺寸，因而在合同等单据上应将角钢的边宽、边厚尺寸填写齐全，避免单独用型号表示，热轧等边角钢的规格为2～25号。

热轧等边角钢可按结构的不同需要组成各种不同的受力构件，也可作为构件之间的连接件。其广泛应用于各种建筑结构和工程结构上。

热轧等边角钢的截面如图7-13所示。等边角钢的边宽度b、边厚度d尺寸允许偏差应符合相关的规定。

图 7-11 热轧工字钢的截面

图 7-12 热轧槽钢截面

图 7-13 热轧等边角钢截面

7.2.3 钢筋型号选择不当引发工程事故实例

1997 年 3 月 25 日晚 7 点 30 分左右，福建某电子有限公司发生一起员工宿舍楼坍塌特大责任事故，造成死亡 32 人、重轻伤 78 人，直接经济损失约为 1226.55 万元。该公司租用某实业有限公司的员工宿舍楼。1993 年初，业主委托某建筑设计所所长进行设计施工。1995 年 6 月在无技术论证的情况下，擅自用套图方式又加建三层，二至四层为员工宿舍。该楼为四层框架结构，长 60m、进深 28m，总面积为 $6600m^2$。1996 年 4 月该宿舍墙壁出现明显裂缝，地基明显下沉，新修的排水沟断裂，"包工头"郑××认为没事，只派三四个泥瓦工去修补裂缝，未引起重视。至 1997 年 3 月发现裂缝越来越大，一楼食堂碗橱严重变形，二楼门、窗无法关闭，且经常发出响声，楼管人员报告后，仍未引起业主和"包工头"郑××重视，始终未采取有效措施加以整治，1997 年 3 月 25 日晚该楼坍塌。

事故调查组对事故现场的钢筋、混凝土构件取样检测分析发现：

（1）对 8 种型号钢筋进行检测，有 7 种型号不合格；

（2）混凝土标号低，强度严重不够；

（3）钢筋结点锚固搭接长度不足。

以上实属偷工减料行为，危及建筑整体刚度和延性。

任务7.3

钢材的化学成分及其对性能的影响

建议课时：1学时

教学目标

知识目标：能识记哪些是有益元素，哪些是有害元素。

技能目标：根据工程合理选择钢材。

思政目标：培养认真严谨的工作责任意识；树立工匠精神。

钢材中含有很多元素，除铁（Fe）外，还有C、Si、Mn、P、S、O、N、Ti、V、Nb、Cr等，这些元素虽然含量较低，但它们对钢材的性能和质量有很大的影响。

7.3.1 碳（C）

碳是决定钢材性能的重要元素，因为碳含量的多少直接影响钢材的晶体组织。建筑常用钢材碳含量不大于0.8%，常温下钢材的基本组织为铁素体和珠光体。如图7-14所示为碳含量对热轧碳素钢性质的影响。随着碳含量的增加，珠光体相对含量增加，铁素体相应减少，所以钢材的强度和硬度增大，塑性和韧性减小。但当碳含量超过1.0%，随碳含量的增加，呈网状分布在珠光体表面的渗碳体使钢材变脆，钢材表现出强度、塑性和韧性降低，耐蚀性和可焊性也变差，冷脆性和时效敏感性增加的现象。

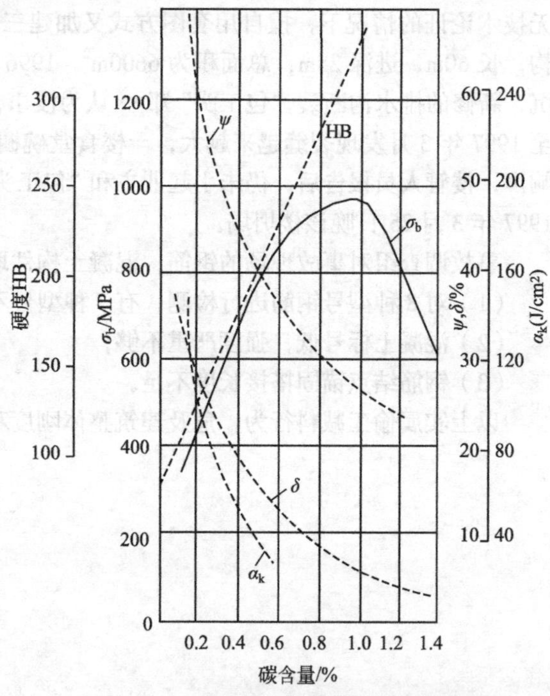

图7-14　碳含量对热轧碳素钢性质的影响

σ_b—屈服强度；HB—硬度；δ—伸长率；ψ—断面收缩率；α_k—冲击韧性值

7.3.2 硅（Si）

硅是在炼钢过程中作为脱氧剂加入而残留下来的大部分溶于铁素体中的元素，它是一种有益的元素。因为当钢材中硅含量低于1.0%时，硅的加入能够显著提高钢材的机械强度并且对钢材的塑性、韧性没有影响，所以硅是我国钢筋用钢材的主要合金元素。

7.3.3 锰（Mn）

锰也是炼钢过程中作为脱氧剂和脱硫剂被加入的，锰溶于铁素体中，与硅元素一样也是一种有益元素，它能消除硫和氧引起钢材的热塑性。锰是工程的重要元素，它有助于生成纹理结构，增加钢材的硬度、强度和耐磨性能。其含量为 1.0% ～ 2.0% 时，它溶于铁素体中使工程强化，并将珠光体细化增强，当锰的含量为 11.0% ～ 14.0% 时，成为高锰钢，使钢材具有较高的耐磨性。

7.3.4 钛（Ti）、钒（V）、铌（Nb）、铬（Cr）

钛、钒、铌、铬都是炼钢时的强脱氧剂，能细化晶粒，提高钢材的性能。钒和铌具有非常强的亲和力，两者相结合可以形成 TiN，这种物质能固定住钢材中的氮元素，并在钢材中以细小的质点均匀分布来控制晶粒的大小，故能够有效提高钢材的强度，改善钢材的韧性、可焊性，但会稍降低塑性。钒能提高钢的抗磨性和延展性。铌的加入能降低钢材的过热敏感性和回火脆性，提高钢材的强度，但钢材的塑性和韧性有所下降。铬在结构钢和工具钢中能显著提高钢材的强度、硬度和耐磨性，同时能提高钢材的抗氧化性、耐腐蚀性，因而是不锈钢和耐热钢的重要元素。

7.3.5 磷（P）

磷是钢材中的有害杂质之一，它是原料中带入的，溶于铁素体中，起强化作用。由于磷的偏析倾向较严重，所以含磷较多的钢材在室温和更低的温度下使用时容易脆裂，称为冷脆。钢中碳含量越高，由磷引起的脆性越严重。一般情况下，磷能增加钢的冷脆性，降低钢的塑性、焊接性和冷弯性。因此，钢材中磷的含量要求低于 0.045%，优质钢中磷的含量要求更低。

7.3.6 硫（S）

硫是有害元素，它是原料中带入的，多以 FeS 的形式存在。由于硫的熔点低，容易使钢材产生热脆性，同时降低钢材的延展性、韧性和耐腐蚀性，导致在锻造和轧制时成裂纹，对焊接性能也有不利影响，所以建筑钢材中硫的含量要求小于 0.045%。

7.3.7 氮（N）、氧（O）

氮、氧都是有害元素，都会降低钢材的塑性、韧性和可焊性，增加时效敏感性，所以要控制它们在钢材中的含量，通常要求钢材中氧的含量不能大于 0.03%，氮的含量不能超过 0.008%。

任务7.4

建筑钢材的验收和储运

建议课时：1学时。

教学目标

知识目标：能识记钢材验收和储运的要求。

技能目标：能正确进行钢材的验收和储运。

思政目标：培养认真严谨的工作责任意识；树立工匠精神。

7.4.1 建筑钢材验收的四项基本要求

建筑钢材从钢厂到施工现场经过了商品流通的多道环节，建筑钢材的检验验收是质量管理中必不可少的环节。建筑钢材必须按批进行验收，并达到下述四项基本要求，下面以工程中常用的带肋钢筋为主要对象予以介绍。

7.4.1.1 订货和发货资料应与实物一致

检查发货码单和质量证明书内容是否与建筑钢材标牌标志上的内容相符。为保证重点建筑钢材的质量，国家将热轧带肋钢筋、冷轧带肋钢筋和预应力混凝土用钢材（钢丝、钢棒和钢绞线）划为重要工业产品，实行了生产许可证管理制度。必须检查其是否有“全国工业产品生产许可证”，该证由国家市场监督管理总局颁发，证书上带有国徽，一般有效期不超过 5 年。对于其他类型的建筑钢材国家目前未发放“全国工业产品生产许可证”。

热轧带肋钢筋生产许可证编号说明如下。例：XK05-205-×××××，XK 代表许可；05 代表冶金行业编号；205 代表热轧带肋钢筋产品编号；××××× 代表某一特定企业生产许可证编号。

为防止施工现场带肋钢筋等产品“全国工业产品生产许可证”和产品质量证明书的造假现象，施工单位、监理单位可通过国家市场监督管理总局网站（www.samr.gov.cn）进行带肋钢筋等产品生产许可证获证企业的查询。

7.4.1.2 检查包装

除大中型型钢外，无论是钢筋还是型钢，都必须成捆交货，每捆必须用钢带、盘条或铁丝均匀捆扎结实，端面要求平齐，不得有异类钢材混装现象。

每一捆扎件上一般都有两个标牌，上面注明生产企业名称或厂标、牌号、规格、炉罐号、生产日期、带肋钢筋生产许可证标志和编号等内容。按照《钢筋混凝土用钢 第二部分：热轧带肋钢筋》（GB 1499.2—2018），带肋热轧钢筋的表面标志应符合下列规定。

① 钢筋应在其表面轧上牌号标志、生产企业号（许可证后 3 位数字）和公称直径（mm）还可轧上经注册的厂名或商标。

② 钢筋牌号以阿拉伯数字或阿拉伯数字加英文字母表示，HRB400、HRB500、HRB600 分别以 4、5、6 表示，HRBF400、HRBF500 分别以 4C、5C 表示，HRB400E、HRB500E 分别以 4E、5E 表示，HRBF400E、HRB500E 分别以 C4E、C5E 表示。厂名以汉语拼音字头表示。公称

直径（mm）以阿拉伯数字表示。例如：4××16 表示牌号为 400、由“某钢铁有限公司”生产的直径为 16mm 的热轧带肋钢筋。4××16 中，×× 为钢厂厂名中特征汉字的汉语拼音字头。

③ 标志应清晰明了，标志的尺寸由供方按钢筋直径大小做适当规定，与标志相交的横肋可以取消。

④ 除上述规定外，钢筋的包装、标志和质量说明书符合《型钢验收、包装、标志及质量证明书的一般规定》（GB/T 2101—2017）的有关规定。

施工和监理单位应加强施工现场热轧带肋钢筋生产许可证、产品质量证明书、产品表面标志和产品标牌一致性的检查。对所购热轧带肋钢筋委托复检时，必须截取带有产品表面标志的试件送检（例如：2SD16），并在委托检验单上如实填写生产企业名称、产品表面标志等内容，建材检验机构应对产品表面标志及送检单位出示的生产许可证复印件和质量证明书进行复核。不合格热轧带肋钢筋加倍复检所抽检的产品，其表面标志必须与企业先前送检的产品一致。

7.4.1.3 对建筑钢质量证明书内容进行审核

质量证明书必须字迹清楚，证明书中应注明：供方名称或厂标；需方名称；发货日期；合同号；标准号及水平等级；牌号；炉罐（批）号、交货状态、加工用途、质量、支数或件数；品种名称、规格尺寸（型号）和级别；标准中所规定的各项试验结果（包括参考性指标）；技术监督部门印记等。

钢筋混凝土用热轧带肋钢筋的产品质量证明书上应印有生产许可证编号和该企业产品表面标志；冷轧带肋钢筋的产品质量证明书上应印有生产许可证编号。质量证明书应加盖生产单位公章或质检部门检验专用章。若建筑钢材是通过中间供应商购买的，则质量证明书复印件上应注明购买时间、供应数量、买受人名称、质量证明书原件存放单位，在建筑钢材质量证明书复印件上必须加盖中间供应商的红色印章，并有送交人的签名。

7.4.1.4 建立材料台账

建筑钢材进场后，施工单位应及时建立建设工程材料采购验收检验使用综合台账。监理单位可设立建设工程材料监理监督台账。内容包括：材料名称、规格品种、生产单位、供应单位、进货日期、送货单编号、实收数量、生产许可证编号、质量证明书编号、产品标识（标志）、外观质量情况、材料检验日期、检验报告编号、材料检测结果、工程材料报审表签认日期、使用部位、审核人员签名等。

7.4.2 实物质量的验收

建筑钢材的实物质量主要是看所送检的钢材是否满足规范及相关标准要求；现场所检测的建筑钢材尺寸偏差是否符合产品标准规定；外观缺陷是否在标准规定的范围内；对于建筑钢材的锈蚀现象各方也应引起足够的重视。

7.4.2.1 钢筋混凝土用热轧带肋钢筋

钢筋混凝土用热轧带肋钢筋的力学和冷弯性能应符合表 7-1 的规定。

热轧带肋钢筋的力学和冷弯性能检验应按批进行。每批应由同牌号、同一炉罐号、同一规格的钢筋组成，每批质量通常不大于 60t。力学性能检验的项目有拉伸试验和冷弯试验两项，需要时还应进行反复弯曲试验。超过 60t 的部分，每增加 40t（或不足 40t 的余数），应增加一个拉伸试验试样和一个弯曲试验试样。

（1）拉伸试验。每批任取 2 支切取 2 件试样进行拉伸试验。拉伸试验包括屈服点、抗拉强度和伸长率三项。

（2）冷弯试验。每批任取 2 支切取 2 件试样进行 180° 冷弯试验。进行冷弯试验时，受弯部位外表面不得产生裂纹。

（3）反复弯曲。需要时，每批任取 1 件试样进行反复弯曲试验。

（4）取样规格。拉伸试样：500 ～ 600mm。弯曲试样：200 ～ 250mm。其他钢筋产品的试样亦可参照此尺寸截取。

各项试验检验的结果符合上述规定时，该批热轧带肋钢筋为合格。如果有一项不合格，则从同一批中再任取双倍数量的试样进行该不合格项目的复检。如仍有一项不合格，则该批为不合格。

根据规定应按批检查热轧带肋钢筋的外观质量。钢筋表面不得有裂纹、结疤和折叠。钢筋表面允许有凸块，但不得超过横肋的高度，钢筋表面上其他缺陷的深度和高度不得大于所在部位尺寸的允许偏差。根据规定应按批检查热轧带肋钢筋的尺寸偏差，测量精确到 0.1mm。

7.4.2.2 钢筋混凝土用热轧光圆钢筋

钢筋混凝土用热轧光圆钢筋的力学和冷弯性能应符合表 7-1 的规定。

热轧光圆钢筋的力学和冷弯性能检验应按批进行。每批应由同一牌号、同一炉罐号、同一规格、同一交货状态的钢筋组成，每批质量不大于 60t。力学和冷弯性能检验的项目有拉伸试验和冷弯试验两项。超过 60t 的部分，每增加 40t（或不足 40t 的余数），应增加一个拉伸试验试样和一个弯曲试验试样。

（1）拉伸试验。每批任选 2 支切取 2 件试样，进行拉伸试验。拉伸试验包括屈服点、抗拉强度和伸长率三项。

（2）冷弯试验。每批任选 2 支切取 2 件试样进行 180° 冷弯试验。进行冷弯试验时，受弯部位外表面不得产生裂纹。

各项试验检验的结果符合上述规定时，该批热轧光圆钢筋为合格。如果有一项不合格，则从同一批中再任取双倍数量的试样进行该不合格项目的复检。如仍有一项不合格，则该批为不合格。

根据规定应按批检查热轧光圆钢筋的外观质量。钢筋表面不得有裂纹、结疤和折叠。钢筋表面的凸块和其他缺陷的深度及高度不得大于所在部位尺寸的允许偏差。

根据规定应按批检查热轧光圆钢筋的尺寸偏差。钢筋直径为 6 ～ 12mm 时，直径允许偏差不大于 ±0.3mm；钢筋直径为 14 ～ 22mm 时，钢筋允许偏差不大于 ±0.4mm。不圆度不大于 0.4mm。钢筋的弯曲度每米不大于 4mm，总弯曲度不大于钢筋总长度的 0.4%。测量精确到 0.1mm。

7.4.2.3 低碳钢热轧圆盘条

建筑用低碳钢热轧圆盘条的力学和工艺性能应符合表 7-2 的规定。经供需双方协商并在合同中注明，可做冷弯性能试验。直径大于 12mm 的盘条，冷弯性能指标由供需双方协商确定。

表 7-2 建筑用低碳钢热轧圆盘条力学和冷弯性能

牌号	力学性能		冷弯试验 180°（d 为弯心直径，a 为试样直径）
	抗拉强度 /MPa ≤	断后伸长率 /% ≥	
Q195	410	30	d=0
Q215	435	28	d=0
Q235	500	23	d=0.5a
Q275	540	21	d=1.5a

盘条的力学和冷弯性能检验应按批进行。每批应由同一牌号、同一炉罐号、同一尺寸的盘条组成。盘条的检验项目、检验方法应按《低碳钢热轧圆盘条》（GB/T 701—2008）规定进行。

各项试验检验的结果符合上述规定时，该批低碳钢热轧圆盘条为合格。如果有一项不合格，则从同一批中再任取双倍数量的试样进行该不合格项目的复检。如仍有一项不合格，则该批为不合格。盘条的复验与判定规则按《型钢验收、包装、标志及质量证明书的一般规定》（GB/T 2101—2017）规定进行。

根据规定应逐盘检查低碳钢热轧圆盘条的外观质量。盘条表面应光滑，不得有裂纹、折叠、耳子、结疤等。盘条不得有夹杂及其他有害缺陷。

根据规定应逐盘检查低碳钢热轧圆盘条的尺寸偏差。盘条的尺寸、外形及允许偏差应符合《热轧圆盘条尺寸、外形、重量及允许偏差》（GB/T 14981—2009）的规定，盘卷应规整。

7.4.2.4 冷轧带肋钢筋

冷轧带肋钢筋的力学和冷弯性能应符合表 7-3 的规定。

表 7-3 冷轧带肋钢筋力学和冷弯性能

分类	牌号	规定塑性延伸强度 R_m/MPa	抗拉强度 $R_p0.2$ /MPa	$R_m/R_p0.2$	断后伸长率 /% ≥		最大力总延伸率 A_{gt}/% ≥	弯曲试验 180°	反复弯曲 / 次
		≥	≥	≥	A	A_{100mm}			
普通钢筋混凝土用	CRB550	500	550		11.0	—	2.5	D=3d	—
	CRB600H	540	600		14.0	—	5.0	D=3d	—
	CRB680H	600	680		14.0	—	5.0	D=3d	4
预应力混凝土用	CRB650	585	650		—	4.0	2.5	—	3
	CRB800	720	800		—	4.0	2.5	—	3
	CRB800H	720	800		—	7.0	4.0	—	4

注：D 为弯心直径；d 为钢筋公称直径。

冷轧带肋钢筋的力学和冷弯性能检验应按批进行。每批应由同一牌号、同一规格和同一级别的钢筋组成。每批质量不大于 60t。力学和冷弯性能检验的项目有拉伸试验和冷弯试验两项。

（1）拉伸试验。每批任意盘中随机截取 500mm 后切取 1 件试样进行拉伸试验。拉伸试验包括屈服点、抗拉强度和伸长率三项。

（2）冷弯试验。每批任取 2 盘切取 2 件试样进行 180° 冷弯试验。进行冷弯试验时，受弯部位外表面不得产生裂纹。各项试验检验的结果符合上述规定时，该批冷轧带肋钢筋为合格。如果有一项不合格，则从同一批中再任取双倍数量的试样进行该不合格项目的复检。如仍有一项不合格，则该批为不合格。根据规定应按批检查冷轧带肋钢筋的外观质量。钢筋表面不得有裂纹、结疤、折叠、油污及其他影响使用的缺陷，钢筋表面可有浮锈，但不得有锈皮及肉眼可见的麻坑等腐蚀现象。根据规定应按批检查冷轧带肋钢筋的尺寸偏差。冷轧带肋钢筋尺寸、重量的允许偏差应符合标准规定。

7.4.2.5 钢筋混凝土用余热处理钢筋

钢筋混凝土用余热处理钢筋的力学和冷弯性能应符合相关的规定。

余热处理钢筋的力学和冷弯性能检验应按批进行。每批应由同一牌号、同一炉罐号、同一规格的钢筋组成，每批质量不大于 60t。力学性能检验的项目有拉伸试验和冷弯试验两项。

（1）拉伸试验。每批任取 2 支切取 2 件试样进行拉伸试验。拉伸试验包括屈服点、抗拉强度和伸长率三项。

（2）冷弯试验。每批任取 2 支切取 2 件试样进行 180° 冷弯试验。进行冷弯试验时，受弯部位外表面不得产生裂纹。各项试验检验的结果符合上述规定时，该批余热处理钢筋为合格。如果有一项不合格，则从同一批中再任取双倍数量的试样进行该不合格项目的复检。如仍有一项不合格，则该批为不合格。

根据规定应按批检查余热处理钢筋的外观质量。钢筋表面不得有裂纹、结疤和折叠。钢筋表面允许有凸块，但不得超过横肋的高度，钢筋表面上其他缺陷的深度和高度不得大于所在部位尺寸的允许偏差。

根据规定应按批检查余热处理钢筋的尺寸偏差。钢筋混凝土用余热处理钢筋的内径尺寸及其允许偏差应符合相关的规定。测量精确到 0.1mm。

7.4.2.6 常用型钢

型钢的规格尺寸及允许偏差应符合其产品标准的要求。

检查数量：每一品种、同一规格的型钢抽查 5 处。

检验方法：用钢尺或游标卡尺测量。

如设计单位有要求，用于建设工程的型钢产品也应进行力学性能和冷弯性能的检验。

7.4.3 建筑钢材的运输、储存

建筑钢材由于质量大、长度长，运输前必须了解所运建筑钢材的长度和单捆质量，以便安排运输车辆和吊车。

建筑钢材应按不同的品种、规格分别堆放。在条件允许的情况下，建筑钢材应尽可能存放在库房或料棚内（特别是有精度要求的冷拉、冷拔等钢材），若采用露天存放，则料场应选择地势较高而又平坦的地面，经平整、夯实、预设排水沟道、安排好垛底后方能使用。为避免因潮湿环境而引起的钢材表面锈蚀现象，雨雪季节建筑钢材要用防雨材料覆盖。

施工现场堆放的建筑钢材应注明“合格”“不合格”“在检”“待检”等产品质量状态，注明钢材生产企业名称、品种规格、进场日期及数量等内容，并以醒目标识标明，工地应由专人负责建筑钢材收货和发料。

任务7.5

钢材的锈蚀与防腐

建议课时： 1学时

教学目标

知识目标：能描述钢材锈蚀的原因；
能识记钢材防锈的措施。

技能目标：能选择合理的钢材防锈措施。

思政目标：培养认真严谨的工作责任意识；
树立工匠精神；
树立责任重于泰山的意识。

7.5.1　钢材的锈蚀

钢材的锈蚀是指钢材的表面与周围介质（如潮湿的空气、土壤、工业废气等）发生化学反应或电化学反应而遭到侵蚀破坏的过程。依据《涂覆涂料前钢材表面处理表面清洁度的目视评定　第1部分：未涂覆过的钢材表面和全面清除原有涂层后的钢材表面的锈蚀等级和处理等级》（GB 8923.1—2011），钢材表面锈蚀分为A、B、C和D四个等级。A级是指全面地覆盖着氧化皮而几乎没有铁锈的钢材表面。B级是指已发生锈蚀，并且部分氧化皮已经剥落的钢材表面。C级是指氧化皮已因锈蚀而剥落，或者可以刮除，并且有少量点蚀的钢材表面。D级是指氧化皮已因锈蚀而全面剥离，并且已普遍发生点蚀的钢材表面。当钢材表面的锈蚀达到B级以上时，不仅使钢材有效截面面积减小，性能降低，而且会形成程度不等的锈坑、锈斑，从而使结构或构件因应力集中而加速其破坏。

根据锈蚀作用的机理，钢材的锈蚀可分为化学锈蚀和电化学锈蚀两类。

7.5.1.1　化学锈蚀

化学锈蚀是指钢材直接与周围介质发生化学反应而产生的锈蚀。这种锈蚀通常是由氧化反应引起的，即周围介质直接与钢材表面的铁原子相互作用形成疏松的氧化铁。在常温下，钢材表面能形成一层薄氧化保护膜，能有效防止钢材的锈蚀。因此，在干燥环境下，钢材的锈蚀进展很慢，但在高温和潮湿的环境条件下，锈蚀速率会大大加快。

7.5.1.2　电化学锈蚀

电化学锈蚀是指钢材在存放和使用过程中与潮湿气体或电解质溶液发生电化学作用而产生的锈蚀。在潮湿空气中，钢材表面被一层电解质水膜覆盖。钢材中含有铁、碳等多种成分，这些成分的电极电位不同，因而在钢材表面会形成许多以铁为阳极、碳化铁为阴极的微电池，使钢材不断地被锈蚀。

钢材表面在酸性介质中微电池的两级反应如下。

负极反应：　$Fe-2e \longrightarrow Fe^{2+}$

正极反应：　$2H^{+}+2e \longrightarrow H_2$

在中性和碱性溶液中微电池的两级反应如下。

负极反应： $Fe-2e \longrightarrow Fe^{2+}$

正极反应： $2H_2O+2e+\frac{1}{2}O_2 \longrightarrow H_2O+2OH^-$

溶液中： $Fe^{2+}+2OH^- \longrightarrow Fe(OH)_2$

$Fe(OH)_2$ 与水中溶解氧反应生成 $Fe(OH)_3$，$Fe(OH)_3$ 脱水生成铁锈（Fe_2O_3）的反应式如下。

$$4Fe(OH)_2+O_2+2H_2O \longrightarrow 4Fe(OH)_3$$

从钢材锈蚀的作用机理可以看出，不管是化学腐蚀还是电化学腐蚀，其实质都是铁原子被氧化成铁离子的过程。电化学锈蚀是建筑钢材在存放和使用中发生锈蚀的主要形式。

7.5.2 防止钢材锈蚀的措施

钢材防锈蚀的方法很多，主要有隔离介质、改善环境、电化学保护、改善钢材本质等。

7.5.2.1 喷、涂保护层法

在钢材表面喷或涂上保护层使其与周围介质隔离，从而达到防锈蚀的目的，这种方法最常用的就是在钢材表面喷或涂刷底涂料和面涂料。对于薄壁型钢材可采用热浸镀锌措施。对于一些特殊行业用的高温设备用钢材，还可采用硅氧化合结构的耐高温防腐涂料。这种方法效果最好，但价格较高。

7.5.2.2 电化学保护法

电化学保护法是根据电化学原理，在钢材上采取措施使之成为锈蚀微电池中的负极，从而防止钢材锈蚀的方法。这种方法主要用于不易或不能覆盖保护层的位置。一般用于海船外壳、海水中的金属设备、巨型设备以及石油管道等的防护。

7.5.2.3 改善环境

改善环境能减少和有效防止钢材的锈蚀。例如，减少周围介质的浓度、除去介质中的氧、降低环境温湿度等。同时也可以采用在介质中添加阻锈剂等方法来防止钢材的锈蚀。

7.5.2.4 在钢材中添加合金元素

钢材的组织及化学成分是引起钢材锈蚀的内因，因此通过添加铬、钛、铜、镍等合金元素来提高钢材的耐蚀性也是防止或减缓钢材锈蚀的一种方法。根据不同的条件采用不同的措施对钢材进行防锈是非常必要的。一般来说，埋在混凝土中的钢筋，因其在碱性环境中会形成碱性保护膜，故不易被锈蚀。但由于一些外加剂中含有 Cl^-，会破坏保护膜，从而使钢材受到腐蚀。另外，由于混凝土不密实、养护不当、保护层厚度不够以及在荷载作用下混凝土产生裂缝等都会引起混凝土内部钢筋的锈蚀，因此要根据钢筋混凝土结构的性质和所处环境条件等减少或防止钢筋的锈蚀。尤其是预应力钢筋，由于其碳含量高，又经变形加工，因而其对锈蚀破坏更为敏感，国家规范规定，重要的预应力承重结构不但不能掺用氯盐，同时要对原材料进行严格检验和控制。

7.5.3 建筑钢材锈蚀引发工程事故实例

某中学教学办公综合楼为钢筋混凝土框架结构，主体 3 层，局部 4 层，建筑面积约 $4900m^2$。

该工程于2000年12月开工建设，2002年2月竣工并投入使用。2005年5月，校方在使用过程中发现一层部分框架梁有钢筋锈蚀、保护层轻微胀裂现象。至2006年3月，有30余根框架柱、梁出现钢筋锈蚀现象，部分柱保护层胀裂现象严重。为确保学校师生安全，政府主管部门决定撤出全部师生、停用该综合楼并组织技术鉴定。因该工程投入使用仅3年多的时间就出现问题，且为当地重点中学的办公楼，此事在当地产生了较为严重的社会影响。为分析事故原因，政府主管部门牵头组织有关单位进行了技术鉴定。

经现场检查，共有35个框架梁、柱出现钢筋锈蚀现象，部分构件钢筋锈蚀严重、沿构件全长保护层胀裂。出现钢筋锈蚀现象的框架柱、梁主要集中在一层西半部分①～⑨轴，部分典型的构件锈蚀情况见表7-4。可见，钢筋锈蚀会引发严重的工程事故。作为新时代的建设者一定要树立质量重于泰山的责任意识，养成严谨认真的工作作风。

表7-4 部分典型的构件锈蚀情况

构件位置	钢前筋锈蚀情况描述
①轴柱子	5条顺主筋方向的纵向裂缝，裂缝长约1.1m
③轴柱子	3根主筋严重锈蚀，保护层胀裂（沿柱全高）
⑤轴柱子	4根角部主筋严王锈蚀，保护层胀裂（沿柱全高）
⑥轴柱子	3根角部主筋锈蚀保护层胀裂（沿柱全高）
⑨轴柱子	2根角部主筋锈蚀，保护层胀裂长度1.55m
⑥～⑧轴梁	主筋锈蚀，保护层胀裂长度3.6m
④轴梁	梁底主筋锈蚀，保护层胀裂（沿梁全长）
②～⑥梁	梁底主筋锈蚀，保护层胀裂（沿梁全长）
①～②梁	梁底部主筋锈蚀保护层胀裂

思考与练习

一、单选题

1. 钢材的屈强比越大，则其利用率越（　　），安全性越（　　）。

A. 低，差　　B. 低，好

C. 高，差　　D. 高，好

2. 冲击韧性值越大，表明钢材抵抗冲击荷载的能力（　　）。

A. 越差　　B. 越好

C. 一般　　D. 不确定

3. 下列元素，在钢中属于有害元素的是（　　）。

A. 硅　　B. 锰

C. 钛　　D. 硫

4. 钢材经冷拉处理后，（　　）会明显提高。

A. 屈服强度　　B. 极限强度

C. 屈服强度和极限强度　　D. 冲击韧性

5. 屈强比 $б_s/б_b$ 越小，反映钢材受力超过屈服点工作时的（　　）。

A. 可靠性越小，结构安全性越低　　B. 可靠性越小，结构安全性越高

C. 可靠性越大，结构安全性越高　　D. 可靠性越大，结构安全性越低

6. 下列钢材中，哪种为碳素结构钢（　　）。

A. Q215A　　B. Q235AF

C. Q345AF　　D. Q425A

思考与练习

二、多项选择题

1. 属于钢材力学性能的有（ ）。

A. 抗拉性能　　B. 冲击韧性

C. 硬度　　D. 可焊性

E. 冷弯性

2. 下列钢号中，属于低合金结构钢的有（ ）。

A. Q345-C　　B. Q235-C

C. 20MnSi　　D. 20MnNb

E. Q275-C

三、计算题

一根直径为16mm的钢筋，经拉伸，测得达到屈服时的荷载为72.5kN，所能承受的最大荷载为108kN。试件标距长度为80mm，拉断后的长度为96mm。请计算：① 该钢筋的屈服强度；② 该钢筋的抗拉强度极限值；③ 该钢筋的伸长率。

四、简答题

1. 钢材在拉伸过程中经历了哪些阶段？不同阶段所表现的特征是什么？

2. 什么是钢材的冲击韧性？如何表示？影响钢材冲击韧性的因素有哪些？

防水材料

任务8.1

沥青

建议课时： 1学时

教学目标

知识目标：能识记沥青的定义、分类、特性和应用范围；
能识记沥青的掺配比例的计算方法。

技能目标：能够正确选用各种沥青材料。

思政目标：培养广泛涉猎并深入钻研土木工程专业知识的能力；
培养沟通交流的能力及自主和终身学习能力。

沥青是一种防水、防潮和防腐的有机胶凝材料。沥青按其在自然界中获得的方式分类可分为地沥青和焦油沥青两大类。其中地沥青又分为石油沥青和天然沥青。石油沥青是原油蒸馏后的残渣，煤焦沥青是炼焦的副产品，天然沥青则储藏在地下，有的形成矿层或在地壳表面堆积。沥青按加工方法还可以分为直馏沥青和改性沥青等。

沥青

8.1.1 石油沥青

8.1.1.1 石油沥青的分类

石油沥青可以按以下体系加以分类。

按生产方法分为直馏沥青、溶剂脱油沥青、氧化沥青、调和沥青、乳化沥青、改性沥青等。

按外观形态分为液体沥青、固体沥青、稀释液、乳化液、改性体等。

按用途分为道路石油沥青、建筑石油沥青和防水防潮石油沥青。

8.1.1.2 石油沥青的组分

石油沥青是由石油经蒸馏、吹氧、调和等工艺加工得到的残留物，主要为可溶于二硫化碳（CS_2）的碳氢化合物的半固体黏稠状物质。其化学组分复杂，在研究沥青的组成时，通常将沥青分离为化学性质相近、与其工程性能有一定联系的几个化学成分组，这些组就称为“组分”。我国现行规程中有三组分分析法和四组分分析法两种。

石油沥青的三组分分析法将石油沥青分离为油分、树脂和沥青质三个组分。

（1）油分。油分为淡黄色透明液体，赋予沥青流动性，油分含量的多少直接影响着石油沥青的柔软性、抗裂性及施工难度。我国国产石油沥青在油分中往往含有蜡，在分析时还应将油、蜡分离。蜡的存在会使石油沥青材料在高温时变软，产生流淌现象；在低温时会使石油沥青变得脆硬，从而造成开裂。由于蜡是有害成分，故常采用脱蜡的方法以改善石油沥青的性能。

（2）树脂。树脂为红褐色黏稠半固体，温度敏感性高，熔点低于100℃，包括中性树脂和酸性树脂。中性树脂使石油沥青具有一定塑性、可流动性和黏结性，其含量增加，石油沥青的黏结力和延伸性增加；酸性树脂含量不多，但活性大，可以改善石油沥青与其他材料的浸润性、提高沥青的可乳化性。

（3）沥青质。沥青质为深褐色固体微粒，加热不熔化，它决定着石油沥青的黏结力、黏度和温度稳定性，以及石油沥青的硬度、软化点等。沥青质含量增加时，石油沥青的黏度和黏结力增加，硬度和温度稳定性提高。

8.1.1.3 石油沥青的性质

（1）黏滞性。石油沥青的黏滞性是反映材料内部阻碍其相对流动的一种特性，是划分石油沥青牌号的主要性能指标。石油沥青的黏滞性与其组分及所处的温度有关。当沥青质含量较高又有适量的树脂且油分含量较少时，石油沥青的黏滞性较大。在一定的温度范围内，当温度升高时黏滞性随之降低；反之则增大。建筑工程中多采用针入度来表示石油沥青的黏滞性，其数值越小，表明黏度越大，沥青越硬。针入度是以250℃时100g重的标准针经5s沉入沥青试样中的深度表示，每深1/10mm，定为1度。

（2）塑性。塑性是指石油沥青受外力作用时产生变形而不破坏，除去外力后仍保持变形后形状的性质，它是石油沥青的主要性能之一。石油沥青的塑性用延度表示。延度越大，塑性越好，柔性和抗断裂性越好。延度是将石油沥青试样制成“∞”形标准试件，在规定温度（25℃）的水中以5cm/min的速度拉伸，直至试件断裂时的伸长值，以“cm”为单位。

（3）温度稳定性。温度稳定性是指石油沥青的黏滞性和塑性随温度升降而变化的性能，是石油沥青的重要指标之一。在工程中使用的石油沥青，要求有较好的温度稳定性，否则容易发生石油沥青材料夏季流淌或冬季变脆甚至开裂等现象，使防水层失效。通常用软化点来表示石油沥青的温度稳定性，即石油沥青受热由固态转变为具有一定流动态时的温度。软化点越高，表明石油沥青的耐热性越好，即温度稳定性越好。石油沥青的软化点不能太低，否则夏季易熔化发软；但也不能太高，否则不易施工，品质太硬，冬季易发生脆裂现象。

（4）大气稳定性。大气稳定性是指石油沥青在热、阳光、氧气和潮湿等因素的长期综合作用下抵抗老化的性能。在阳光、空气和热的综合作用下，石油沥青各组分会不断递变。低分子化合物将逐步转变成高分子物质，即油分和树脂逐渐减少，而沥青质逐渐增多。试验发现，树脂转变为沥青质比油分变为树脂的速度快很多（约50%）。因此，使石油沥青随着时间的进展而流动性和塑性逐渐减小，硬脆性逐渐增大，直至脆裂。这个过程称为石油沥青的“老化”。所以，大气稳定性可以用抗老化性能来说明。

石油沥青的大气稳定性常以蒸发损失和蒸发后针入度比来评定。

此外，为评定石油沥青的品质和保证施工安全，还应当了解石油沥青的溶解度、闪点和燃点。溶解度是指石油沥青在三氯乙烯、四氯化碳或苯中溶解的比例（%），它表示石油沥青中有效物质的含量，即纯净程度。那些不溶解的物质会降低石油沥青的性能（如黏性等），应把不溶解物视为有害物质（如沥青碳或似碳物）而加以限制。闪点和燃点的高低表明石油沥青引起火灾或爆炸的可能性的大小，它关系到运输、储存和加热使用等方面的安全。例如建筑石油沥青闪点约2300℃，在熬制时一般温度为185～200℃。为安全起见，石油沥青还应与火焰隔离。

8.1.1.4 石油沥青的标准和应用

石油沥青的技术标准有《建筑石油沥青》（GB/T 494—2010）和《道路石油沥青》（NB/SH/T 0522—2010）。石油沥青牌号主要根据沥青的针入度（黏性）、延度（塑性）、软化点（温度稳定性）三项主要指标来划分的，见表 8-1 和表 8-2。

表 8-1 建筑石油沥青技术要求

项目		质量指标		
		10 号	30 号	40 号
针入度（25℃，100g，5s）/（1/10mm）		10 ～ 25	26 ～ 35	36 ～ 50
针入度（46℃，100g，5s）/（1/10mm）		报告	报告	报告
针入度（0℃，200g，5s）/（1/10mm）	≥	3	6	6
延度（25℃，5cm/min）/cm	≥	1.5	2.5	3.5
软化点（环球法）/℃	≥	95	75	60
溶解度（三氯乙烯）/%	≥		99.0	
蒸发后质量变化（163℃，5h）/%	≤		1	
蒸发后 25℃针入度比 /%	≥		65	
闪点（开口杯法）/℃	≥		260	

表 8-2 道路石油沥青技术要求

项目		质量技术				
		200 号	180 号	140 号	100 号	60 号
针入度（25℃，100g，5s）/（1/10mm）		200 ～ 300	150 ～ 200	110 ～ 150	80 ～ 110	50 ～ 80
延度①（25℃）/cm	≥	20	100	100	90	70
软化点 /℃		30 ～ 48	35 ～ 48	38 ～ 51	42 ～ 55	45 ～ 58
溶解度 /%	≥			99.0		
闪点（开口）/℃	≥	180		200	230	
密度（25℃）/（g/cm³）				报告		
蜡含量 /%	≤			4.5		
质量变化 /%	≤	1.3	1.3	1.3	1.2	1.0
针入度比 /%				报告		
延度（25℃）/cm				报告		

① 如 25℃延度达不到，15℃延度达到时也认为是合格的，指标要求与 25℃延度一致。

在选用石油沥青时，应根据工程性质（房屋、道路、防腐）及当地气候条件、所处工程部位（屋面、地下）选用不同品种和牌号的石油沥青。

（1）道路石油沥青牌号较多，主要用于道路路面或车间地面等工程，一般拌制成沥青混凝土、沥青拌和料或沥青砂浆等使用。道路石油沥青还可作密封材料、黏结剂及沥青涂料等。此时宜选用黏性较大和软化点较高的道路石油沥青，如 60 号。

（2）建筑石油沥青黏性较大，耐热性较好，但塑性较小，主要用作制造油毡、油纸、防水涂料和沥青胶。它们绝大部分用于屋面及地下防水、沟槽防水、防腐蚀及管道防腐等工程。对于屋面防水工程，应注意防止过分软化。据高温季节测试，沥青屋面达到的表面温度比当地最高气温高 25 ～ 30℃，为避免夏季流淌，屋面用沥青材料的软化点应比当地气温下屋面可能达到的最高温度高 20℃以上。例如某地区沥青屋面温度可达 65℃，选用的石油沥青软化点应在 85℃以上。但软化点也不宜选择过高，否则冬季低温易发生硬脆甚至开裂，对一些不易受温度影响的部位，可选用牌号较大的石油沥青。

（3）普通石油沥青含蜡较多，其一般含量大于 5%，有的高达 20% 以上（称多蜡石油沥青），因而温度敏感性大，故在工程中不宜单独使用，只能与其他种类石油沥青掺配使用。

8.1.1.5　石油沥青的掺配

单独使用一种牌号的石油沥青，当不能满足工程的技术要求（如软化点要求）时，可与不同牌号的石油沥青掺配使用。两种石油沥青掺配的比例可按下式估算。

$$Q_1=\frac{T_2-T}{T_2-T_1}\times 100\%$$

$$Q_2=100\%-Q_1$$

式中　Q_1——较软沥青用量，%；

Q_2——较硬沥青用量，%；

T_1——较软沥青软化点，℃；

T_2——较硬沥青软化点，℃；

T——掺配后的沥青软化点，℃。

8.1.2　煤沥青

煤沥青是由煤干馏的产品（煤焦油）经再加工而获得的。根据其在工程中应用要求的不同，按稠度可分为软煤沥青（液体、半固体）和硬煤沥青（固体）两大类。

煤沥青是由芳香族碳氢化合物及其氧、硫、碳的衍生物所组成的混合物，主要元素为C、H、O、S和N，煤沥青元素组成的特点是碳氢比较石油沥青大得多。煤沥青化学组分的分析方法与石油沥青相似，可分离为油分、软树脂、硬树脂、游离碳 C_1 和游离碳 C_2 五个组分；其中油分中含有萘、蒽、酚等有害物质，对其含量必须加以限制。

煤沥青与石油沥青相比，在技术性质上存在下列差异：温度稳定性较低；与矿质集料的黏附性较好；气候稳定性较差，老化快；耐腐蚀性强，可用于木材等的表面防腐处理等。煤沥青的技术指标主要包括黏度、蒸馏试验、含水量、甲苯不溶物含量、萘含量、酚含量等。其中，黏度表示了煤沥青的黏结性，是评价煤沥青质量最主要的指标，也是划分煤沥青等级的依据，其测试方法与石油沥青类似。

煤沥青的主要技术性质都比石油沥青差，在建筑工程上较少使用；但其抗腐性能好，故适用于地下防水层或作防腐材料等。煤沥青与石油沥青的鉴别方法见表8-3。

表8-3　煤沥青与石油沥青的鉴别方法

鉴别方法	石油沥青	煤沥青
密度	1.0×10^3kg/m³ 左右	（1.25～1.28）$\times10^3$kg/m³
燃烧	烟少、无色、有松香味、无毒	烟多、黄色、臭味大、有毒
捶击	声哑、有弹性、韧性好	声脆、韧性差
颜色	呈亮黑褐色	呈浓黑色
溶解	易溶于煤油或汽油中，溶液呈棕黑色	难溶于煤油或汽油中，溶液呈黄绿色

8.1.3　改性沥青

现代土木工程不仅要求沥青具有较好的使用性能，还要求具有较长的使用寿命，但沥青材料受环境影响较大、易老化。通过各种技术措施，在传统沥青材料中加入其他材料，来进一步改善沥青的性能，称为改性沥青。改性的目的在于提高沥青的流变性能，延长沥青的耐久性等，改善沥青与集料的黏附性。对应用于防水工程的沥青来说，最重要改性目的主要是前两点。

提高沥青流变性的途径很多，改性效果较好的有下列几类改性剂。

8.1.3.1 树脂类改性剂

用作沥青改性的树脂主要是热塑性树脂，常用的有聚乙烯（PE）、聚丙烯（PP）、无规聚丙烯（APP）、酚醛树脂、天然松香等。它们可以提高沥青的黏度、改善高温稳定性，同时可增大沥青的韧性，但对低温性能的改善不明显。

8.1.3.2 橡胶类改性剂

橡胶是沥青的重要改性材料，与沥青具有较好的混容性，并能使沥青具有橡胶的很多优点，如高温变形小、低温柔性好等。常用的橡胶类改性沥青主要包括氯丁橡胶改性沥青、丁基橡胶改性沥青、再生橡胶改性沥青、丁苯橡胶改性沥青等。其中，丁苯橡胶改性沥青性能很好，可以显著改善沥青的弹性、延伸率、高温稳定性和低温柔韧性、耐疲劳性和耐老化等性能，主要用于制作防水卷材或防水涂料。

8.1.3.3 橡胶和树脂共混类改性剂

同时用橡胶和树脂来改善石油沥青的性质，可使沥青兼具橡胶和树脂的特性，且成本较低。配制时，采用的原材料品种、配比、制作工艺不同，可以得到许多性能各异的产品，主要有卷材、片材、密封材料等。

8.1.3.4 微填料类改性剂

为了提高沥青的黏结性能和耐热性，减小沥青的温度敏感性，通常加入一定数量的矿质微填料。常用的有粉煤灰、火山灰、页岩粉、滑石粉、石灰粉、云母粉、硅藻土等。

8.1.3.5 纤维类改性剂

在沥青中掺加各种纤维类物质，可显著提高沥青的高温稳定性，同时增加低温抗拉强度。常用的纤维物质有各种人工合成纤维（如聚乙烯纤维、聚酯纤维）和矿质石棉纤维等。

受我国沥青自身生产条件的限制，自产沥青产品无法完全满足市场需求。因此，我国每年都要进口大量的沥青产品，尤其是那些高端的改性沥青产品，所以我们必须开发自己的高端沥青技术，来弥补不断增长的专业沥青市场需求，向全世界展示“中国制造”的品质。

任务8.2

防水卷材

建议课时：1学时

教学目标

知识目标：能识记防水卷材的定义、品种、特性和应用范围。

技能目标：能够根据工程特点及防水要求合理选择防水卷材。

思政目标：提高专业学习的兴趣及积极性；

增强沟通能力及小组协作能力。

防水卷材

防水卷材是一种具有一定厚度的片状防水材料，因为它有相当的柔性，可以卷曲并按一定长度成卷出厂，故称为卷材。由于其具有优良的耐老化、耐穿刺、耐腐蚀性能，可以直接接触紫外线辐射，并具有优良的抗拉、抗震性能，故广泛用于屋面防水、地下室基础防水。

根据主要防水组成材料，防水卷材可分为沥青防水材料、高聚物改性沥青防水卷材和合成高分子防水卷材三大类。

8.2.1　沥青防水卷材

沥青防水卷材是以玻璃纤维布、聚酯布等为胎基，以沥青（或非高聚物材料改性的沥青）为浸涂层，表面覆以聚乙烯膜、铝箔、细纱、页岩片等覆面材料，经浸渍或滚压而成的片状防水材料。代表产品主要有石油沥青纸胎油毡、石油沥青玻璃布油毡、石油沥青玻璃纤维胎油毡和铝箔面油毡等。传统上用得最多的是石油沥青纸胎油毡。

沥青防水卷材成本低，但拉伸强度和延伸率低，温度稳定性差，高温易流淌，低温易脆裂，耐老化性较差，使用年限短，属于低档防水卷材。

8.2.1.1　石油沥青纸胎油毡

石油沥青纸胎油毡采用低软化点石油沥青浸渍原纸，然后用高软化点石油沥青涂盖油纸两面，再涂或撒隔离材料所制成的一种纸胎防水卷材。

根据《石油沥青纸胎油毡》（GB 326—2007），石油沥青纸胎油毡按物理力学性能可以分为合格、一等品和优等品三个级别，各标号和等级的物理力学性能见表8-4。

表8-4　石油沥青纸胎油毡的物理力学性能

指标名称 标号与等级		200号			350号			500号		
		合格	一等品	优等品	合格	一等品	优等品	合格	一等品	优等品
每卷质量/（g/m²）≥	粉毡	17.5			28.5			39.5		
	片毡	20.5			31.5			42.5		
单位面积浸涂材料总量/（g/m²）≥		600	700	800	1000	1050	1110	1400	1450	1500
不透水性	压力/MPa ≥	0.05			0.10			0.15		
	保持时间/min ≥	15	20	30	30		45	30		

续表

指标名称 标号与等级		200号			350号			500号		
		合格	一等品	优等品	合格	一等品	优等品	合格	一等品	优等品
吸水率（真空法）/% ≤	粉毡	1.0			1.0			1.5		
	片毡	3.0			3.0			3.0		
耐热度	温度/℃	85±2		90±2	85±2		90±2	85±2		90±2
	要求	受热 2h 涂盖层应无滑动和集中性气泡								
拉力（25℃时纵向）/N	≥	240	270		340	370		440	470	
柔度	温度/℃	18±2			18±2	16±2	14±2	18±2		14±2
	要求	绕 ϕ20mm 圆棒或弯板无裂纹						绕 ϕ25mm 圆棒或弯板无裂纹		

石油沥青纸胎油毡如图 8-1 所示。

8.2.1.2 石油沥青玻璃纤维胎油毡

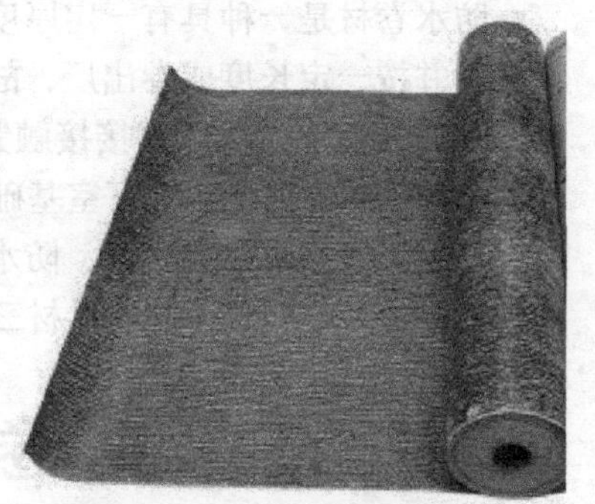

图 8-1 石油沥青纸胎油毡

石油沥青玻璃纤维胎油毡是采用玻璃纤维薄毡为胎基，浸涂石油沥青，在其表面涂撒以矿物材料或覆盖聚乙烯膜等隔离材料所制成的一种防水卷材。石油沥青玻璃纤维胎油毡的特性（与传统的纸胎油毡相比）为：有较高的软化点，可以做到高温不流淌，但低温下脆裂的性能没有改变；对酸碱介质都有更好的耐腐蚀性；有良好的耐微生物腐蚀性；抗拉强度、延伸率、耐水性和柔韧性都有大幅度提高。

依据《石油沥青玻璃纤维胎防水卷材》（GB/T 14686—2008），产品按单位面积质量分为 15 号、25 号；产品按上表面材料分为 PE 膜、砂面等；产品按力学性能分为Ⅰ、Ⅱ型，其性能如表 8-5 所列。

表 8-5 石油沥青玻璃纤维胎油毡的材料性能

序号	项目		指标 Ⅰ型	指标 Ⅱ型
1	可溶物含量 /（g/m²）	15号	700	
		25号	1200	
		实验现象	胎基不燃	
2	拉力 /（N/50mm）	纵向	350	500
		横向	250	400
3	耐热性		85℃	
			无滑动、流淌、滴落	
4	低温柔性		10℃	5℃
			无裂缝	
5	不透水性		0.1MPa，30min 不透水	
6	钉杆撕裂强度 /N	≥	40	50℃
7	热老化	外观	无裂纹、无起泡	
		拉力保持率 /%	85	
		质量损失率 /%	2.0	
		低温柔性	15℃	10℃
			无裂缝	

石油沥青玻璃纤维胎油毡如图 8-2 所示。

图 8-2 石油沥青玻璃纤维胎油毡

8.2.1.3 铝箔面油毡

铝箔面油毡是用玻璃纤维毡为胎基，紧涂氧化沥青，表面用压纹铝箔贴面，底面撒以细颗粒矿物料或覆盖 PE 膜制成的防水卷材。具有反射热和紫外线的功能及美观效果，能降低屋面及室内温度，阻隔蒸汽渗透，用于多层防水的面层和隔气层。

依据《铝箔面石油沥青防水卷材》(JC/T 504—2007)，铝箔面油毡产品可分为 30 号、40 号两个标号，其物理性能如表 8-6 所列。

表 8-6 铝箔面油毡的物理性能

项目		指标	
		30 号	40 号
可溶物含量 / (g/m^2)	≥	1550	2050
拉力 / (N/50mm)	≥	450	500
柔度 /℃		5	
		绕半径 35mm 圆弧无裂纹	
耐热度		90℃ ±2℃，2h 涂盖层无滑动，无起泡、流淌	
分层		50℃ ±2℃，7d 无分层现象	

铝箔面油毡如图 8-3 所示。

图 8-3 铝箔面油毡

8.2.2 高聚物改性沥青防水卷材

高聚物改性沥青防水卷材以玻璃纤维布、聚酯布等或两种复合材料为胎基，以高聚物改性的沥青为浸涂层，表面覆以聚乙烯膜、铝箔、细纱、页岩片等覆面材料，经浸渍或滚压而成的片状防水材料。

高聚物改性沥青防水卷材有两大系列：弹性体系列和塑性体系列。

弹性体系列的代表产品是 SBS（苯乙烯 - 丁二烯 - 苯乙烯嵌段共聚物）改性沥青防水卷材。

塑性体系列的代表产品是 APP（无硅聚丙烯）改性沥青防水卷材。

与沥青防水卷材相比，改性沥青防水卷材的拉伸强度、耐热度及低温柔性均有很大的提高，并有较高的不透水性和抗腐蚀性，加上价格适中，现已成为新型防水卷材的主导产品，也是我国目前大力推广应用的中高档的防水材料。

高聚物改性沥青防水卷材除外观质量、规格应符合表 8-7 和表 8-8 要求外，其物理性能还应符合表 8-9 的要求。

表 8-7 高聚物改性沥青防水卷材外观质量

项目	判断标准
断裂、皱褶、孔洞、剥离	不允许
边缘不整齐、砂砾不均匀	无明显差异
胎体未浸透、露胎	不允许
涂盖不均匀	不允许

表 8-8 高聚物改性沥青防水卷材规格

厚度 /mm	宽度 /mm	长度 /m
2.0	≥ 1000	15 ～ 20
3.0	≥ 1000	10
4.0	≥ 1000	7.5
5.0	≥ 1000	5.0

表 8-9 高聚物改性沥青防水卷材物理性能

项目		性能要求			
		Ⅰ类	Ⅱ类	Ⅲ类	Ⅳ类
拉伸性能	拉力 /N	≥ 400	≥ 400	≥ 50	≥ 200
	延伸率 /%	≥ 30	≥ 5	≥ 200	≥ 3
耐热度（85℃ ±2℃，2h）		不流淌，无集中性气泡			
柔性（-5 ～ 25℃）		绕规定直径圆棒无裂纹			
不透水性	压力 /MPa	≥ 0.2			
	保持时间 /min	≥ 30			

注：1. Ⅰ类指聚酯毡胎体，Ⅱ类指麻布胎体，Ⅲ类指聚乙烯膜胎体，Ⅳ类指玻纤毡体。

2. 表中柔性的温度范围表示不同档次产品的低温性能。

8.2.2.1 SBS 改性沥青防水卷材

SBS 改性沥青防水卷材是以优质沥青为基料，以聚酯无纺布、玻璃纤维布或两种材料组成的复合布为胎基，加入苯乙烯-丁二烯-苯乙烯热塑型弹性体作为改性剂，表面覆以聚乙烯膜、铝箔膜、砂砾、彩砂、页岩片所制成的建筑防水材料。属于弹性体改性沥青防水卷材，简称 SBS 防水卷材。

SBS 改性沥青防水卷材的优点是：弹性大，抗拉强度和延伸率高，低温柔性好，产品在 -50℃下仍具有防水功能，聚酯胎产品在此系列产品中性能最优。特别适用于我国高寒地区和一些不稳定结构工程的防水。

该类防水卷材的分类及性能应满足《弹性体改性沥青防水卷材》(GB 1824—2008)。SBS 改性沥青防水卷材的性能应满足表 8-10 中的要求。

表 8-10 SBS 改性沥青防水卷材性能

<table>
<tr><td colspan="2" rowspan="3">项目</td><td colspan="5">指标</td></tr>
<tr><td colspan="2">Ⅰ</td><td colspan="3">Ⅱ</td></tr>
<tr><td>PY</td><td>G</td><td>PY</td><td>G</td><td>PTG</td></tr>
<tr><td rowspan="4">可溶物含量 / (g/cm^3) ≥</td><td>3mm</td><td colspan="4">2100</td><td>—</td></tr>
<tr><td>4mm</td><td colspan="4">2900</td><td>—</td></tr>
<tr><td>5mm</td><td colspan="5">3500</td></tr>
<tr><td>试验现象</td><td>—</td><td>胎基不燃</td><td>—</td><td>胎基不燃</td><td>—</td></tr>
</table>

续表

项目		指标				
		Ⅰ		Ⅱ		
		PY	G	PY	G	PTG
耐热性	温度/℃	90		105		
	≤ mm	2				
	试验现象	无流淌、滴落				
低温柔性/℃		-20		-25		
		无裂缝				
不透水性（30min）/MPa		0.3	0.2	0.3		
拉力	最大峰拉力/（N/50mm） ≥	500	350	800	500	900
	次高峰拉力/（N/50mm） ≥	—	—	—	—	800
	试验现象	拉伸过程中，试件中部无沥青覆盖层开裂或与胎基分离现象				
延伸率	最大峰时延伸率/% ≥	30	—	40	—	—
	第二峰时延伸率/% ≥	—		—		15
浸水后质量增加/% ≤	PE、S	1.0				
	M	2.0				
热老化	拉力保持率/% ≥	90				
	延伸率保持率/% ≥	80				
	低温柔性/℃	-15		-20		
		无裂缝				
	尺寸变化率/% ≤	0.7	—	0.7	—	0.3
	质量损失/% ≤	1.0				
渗油性	张数 ≤	2				
接缝剥离强度/（N/mm） ≥		1.5				
钉杆撕裂强度①/N ≥		—				300
矿物粒料黏附性②/g ≤		2.0				
卷材下表面沥青涂盖层厚度③/mm ≥		1.0				
人工气候加速老化	外观	无滑动、流淌、滴落				
	拉力保持率/% ≥	80				
	低温柔性/℃	-15		-20		
		无裂缝				

①仅适用于单层机械固定施工方式卷材。

②仅适用于矿物粒料表面的材料。

③仅适用于热熔施工的卷材。

SBS 改性沥青防水卷材如图 8-4 所示。

图 8-4 SBS 改性沥青防水卷材

8.2.2.2 APP 改性沥青防水卷材

APP 改性沥青防水卷材是以聚酯无纺布、玻璃纤维布或两种材料组成的复合布为胎基，用无规聚丙烯高分子改性沥青为涂盖料，表面以聚乙烯膜、铝箔膜、砂粒、彩砂、页岩片为覆盖材料，所制成的建筑防水材料。

APP 改性沥青防水卷材优点是：优良的耐热性能和较好的低温性能，特别适用于高温、高湿地区。

APP 改性沥青防水卷材的分类及材料性能依据《塑性体改性沥青防水卷材》（GB 18243—2008）执行。APP 改性沥青防水卷材的性能应满足表 8-11 中的要求。

表 8-11 APP 改性沥青防水卷材的性能

<table>
<tr><th rowspan="3">序号</th><th rowspan="3" colspan="2">项目</th><th colspan="5">指标</th></tr>
<tr><th colspan="2">Ⅰ</th><th colspan="3">Ⅱ</th></tr>
<tr><th>PY</th><th>G</th><th>PY</th><th>G</th><th>PTG</th></tr>
<tr><td rowspan="4">1</td><td rowspan="4">可溶物含量 /（g/cm^3）≥</td><td>3mm</td><td colspan="4">2100</td><td>—</td></tr>
<tr><td>4mm</td><td colspan="4">2900</td><td>—</td></tr>
<tr><td>5mm</td><td colspan="5">3500</td></tr>
<tr><td>试验现象</td><td>—</td><td>胎基不燃</td><td>—</td><td>胎基不燃</td><td>—</td></tr>
<tr><td rowspan="3">2</td><td rowspan="3">耐热性</td><td>温度 /℃</td><td colspan="2">110</td><td colspan="3">130</td></tr>
<tr><td>长度 /mm ≤</td><td colspan="5">2</td></tr>
<tr><td>试验现象</td><td colspan="5">无流淌、滴落</td></tr>
<tr><td rowspan="2">3</td><td rowspan="2" colspan="2">低温柔性 /℃</td><td colspan="2">−7</td><td colspan="3">−15</td></tr>
<tr><td colspan="5">无裂缝</td></tr>
<tr><td>4</td><td colspan="2">不透水性（30min）/MPa</td><td>0.3</td><td>0.2</td><td colspan="3">0.3</td></tr>
<tr><td rowspan="3">5</td><td rowspan="3">拉力</td><td>最大峰拉力 /（N/50mm）≥</td><td>500</td><td>350</td><td>800</td><td>500</td><td>900</td></tr>
<tr><td>次高峰拉力 /（N/50mm）≥</td><td>—</td><td>—</td><td>—</td><td>—</td><td>800</td></tr>
<tr><td>试验现象</td><td colspan="5">拉伸过程中，试件中部无沥青覆盖层开裂或与胎基分离现象</td></tr>
<tr><td rowspan="2">6</td><td rowspan="2">延伸率</td><td>最大峰时延伸率 /% ≥</td><td>25</td><td rowspan="2">—</td><td>40</td><td rowspan="2">—</td><td>—</td></tr>
<tr><td>第二峰时延伸率 /% ≥</td><td>—</td><td>—</td><td>15</td></tr>
<tr><td rowspan="2">7</td><td rowspan="2">浸水后质量增加 /% ≤</td><td>PE、S</td><td colspan="5">1.0</td></tr>
<tr><td>M</td><td colspan="5">2.0</td></tr>
<tr><td rowspan="6">8</td><td rowspan="6">热老化</td><td>拉力保持率 /% ≥</td><td colspan="5">90</td></tr>
<tr><td>延伸率保持率 /% ≥</td><td colspan="5">80</td></tr>
<tr><td rowspan="2">低温柔性 /℃</td><td colspan="2">−2</td><td colspan="3">−10</td></tr>
<tr><td colspan="5">无裂缝</td></tr>
<tr><td>尺寸变化率 /% ≤</td><td>0.7</td><td>—</td><td>0.7</td><td>—</td><td>0.3</td></tr>
<tr><td>质量损失 /% ≤</td><td colspan="5">1.0</td></tr>
<tr><td>9</td><td colspan="2">接缝剥离强度 /（N/mm）≥</td><td colspan="5">1.0</td></tr>
<tr><td>10</td><td colspan="2">钉杆撕裂强度① /N ≥</td><td colspan="4">—</td><td>300</td></tr>
<tr><td>11</td><td colspan="2">矿物粒料黏附性② /g ≤</td><td colspan="5">2.0</td></tr>
<tr><td>12</td><td colspan="2">卷材下表面沥青涂盖层厚度③ /mm ≥</td><td colspan="5">1.0</td></tr>
<tr><td rowspan="4">13</td><td rowspan="4">人工气候加速老化</td><td>外观</td><td colspan="5">无滑动、流淌、滴落</td></tr>
<tr><td>拉力保持率 /% ≥</td><td colspan="5">80</td></tr>
<tr><td rowspan="2">低温柔性 /℃</td><td colspan="2">−2</td><td colspan="3">−10</td></tr>
<tr><td colspan="5">无裂缝</td></tr>
</table>

①仅适用于单层机械固定施工方式卷材。

②仅适用于矿物粒料表面的材料。

③仅适用于热熔施工的卷材。

APP 改性沥青防水卷材如图 8-5 所示。

图 8-5 APP 改性沥青防水卷材

8.2.2.3 再生橡胶改性沥青防水卷材

再生橡胶改性沥青防水卷材是以废橡胶经水洗、切块、粉碎后加入沥青中混炼而成的再生橡胶改性沥青为基料，浸渍化纤无纺布增强胎体，以塑料薄膜为隔离层，经复合、滚压、冷却、收卷等工序加工而成的防水卷材。

再生橡胶改性沥青防水卷材具有以下特点。

（1）成本低，比传统沥青防水制品性能优良。

（2）卷材的延伸率为传统纸胎石油沥青油毡的 20 倍以上。

（3）工序简单，其质量比传统的“二毡三油一砂”防水层总质量轻 15%。

（4）回收的废橡胶中橡胶含量不确定，故生产时配方很难调整，造成卷材的性能差异很大。

适用于屋面或地下接缝等防水工程，尤其是基层沉降较大或者沉降不均匀的建筑物变形缝的防水，其性能需满足表 8-12 中的要求。

表 8-12 再生橡胶改性沥青防水卷材性能

项目	指标
抗拉强度（25℃ ±2℃）/MPa	2.5
断裂延伸率 /%	≥ 250
柔性（-20℃，对折，2h）	无裂纹
耐热性（140℃，5h）	不起泡，不发黏
透水性（0.3MPa, 1.5h）	不渗漏
适用温度 /℃	-20 ～ 80
热老化（80℃，168h，各项指标保持率）/%	≥ 80

8.2.2.4 焦油沥青耐低温防水卷材

焦油沥青耐低温防水卷材以焦油沥青为基料，聚氯乙烯或旧的聚氯乙烯，或者其他树脂为原料，加入适量的助剂，如增塑剂、稳定剂等，经过共熔、混炼、延压而成的无胎体防水卷材。由于改性，焦油沥青耐低温防水卷材具有防水性能优良、耐老化性能好、适应温度范围广、耐腐蚀等优点，其性能指标见表 8-13。

表 8-13 焦油沥青耐低温防水卷材性能

项目	性能
拉力 /N	≥ 430
延伸率 /%	≥ 3
耐热性（95℃ ±2℃，5h）	不起泡，不滑动
柔性（-15℃，绕 ϕ20mm 圆棒）	无裂纹
透水性（0.24MPa, 30min）	不透水
吸水率 /%	≤ 3

8.2.2.5 铝箔橡胶改性沥青防水卷材

铝箔橡胶改性沥青防水卷材是以聚酯无纺布为胎体，以橡胶和聚氯乙烯改性沥青为浸渍涂盖层，用聚乙烯薄膜为底面防粘隔离层，选用银白色软质铝箔为表面反光保护层，经加工制成的新型防水材料。由于铝箔隔离了紫外线和臭氧等的侵蚀，因此卷材的抗老化能力强，防水耐用的年限长，并具有保温隔热的性能，提高了建筑的使用功能。其性能指标如表 8-14 所列。

表 8-14 铝箔橡胶改性沥青防水卷材性能

项目	性能
拉伸强度 /MPa	≥ 2.5
断裂伸长率 /%	≥ 30
耐热性（85℃，5h）	不流淌，不滑动
柔性（-10℃，绕 ϕ20mm 圆棒）	无裂纹
透水性（0.2MPa，30min）	不透水
吸水率 /%	≤ 2

8.2.3 合成高分子防水卷材

合成高分子防水卷材是以合成橡胶、合成树脂或两者的共混体为基料，加入适量的化学助剂和填充剂等，采用密炼、挤出或压延等橡胶或塑料的加工工艺所制成的可卷曲片状防水材料。

合成高分子防水卷材主要有三大系列：橡胶型、树脂型、橡塑共混型。

橡胶型的代表产品是三元乙丙橡胶防水卷材。

树脂型的代表产品是聚氯乙烯防水卷材、氯化聚乙烯防水卷材。

橡塑共混型的代表产品是氯化聚乙烯 - 橡胶共混防水卷材。

合成高分子防水卷材具有拉伸强度高、断裂伸长率大、抗撕裂强度高、耐高低温及耐老化性能好等优越性，具体见表 8-15，属新型高档防水卷材；但由于其是冷粘法施工，工艺不成熟，因而造成的渗漏水现象时有发生，另由于其造价昂贵，在某些有特殊要求的工程中有所应用。总体而言，合成高分子防水卷材的材料性能指标较高，如优异的弹性和抗拉强度，使卷材对基层变形的适应性增强；优异的耐候性能，使卷材在正常的维护条件下，使用年限更长，可减少维修、翻新的费用。

表 8-15 合成高分子防水卷材的物理性能

<table>
<tr><th colspan="2" rowspan="2">项目</th><th colspan="3">性能要求</th></tr>
<tr><th>Ⅰ</th><th>Ⅱ</th><th>Ⅲ</th></tr>
<tr><td colspan="2">拉伸强度 /MPa</td><td>≥ 7</td><td>≥ 2</td><td>≥ 9</td></tr>
<tr><td colspan="2">断裂伸长率 /%</td><td>≥ 450</td><td>≥ 100</td><td>≥ 10</td></tr>
<tr><td colspan="2" rowspan="2">低温弯折性 /℃</td><td>-40</td><td>-20</td><td>-20</td></tr>
<tr><td colspan="3">无裂纹</td></tr>
<tr><td rowspan="2">不透水性</td><td>压力 /MPa</td><td>≥ 0.3</td><td>≥ 0.2</td><td>≥ 0.3</td></tr>
<tr><td>保持时间 /min</td><td colspan="3">≥ 30</td></tr>
<tr><td rowspan="2">热老化保持率（80℃ ±2℃，168h）/%</td><td>拉伸强度</td><td colspan="3">≥ 80</td></tr>
<tr><td>断裂伸长率</td><td colspan="3">≥ 70</td></tr>
</table>

注：Ⅰ类指弹性体卷材；Ⅱ类指塑性体卷材；Ⅲ类指加合成纤维的卷材。

8.2.3.1 三元乙丙橡胶防水卷材

三元乙丙橡胶防水卷材（简称 EPDM）是由三元乙丙橡胶为主，并掺有适量的丁基橡胶、硫化剂、促进剂、活化剂、补强填充剂、增塑剂等经过一系列的工序加工而成的。

三元乙丙橡胶防水卷材的单位成本较高，属于高档防水卷材，但其综合经济效益显著。可用于工业与民用建筑屋面工程做单层外露防水；受振动、易变形建筑工程的防水；有刚性保护层或倒置式屋面以及地下室、水渠、储水池、隧道等土木建筑工程的防水。三元乙丙橡胶防水卷材的主要物理性能见表 8-16。

表 8-16 三元乙丙橡胶防水卷材的主要物理性能

项目			指标	
			一等品	合格品
拉伸强度（常温）/MPa		≥	8	7
扯断伸长率 /%		≥	450	
直角形撕裂强度（常温）/（N/cm）		≥	280	245
不透水性	0.3MPa, 30min		合格	—
	0.1MPa, 30min		—	合格
脆性温度 /℃		≤	-45	-40
热老化（80℃ ±2℃，168h，伸长率 100%）			无裂纹	
臭氧老化	500×10^{-6}，168h 40℃，伸长率 40%，静态		无裂纹	—
	100×10^{-6}，168h 40℃，伸长率 40%，静态		—	无裂纹

三元乙丙橡胶防水卷材如图 8-6 所示。

8.2.3.2 聚氯乙烯防水卷材

聚氯乙烯（PVC）防水卷材（图 8-7）是一种性能优异的高分子防水材料，它以聚氯乙烯树脂为主要原料，加入各类专用助剂和抗老化组分，采用先进设备和先进的工艺制成。产品具有拉伸强度大、延伸率高、收缩率小、低温柔性好、使用寿命长等特点。作为屋面防水材料可使用 30 年以上，作为地下防水材料可使用 50 年之久。

图 8-6 三元乙丙橡胶防水卷材

图 8-7 聚氯乙烯防水卷材

按产品的组成成分分为均质卷材（代号 H）、带纤维背衬卷材（代号 L）、织物内增强卷材（代号 P）、玻璃纤维内增强卷材（代号 G）、玻璃纤维内增强带纤维背衬卷材（代号 GL）。

聚氯乙烯防水卷材的性能指标应满足《聚氯乙烯防水卷材》(GB 12952—2011)中的要求，如表 8-17 所列。

表 8-17 聚氯乙烯防水卷材的物理力学性能

项目	P型			S型	
	优等品	一等品	合格品	一等品	合格品
拉伸强度 /MPa ⩾	15.0	10.0	7.0	5.0	2.0
断裂伸长率 /% ⩾	250	200	150	200	120
热处理尺寸变化率 /% ⩽	2.0	2.0	3.0	5.0	7.0
低温弯折性	−20℃，无裂纹				
抗渗透性	不透水				
抗穿孔性	不透水				
剪切状态下的黏合性	σ > 2.0N/mm 或在接缝处断裂				

8.2.3.3 氯化聚乙烯防水卷材

氯化聚乙烯防水卷材是以氯化聚乙烯树脂为主要原料，加入适量的化学助剂和一定的填充材料，经一系列工序加工制成的防水材料，如图 8-8 所示。

产品按有无复合层分类，无复合层的为 N 类，用纤维单面复合的为 L 类，织物内增强的为 W 类。每类产品按理化性能分为Ⅰ型和Ⅱ型。

产品的理化性能应满足《氯化聚乙烯防水卷材》(GB 12593—2003)中的要求。

8.2.3.4 氯化聚乙烯 - 橡胶共混防水卷材

氯化聚乙烯 - 橡胶共混防水卷材是以氯化聚乙烯和橡胶共混为主体，加入适量软化剂、防老剂、稳定剂、硫化剂和填充剂，经过一系列工序加工制成的防水卷材，如图 8-9 所示。

图 8-8 氯化聚乙烯防水卷材

图 8-9 氯化聚乙烯 - 橡胶共混防水卷材

氯化聚乙烯 - 橡胶共混防水卷材的优点是既有氯化聚乙烯特有的高强度和优异的耐老化性能，又有橡胶特有的高弹性、高延伸率以及良好的低温柔性，产品尤其适用于寒冷地区或变形较大的屋面与地下工程。

产品按物理力学性能分为 S 型、N 型两种类型。材料性能应满足《氯化聚乙烯 - 橡胶共混防水卷材》(JC/T 684—1997)中的要求，其物理力学性能指标见表 8-18。

表 8-18 氯化聚乙烯－橡胶共混防水卷材主要的物理力学性能指标

项目			指标	
			S 型	N 型
拉伸强度 /MPa		≥	7.0	5.0
断裂伸长率 /%		≥	400	—
直角撕裂强度 /（kN/m）		≥	24.5	—
不透水性	压力 /MPa	≥	0.3	—
	保持时间 /min	≥	30	
热老化保持率（80℃ ±2℃，168h）	拉伸强度 /MPa	≥	80	
	断裂伸长率 /%	≥	70	
臭氧老化（500×10^{-8}，168h，40℃静态）	伸长率 40%		无裂纹	—
	伸长率 20%		—	无裂纹
黏结剥离强度（卷材与卷材）	/（kN/m）	≤	2.0	2.0
	浸水 168h 后，保持率 /%	≥	70	
脆性温度 /℃			−40	−20
			无裂纹	
热处理尺寸变化率 /%			+1，−2	+2，−4

注：S 型为以氯化聚乙烯与合成橡胶共混体制成的防水卷材；N 型为以氯化聚乙烯与合成橡胶或再生橡胶共混体制成的防水卷材。

对于卷材防水工程，为了达到最佳防水效果，在优选各种防水卷材并严格控制质量的同时，还应注意正确选择各种卷材的施工配套材料。卷材胶黏剂一般要由卷材厂家配套生产。表 8-19 和表 8-20 分别列出了 SBS 改性沥青防水卷材、三元乙丙橡胶防水卷材配套材料。

表 8-19 SBS 改性沥青防水卷材配套材料

材料名称	用途
氯丁黏结剂	卷材与基层、卷材与卷材的黏结
401 胶	为加强卷材间的黏结，可在氯丁胶中掺入适量的 401 胶
汽油	热熔施工时使用
二甲苯或甲苯	基层处理和作稀释剂用

表 8-20 三元乙丙橡胶防水卷材配套材料

黏结材料名称	用途	颜色	使用配比	黏结剥离强度 /（N/m）
聚氨酯底胶	基层处理剂	甲：黄褐色胶体 乙：黑色胶体	1∶3	＞2
氯丁系黏结剂（如 404 胶）	基层黏结剂	黄色浑浊胶体		＞2
丁基黏结剂	卷材接缝黏结剂	A：黄色浑浊胶体 B：黑色胶体	1∶1	＞2
氯磺化聚乙烯嵌缝膏	收头部位密封	浅色		
表面着色剂	表面保护着色	银色或各种颜色		
聚氨酯涂膜材料	局部增强处理	甲：黄褐色胶体 乙：黑色胶体	1∶1.5	

任务8.3

建筑防水涂料

建议课时：1学时

教学目标

知识目标：能识记防水涂料的定义、品种、特性和应用范围；
了解不同防水涂料的各项技术指标。

技能目标：能够根据工程特点及防水要求合理选择防水涂料。

思政目标：培养认真严谨的工作责任意识；
树立工匠精神。

防水涂料（也称涂膜防水材料）是以液体高分子合成材料为主体，在常温下呈无定形状态，用涂布的方法涂刮在结构物表面，经溶剂或水分挥发，或各组分间的化学反应，形成一层薄膜致密物质，具有不透水性、一定的耐候性及延伸性。

建筑防水涂料

防水涂料一般用于厨房、卫生间、墙面、楼地面的防水。用于地下室、屋面防水时应配合防水卷材使用。

防水涂料的性能特点如下：防水涂料不耐老化，抗拉、抗撕强度都无法和防水卷材相比，但由于防水涂料在施工固化前为无定形液体，对于任何形状复杂、管道纵横和变截面的基层均易于施工，特别是阴、阳角、管道根、水落口及防水层收头部位易于处理，可形成一层具有柔韧性、无接缝的整体涂膜防水层。

防水涂料按物质成分分为沥青类防水涂料、高聚物改性沥青类防水涂料、合成高分子防水涂料等。

8.3.1 沥青类防水涂料

沥青类防水涂料是以沥青为基料配置的溶剂型或水乳型防水涂料。溶剂型沥青防水涂料是指将未改性的石油沥青直接溶解于汽油等溶剂中而配置成的涂料；水乳型沥青防水涂料是指将石油沥青在化学乳化剂或矿物乳化剂作用下，分散于水中，形成稳定的水分散体构成的涂料。沥青类防水涂料品种主要有冷底子油、沥青胶、水性沥青基防水涂料。

8.3.1.1 冷底子油

冷底子油是在建筑石油沥青中加入汽油、柴油、煤油、苯等溶剂，融合而成的沥青涂料。因多在常温下用于防水工程的底层，故称冷底子油。冷底子油黏度小，具有良好的流动性，涂刷在混凝土、砂浆或木材等基面上，能很快渗入基层孔隙中，待溶剂挥发后，便与基面牢固结合。冷底子油形成的涂膜较薄，一般不单独作防水材料使用，只作某些防水材料的配套材料。施工时在基层上先涂刷一道冷底子油，再刷沥青防水涂料或铺油毡。

冷底子油随配随用，常见的配合比有两种，见表 8-21。

表 8-21 冷底子油配合比 单位：%

溶剂	轻柴油或煤油	汽油	苯
10 号石油沥青	40	60	—
30 号石油沥青	30	—	70

冷底子油最好是现用现配。若储藏时，应使用密闭容器，以防止溶剂挥发。

8.3.1.2 沥青胶

沥青胶又称为玛蹄脂，是指在沥青中加入填充料（如滑石粉、云母粉、石棉粉、粉煤灰等）加工制成的沥青涂料。沥青胶具有较好的黏性、耐热性和柔韧性，主要用于粘贴卷材、嵌缝、接头、补漏及做防水层的底层。沥青胶分为热用和冷用两种。热用即热沥青玛蹄脂，是将70%～90%的沥青加热至180～200℃，使其脱水后，与10%～30%的干燥填料热拌混合均匀后，热用施工。冷沥青玛蹄脂是40%～50%的沥青熔化脱水后，缓慢加入25%～30%的溶剂，再掺入10%～30%的填料，混合拌匀制得，并在常温下使用。冷用沥青胶比热用沥青胶施工方便，涂层薄，节省沥青；但是耗费溶剂，成本高。根据使用要求，沥青胶应具有良好的黏结性、耐热性和柔韧性，并以耐热度的大小划分为不同的标号，石油沥青胶的技术指标见表8-22。

表8-22 石油沥青胶的技术指标

<table>
<tr><td rowspan="2">指标名称</td><td colspan="6">标号</td></tr>
<tr><td>S-60</td><td>S-65</td><td>S-70</td><td>S-75</td><td>S-80</td><td>S-85</td></tr>
<tr><td rowspan="2">耐热度</td><td colspan="6">用2mm厚的沥青胶黏合两张油纸，不低于下列温度时，在1∶1的坡度上停5h，沥青胶不流淌，油纸不应滑动</td></tr>
<tr><td>60℃</td><td>65℃</td><td>70℃</td><td>75℃</td><td>80℃</td><td>85℃</td></tr>
<tr><td rowspan="2">柔韧度</td><td colspan="6">涂在沥青油纸上的2mm厚的沥青胶层，在18℃±2℃时，围绕下列直径的固体以每2s均速弯曲成半圆，沥青胶结材料不应有裂纹</td></tr>
<tr><td>10mm</td><td>15mm</td><td>20mm</td><td colspan="2">25mm</td><td>30mm</td></tr>
<tr><td>粘结力</td><td colspan="6">用手将两张贴在一起的油纸慢慢地一次性撕开，从油纸和沥青胶粘贴面的任何一面的撕开部分，应不大于粘贴面积的1/2</td></tr>
</table>

石油沥青胶标号的选择，应根据屋面使用条件、屋面坡度和当地历年最高气温，按《屋面工程质量验收规范》（GB 50207—2012）的有关规定选用，沥青胶结材料标号选用见表8-23。

表8-23 沥青胶结材料标号选用

屋面坡度/%	历年室外极端最高温度/℃	沥青胶结材料的标号
1～3	<38	S-60
	38～41	S-65
	41～45	S-70
3～15	<38	S-65
	38～41	S-70
	41～45	S-75
15～25	<38	S-75
	38～41	S-80
	41～45	S-85

热沥青胶的加热温度不宜过高，否则会加速沥青的老化，影响沥青质量。但在施工中使用温度又不能过低，否则会影响粘贴质量，石油沥青胶的加热和使用温度见表8-24。

表 8-24 热石油沥青胶加热和使用温度

类别	加热温度 /℃	使用温度 /℃
普通石油沥青或搭配建筑石油沥青的普通石油沥青胶	不应高于 280	不宜低于 240
建筑石油沥青胶	不应高于 240	不宜低于 190

8.3.1.3 水乳型沥青防水涂料

水乳型沥青防水涂料即水性沥青防水涂料，是以乳化沥青为基料的防水涂料，借助乳化剂作用，在机械强力搅拌下，将熔化的沥青微粒均匀地分散于溶剂中，使其形成稳定的悬浮体。根据成分不同，可分为石灰乳化沥青、膨润土沥青乳液和水性石棉沥青防水涂料等。这类涂料对沥青基本上没有改性或改性作用不大，主要用于地下室和卫生间防水等。

水乳型沥青防水涂料按其性能分为 H 型和 L 型，其性能指标需要满足《水乳型沥青防水涂料》(JC/T 408—2005) 的规定。水乳型沥青防水涂料性能指标见表 8-25。

表 8-25 水乳型沥青防水涂料性能指标

项目		性能指标
外观		深棕色乳状液
黏度 /Pa・s		0.25
固含量 /%		≥ 43
耐热性（80℃恒温 5h）		无变化
黏结力		≥ 0.2MPa
低温柔韧性（-15℃）		不断裂
不透水性（动水压）		不透水
耐碱性 [在饱和 $Ca(OH)_2$ 溶液中浸 15d]		表面无变化
抗裂性（基层裂缝宽度≤ 2mm）		涂膜不裂
涂膜干燥时间 /h	表干	≤ 4
	实干	≤ 24

8.3.2 高聚物改性沥青类防水涂料

以石油沥青为基料，用合成聚合物对其进行改性，加入适量助剂配制成的水乳型或溶剂型乳液，称为高聚物改型沥青防水涂料。这类涂料又可称为橡胶改性沥青防水涂料，其在柔韧性、抗裂性、拉伸强度、耐高低温性能、使用寿命等方面比沥青基涂料有很大的改善。主要品种有再生橡胶改性沥青防水涂料、氯丁橡胶沥青防水涂料等。适用Ⅱ、Ⅲ、Ⅳ级防水等级的屋面、地面、混凝土地下室和卫生间等防水工程。

8.3.2.1 再生橡胶改性沥青防水涂料

再生橡胶改性沥青防水涂料，按分散介质的不同分为溶剂型和水乳型两种。

溶剂型再生橡胶改性沥青防水涂料是以再生沥青为改性剂，汽油为溶剂，添加其他填料如滑石粉、碳酸钙等，经加热搅拌而成。优点是改善了沥青防水涂料的柔韧性和耐久性等，而且原料来源广泛、成本低、生产简单，但是由于以汽油为溶剂，施工时需要注意防火和通风，并且需要多次涂刷才能形成较厚的涂膜。适用于工业和民用建筑屋面、地下室水池、桥梁、涵洞等工程的抗渗、防潮、防水以及旧屋面的维修。

水乳型再生橡胶改性沥青防水涂料是由阴离子型再生乳胶和阴离子型沥青乳胶混合均匀构成，再生橡胶和石油沥青的微粒借助于阴离子表面活性剂的作用，稳定分散在水中而形成的乳状液。该涂料以水为分散剂，具有无毒、无味、不燃的优点，可在常温下冷施工作业，并可在稍潮湿、无积水的表面施工。该涂料一般加衬玻璃纤维布或合成纤维加筋毡构成防水层，施工时配以嵌缝膏，以达到较好的防水效果。

8.3.2.2 氯丁橡胶沥青防水涂料

氯丁橡胶沥青防水涂料是由氯丁橡胶与沥青制成的混合物。根据制备方法不同，可分为溶剂型和水乳型。

溶剂型氯丁橡胶沥青防水涂料是以氯丁橡胶和沥青为基料，加入填料、溶剂等，经过充分搅拌而制成的冷施工防水涂料。

水乳型氯丁橡胶沥青防水涂料是以阳离子型氯丁胶乳与阳离子型沥青乳液混合构成，是氯丁橡胶及石油沥青微粒，借助于阳离子型表面活性剂的作用，稳定分散在水中而形成的一种水乳型防水涂料。因水乳型氯丁橡胶沥青防水涂料以水为溶剂，不但成本低，而且具有无毒、无燃爆、施工中无环境污染等优点，在建筑工程中，大多采用水乳型氯丁橡胶沥青防水涂料。

氯丁橡胶沥青防水涂料由于用氯丁橡胶进行改性，使涂料具有氯丁橡胶和沥青的双重优点，其耐候性和耐腐蚀性好，具有较高的弹性、延伸性和黏结性，对基层变形的适应能力强，低温涂膜不脆裂，高温不流淌，涂膜较致密完整，耐水性好。适用Ⅱ、Ⅲ、Ⅳ级防水等级的屋面、地面、混凝土地下室和卫生间等防水工程。

8.3.3 合成高分子防水涂料

合成高分子防水涂料是以合成橡胶或合成树脂为原料，加入适量的活性剂、改性剂、增塑剂、防霉剂及填充料等辅助材料制成的单组分或双组分防水涂料。主要用于Ⅰ、Ⅱ级屋面防水设防中的一道防水或单独用于Ⅲ级屋面防水设防，在地下防水工程中，用作Ⅰ、Ⅱ级防水设防的一道防水或在Ⅲ级防水设防中单独使用。代表产品有聚氨酯防水涂料、丙烯酸酯防水涂料、环氧树脂防水涂料和有机硅防水涂料等。

8.3.3.1 聚氨酯防水涂料

聚氨酯防水涂料是由异氰酸酯、聚醚等经加成聚合反应而成的含异氰酸酯基的预聚体，配以催化剂、无水助剂、无水填充剂、溶剂等，经混合等工序加工制成的单组分聚氨酯防水涂料，是目前国内应用较多的一种高档防水涂料。具有强度高、延伸率大、耐水性能好等特点，对基层变形的适应能力强。

产品按组分分为单组分（S）型和多组分（M）两种，按照拉伸性能分为Ⅰ型、Ⅱ型和Ⅲ型。性能参数应满足《聚氨酯防水涂料》（GB/T 19250—2013）要求，其基本性能见表8-26。

表 8-26 聚氨酯防水涂料基本性能

指标要求		一等品	合格品
拉伸强度（无处理）/MPa		＞ 2.45	＞ 1.65
断裂伸长率（无处理）/%		＞ 450	＞ 300
拉伸的老化	加热老化	无裂纹及变形	
	紫外线老化	无裂纹及变形	
低温柔性（无处理）		−35℃无裂纹	−30℃无裂纹
不透水性		0.3MPa，30min 不渗漏	
加热伸缩率 /% ＜	伸长	1	
	缩短	4	6
固体含量 /%		≥ 94	
适用时间 /min		≥ 20	
涂膜干燥时间		表干≤ 4h，不黏手，实干≤ 12h，无黏着	

8.3.3.2 丙烯酸酯防水涂料

丙烯酸酯防水涂料是以丙烯酸酯乳液为基料，添加少量表面活性剂、改性剂、增塑剂、助剂及无机填料等配制而成的单组分防水涂料。该产品外观为浅黄、棕色和多种色彩的黏稠液体，由于有多种颜色，可用于有不同颜色要求的屋面防水或旧屋面的维修。

丙烯酸酯防水涂料的材料性能应满足《聚合物乳液建筑防水涂料》（JC/T 864—2008）中的要求。

任务8.4

建筑防水密封材料

建议课时：1学时

教学目标

知识目标：能识记防水密封材料的定义、品种、特性和应用范围；

能识记防水密封材料选用原则。

技能目标：能够根据工程特点正确选择建筑防水密封材料。

思政目标：培养自主学习新技能的能力，能自主完成工作岗位任务；

培养分析、创新和总结经验的能力。

密封材料是指填充于建筑物的接缝、裂缝、门窗框、玻璃周边以及管道接头或与其他结构的连接处，能阻塞介质透过渗漏通道，起到水密、气密性作用的材料。密封材料应有较好的黏结性、弹性和耐老化性，能长期经受拉伸和收缩以及振动疲劳等，仍保持其良好的防水效果。一般用于接缝，或配合卷材防水层做收头处理。

建筑防水密封材料

密封材料的性能特点如下：一般不大面积使用，利用其便于嵌缝处理的优点，配合防水卷材和涂料做节点部位的处理。

8.4.1 建筑密封材料的分类

密封材料按构成类型分为溶剂型、乳液型和反应型密封材料；按使用时的组分分为单组分密封材料和多组分密封材料；按组成材料分为改性沥青密封材料和合成高分子密封材料。密封材料按其外观分为不定形密封材料和定形密封材料两大类。

不定形密封材料按原材料及其性能可分为以下几类。

（1）塑性密封膏。价格低，具有一定的弹塑性和耐久性，但弹性差，延伸率也较差。

（2）弹塑性密封膏。弹性较低，塑性较大，延伸性及粘接性较好。

（3）弹性密封膏。综合性能较好，较贵。

8.4.2 工程常用密封材料

8.4.2.1 建筑防水沥青嵌缝油膏

建筑防水沥青嵌缝油膏（简称油膏）是以石油沥青为基料，加入改性材料及填充料混合制成的冷用膏状材料。此类密封材料价格较低，以塑性性能为主，具有一定的延伸性和耐久性，但弹性差。其性能指标应符合《建筑防水沥青嵌缝油膏》（JC/T 207—2011）中的要求。

建筑防水沥青嵌缝油膏主要用于各种混凝土屋面板、墙板等建筑构件节点的防水密封。使用时，缝内应洁净干燥，先涂刷冷底子油一道，待其干燥后即嵌填油膏。

8.4.2.2　聚氯乙烯建筑防水接缝材料

聚氯乙烯建筑防水接缝材料是以聚氯乙烯树脂为基料，加适量的改性材料及其他添加剂配制而成的（简称 PVC 接缝材料）。按施工工艺可分为热塑型（通常指 PVC 胶泥）和热熔型（通常指塑料油膏）两类。

聚氯乙烯建筑防水接缝材料具有良好的弹性、延伸性及耐老化性，与混凝土基面有较好的黏结性，能适应屋面振动、沉降、伸缩等引起的变形要求。其性能指标应符合《聚氯乙烯建筑防水接缝材料》（JC/T 798—1997）的要求。

8.4.2.3　聚氨酯建筑密封膏

聚氨酯建筑密封膏是以异氰酸基（—NCO）为基料和含有活性氢化物的固化剂组成的一种双组分反应型弹性密封材料。

这种密封膏能够在常温下固化，并有着优异的弹性性能、耐热耐寒性能和耐久性，与混凝土、木材、金属、塑料等多种材料有着很好的黏结力。其性能指标应符合《聚氨酯建筑密封胶》（JC/T 482—2003）的要求。

8.4.2.4　聚硫建筑密封膏

聚硫建筑密封膏是由液态聚硫橡胶为主剂和金属过氧化物等硫化剂反应，在常温下形成的弹性密封材料。其性能应符合《聚硫建筑密封膏》（JC/T 483—2006）的要求。

这种密封材料能形成类似于橡胶的高弹性密封口，能承受持续和明显的循环位移，使用温度范围宽，在 -40 ～ 90℃的温度范围内能保持它的各项性能指标，与金属和非金属材质均具有良好的黏结力。

8.4.2.5　硅酮建筑密封膏

硅酮建筑密封膏是以聚硅氧烷为主要成分的单组分和双组分室温固化型弹性建筑密封材料。硅酮建筑密封膏属高档密封膏，它具有优异的耐热、耐寒性和耐候性能，与各种材料有着较好的黏结性，耐伸缩疲劳性强，耐水性好。其性能指标应符合《硅酮和改性硅酮建筑密封胶》（GB/T 14683—2017）的要求。

我国是目前世界上最大的建筑市场之一，建筑密封材料的市场前景广阔。目前国内骨干密封材料生产企业在研发力量、生产装备、产品质量、品牌信誉等方面已经接近国外著名厂商，具有较强的竞争力。

8.4.3　密封材料选用原则

合理选用密封材料进行的密封防水，是保证防水工程质量的重要环节，应着重考虑以下几个方面。

（1）密封材料的黏结性能，不同的基层材质及表面状态要求不同的密封材料。密封材料与被粘基层的良好黏结，是保证密封的必要条件。

（2）密封材料使用的部位不同，对密封材料的要求也不同。如室外的接缝，要求用较好的耐老化性、耐候性的密封材料。而有腐蚀性介质部位的密封则要求用耐化学品性能良好的密封材料。

（3）根据接缝形状、尺寸和接缝活动量的大小，选择具有相应的抗下垂性、自流平性、弹塑性能的密封材料。如在填充垂直缝和顶板缝时，应保证不流淌、不坍落、不下垂；在填注水平接缝时，应具有自流、充满的性能。

8.4.4 防水材料的选用及基本要求

选用防水材料是防水设计的重要一环，具有决定性的意义，选用时有如下要求。

（1）严格按有关规范进行选材。对于屋面防水工程，应按《屋面建筑工程技术规范》（GB 50345—2012）规定的各类建筑屋面防水等级、耐用年限来选用防水材料。对于地下室防水工程，则应满足《地下工程防水技术规范》（GB 50108—2008）的规定。

（2）根据不同的部位的防水工程选择防水材料。不同的建筑部位，对防水材料的要求也不尽相同。屋面防水层暴露在大自然中，受到炎热日光的暴晒，狂风的吹袭，雨雪及严寒酷暑的侵蚀，昼夜温差的变化胀缩反复，没有优良的材性和良好的保护措施，难以达到要求的耐久年限。所以应选择抗拉强度高、延伸率大、耐老化好的防水材料。如聚合物改性沥青聚酯胎防水卷材、三元乙丙橡胶卷材等。地下防水层长年浸泡在水中或十分潮湿的土壤中，防水材料必须耐水性好。不能用易腐烂的胎体制成的卷材，底板防水层应用厚质的，并且有一定抵抗扎刺能力的防水材料。墙体防水不能用卷材，只能用涂料，而且和外装修材料结合。窗樘安装缝唯有密封膏才能解决问题。

（3）根据环境条件和使用要求选择防水材料，确保耐用年限。对于在最高温度较高，而最低气温在0℃以上地区的卷材防水屋面，尤其是外露屋面时，一般应选用耐热度较高和柔性也比较高的APP改性沥青防水卷材或选用耐紫外线、耐臭氧、耐热、老化保持率高的合成高分子卷材；而在寒冷地区，应选用柔性在-20℃以下的SBS改性沥青防水卷材、合成高分子防水卷材等。

（4）根据防水工程施工时的环境温度选择防水材料。大部分材料的施工温度一般最低为5℃，最高为35℃。热溶型高聚物改性沥青防水卷材最低施工温度通常为-10℃，聚氨酯双组分涂料的最低施工温度一般为-5℃等。应按具体工程施工时的环境温度情况选用适当的防水材料。

（5）根据结构形式选择防水材料。对于预制化、异形化、大跨度、振动频繁的屋面，容易产生伸缩和局部变形，则应选择弹性好、延伸性好、强度高的防水卷材作为防水层，如三元乙丙橡胶防水卷材等高分子防水卷材等。又如对于平整、大面积建筑物的屋面和地下防水以选用卷材为宜，而对于厕浴间等面积小、穿楼板管道多、阴阳角多的部位防水，宜选用防水涂料。

思考与练习

1. 按用途，石油沥青可以分为哪几类？
2. 石油沥青由哪几种组分组成？分别有何作用？
3. 石油沥青和煤油沥青的区别是什么？
4. 什么叫做改性沥青？常用的改性沥青有哪几种？
5. 什么是防水卷材？如何分类？
6. 简述常用的防水卷材品种及特性、用途。
7. 常用防水涂料有哪些？其性能和用途如何？
8. 什么是建筑密封材料？常用建筑密封材料有哪几种？各自性能如何？

建筑塑料与胶黏剂

任务9.1

建筑塑料

建议课时：1学时

教学目标

知识目标：能识记建筑塑料的组成、分类和性质；
能识记常用建筑塑料的应用范围。

技能目标：能够结合工程实际中有形的、可见的事例，合理选择和使用常用的建筑塑料。

思政目标：培养认真严谨的工作责任意识；
培养深入钻研土木工程的专业能力。

塑料是以合成或天然高分子有机化合物为主要原料，在一定条件下塑化成型，在常温常压下产品能保持形状不变的材料。塑料在土木工程的各个领域均有广泛的应用。它既可用作防水、隔热保温、隔声和装饰材料等功能材料；也可制成玻璃纤维或碳纤维增强塑料，用作结构材料。塑料可以加工成塑料壁纸、塑料地板、塑料地毯、塑料门窗和塑料管道等在建筑中应用。

建筑塑料

建筑塑料是伴随我国塑料工业发展而产生的新一代建材，与发达国家相比，产品质量、生产规模与国外还存在较大差距，需要我们以崭新的创造理念和精湛的制造工艺，推进绿色先进制造业加快发展，实现“绿色建筑”。

9.1.1 建筑塑料的组成

塑料按组成成分的多少，可分为单组分塑料和多组分塑料。单组分塑料仅含合成树脂，如有机玻璃就是由一种被称为聚甲基丙烯酸甲酯的合成树脂组成的。多组分塑料除含有合成树脂外，还含有填充料、增塑剂、固化剂、着色剂、稳定剂及其他添加剂。建筑装饰上常用的塑料制品一般都属于多组分塑料。

9.1.1.1 树脂

树脂是塑料的基本组成材料，在多组分塑料中占30%～70%，单组分塑料中含有的树脂几乎达100%。树脂在塑料中主要起胶结作用，把填充料等其他组分胶结成一个整体。因此，树脂是决定塑料性质的最主要因素。

9.1.1.2 填充料

填充料又称填充剂或填料，是为了改善塑料制品某些性质，如提高塑料制品的强度、硬度和耐热性以及降低成本等而在塑料制品中加入的材料。填料在塑料组成材料中占40%～70%，常用的填料有木粉、滑石粉、硅藻土、石灰石粉、铝粉、炭黑、云母、二硫化钼、石棉、玻璃纤维等。其中玻璃纤维填料可提高塑料的结构强度；石棉填料可改善塑料的耐热性；云母填料能增强塑料的电绝缘性；石墨、二硫化钼填料可改善塑料的摩擦和耐磨性能等。此外，由于填料一般都比合成树脂便宜，故填料的加入能降低塑料的成本。

9.1.1.3 增塑剂

为了提高塑料在加工时的可塑性和制品的柔韧性、弹性等，在塑料制品的生产、加工时要加入少量的增塑剂。增塑剂通常是具有低蒸气压、不易挥发、分子量较低的固体或液体有机化合物，主要为酯类和酮类。常用的有邻苯二甲酸二丁酯、邻苯二甲酸二辛酯、磷酸二辛酯、磷酸二甲苯酯、己二酸酯、二苯甲酮等。

9.1.1.4 固化剂

固化剂又称硬化剂或熟化剂，其主要作用是使某些合成树脂的线型结构交联成体型结构，从而使树脂具有热固性。不同品种的树脂应采用不同品种的固化剂。酚醛树脂常用六亚甲基四胺；环氧树脂常用胺类、酸酐类和高分子类；聚酯树脂常用过氧化物等。

9.1.1.5 稳定剂

许多塑料制品在成型加工和使用过程中，由于受热、光、氧的作用，过早地降解，发生氧化断链、交联等现象，使材料性能变差。为了稳定塑料制品的质量，延长使用寿命，通常要加入各种稳定剂，如抗氧剂（酚类化合物等）、光屏蔽剂（炭黑等）、紫外线吸收剂（2-羟基二苯甲酮、水杨酸苯酯等）、热稳定剂（硬脂酸铝、二盐基亚磷酸铅等）。

9.1.1.6 着色剂

为使塑料制品具有特定的色彩和光泽，可加入着色剂。着色剂按其在着色介质中的溶解性分为染料和颜料。染料皆为有机化合物，可溶于被着色的树脂中；颜料一般为无机化合物，不溶于被着色介质中，其着色性原理是本身的颗粒分散于被染介质，其折射率与基体差别大，吸收一部分光线，而又反射另一部分光线，给人以颜色的视觉。颜料不仅对塑料具有着色性，同时兼有填料和稳定剂的作用。

此外，根据建筑塑料使用及成型加工中的需要，有时还加入润滑剂、抗静电剂、发泡剂、阻燃剂及防霉剂等。

9.1.2 建筑塑料的分类

按塑料受热时的变化特点，塑料分为热塑性塑料和热固性塑料。

热塑性塑料的特点是受热时软化或熔融，冷却后硬化，再加热时又可软化，冷却后又硬化，这一过程可反复多次进行，而树脂的化学结构基本不变，始终呈线型或支链型。常用的热塑性塑料有聚乙烯、聚氯乙烯、聚丙烯、聚苯乙烯、聚甲醛、聚碳酸酯、ABS塑料等。

热固性塑料的特点是受热时软化或熔融，可塑造成型，随着进一步加热，硬化成不熔的塑料制品。该过程不能反复进行。热固性塑料和热塑性塑料一样具有链状结构。在成型过程中，热固性塑料从线型或支链型结构最终转变为体型结构。常用的热固性塑料有酚醛塑料、氨基塑料、环氧塑料、不饱和聚酯塑料及有机硅塑料等。

9.1.3 建筑塑料的特点

（1）密度小，比强度高。塑料的密度一般为0.8～2.2g/cm^3，与木材的密度相近，为钢的1/8～1/4，铝的1/2，混凝土的1/3～2/3。塑料的比强度（强度与密度之比）接近甚至超过钢材，是普通混凝土的5～15倍，是一种很好的轻质高强材料。例如，玻璃纤维和碳纤维增强塑料就是很好的结构材料，并在结构加固中得到广泛应用。

（2）可加工性好，装饰性强。塑料可以采用多种方法加工成型，制成薄膜、薄板、管材、异型材等各种产品，并且便于切割、黏结和“焊接”加工。塑料易于着色，可制成各种鲜艳的颜色，也可以进行印刷、电镀、印花和压花等加工，使得塑料具有丰富的装饰效果。

（3）耐化学腐蚀性好，耐水性强。大多数塑料对酸、碱、盐等的耐腐蚀性比金属材料和部分无机材料强，特别适合做化工厂的门窗、地面、墙壁等；热塑性塑料可被某些有机溶剂所溶解，热固性塑料则不能被溶解，仅能出现一定的溶胀。塑料对环境水也有很好的抵抗腐蚀能力，吸水率较低，可广泛用于防水和防潮工程。

（4）隔热性能好，电绝缘性能优良。塑料的导热性很小，热导率一般只有0.024～0.69W/（m·K），只有金属的1/100。特别是泡沫塑料的导热性最小，与空气相当，常用于隔热保温工程。塑料具有良好的电绝缘性能，是良好的绝缘材料。

（5）弹性模量低，受力变形大。塑料的弹性模量小，是钢的1/20～1/10，且在室温下，塑料在受荷载后会有明显的蠕变现象，因此塑料在受力时的变形较大，具有较好的吸振、隔声性能。

（6）耐热性、耐火性差，受热变形大。塑料的耐热性一般不高，在高温下承受荷载时往往软化变形，甚至分解、变质，普通的热塑性塑料的热变形温度为60～120℃，只有少量品种能在200℃左右长期使用。部分塑料易着火或缓慢燃烧，燃烧时还会产生大量有毒烟雾，造成建筑物失火时的人员伤亡。塑料的线膨胀系数较大，比金属大3～10倍，因而温度变形大，容易因为热应力的累积而导致材料破坏。

9.1.4 常用建筑塑料

建筑上常用的塑料按照受热后的变化不同，分为热塑性塑料和热固性塑料。常用的热塑性塑料有聚氯乙烯塑料（PVC）、聚乙烯塑料（PE）、聚丙烯塑料（PP）、聚苯乙烯塑料（PS）、改性聚苯乙烯塑料（ABS）、有机玻璃（PMMA）等；常用的热固性塑料有酚醛树脂塑料（PF）、不饱和聚酯树脂塑料（UP）、环氧树脂塑料（EP）、有机硅树脂塑料（SI）、玻璃纤维增强塑料（GRP）等。

9.1.4.1 聚乙烯塑料（PE）

聚乙烯塑料是最常用的塑料之一。具有质量轻，绝缘性、耐低温性好，耐化学品腐蚀的优点，但强度不高，耐热性差，耐老化性差。主要用于生产各种建筑板材，管道包装，薄膜，电绝缘材料等。

9.1.4.2 聚氯乙烯塑料（PVC）

聚氯乙烯塑料是由氯乙烯单体聚合而成的，是常用的热塑性塑料之一。它的商品名称简称为“氯塑”，英文缩写为PVC。纯聚氯乙烯树脂是坚硬的热塑性物质，其分解温度与塑化温度极为接近，而且机械强度较差。因此，无法用聚氯乙烯树脂来塑制产品，必须加入增塑剂、稳定剂、填料等以改善性能，制成聚氯乙烯塑料制品。根据加入增塑剂量的多少分为硬质聚氯乙烯制品和软质聚氯乙烯制品。聚氯乙烯塑料耐腐蚀、电绝缘性好，但耐高温和低温强度不高，主要用于生产建筑薄板、薄膜、壁纸、地毯、地面卷材等。

9.1.4.3 聚苯乙烯塑料（PS）

聚苯乙烯是指由苯乙烯单体经自由基加聚反应合成的聚合物，化学式是（C_8H_8）$_n$。其塑料制品具有较好的电绝缘性能及耐化学品腐蚀性，易着色，易加工，且热导率低，为0.04～0.15W/（m・K），几乎不受温度而变化，因而具有良好的隔热性。普通聚苯乙烯塑料的不足之处在于性脆，冲击强度低，易出现应力开裂，耐热性差及不耐沸水等。建筑上主要用于生产泡沫塑料，作复合板材的芯材以获得良好的绝热性能。

9.1.4.4 聚丙烯塑料（PP）

聚丙烯是丙烯通过加聚反应而成的聚合物，是重要的通用塑料之一，无论是从绝对数量上还是从应用的广度与深度上都属于发展最快的品种之一。具有耐化学品腐蚀、耐热、电绝缘性好、高强度、和良好的高耐磨加工性能等，主要用于管材、板材、纤维等领域。

9.1.4.5 有机玻璃（PMMA）

有机玻璃是一种通俗的名称，缩写为PMMA，又叫明胶玻璃、亚克力等。此高分子透明材料的化学名称叫聚甲基丙烯酸甲酯，是由甲基丙烯酸甲酯聚合而成的高分子化合物，是一种开发较早的重要热塑性塑料。有机玻璃具有较好的透明性、化学稳定性，力学性能和耐候性，易染色，易加工，外观优美等优点，在建筑业中有着广泛的应用。可制成橱窗、隔声门窗、采光罩等，是目前透明性最好的热塑性塑料之一。

9.1.4.6 酚醛树脂塑料（PF）

酚醛树脂，又名电木，是由苯酚和甲醛在催化剂条件下经缩聚、中和、水洗而制成的树脂。酚醛树脂具有良好的耐酸性能、力学性能、耐热性能，广泛应用于各种层压板、保温绝热材料、玻璃纤维增强塑料等。

9.1.4.7 聚氨酯塑料（PU）

聚氨酯塑料是由异氰酸酯和羟基化合物经聚合制成的，按其硬度可分为软质和硬质两类，其中软质为主要品种。一般来说，它具有极佳的弹性、柔软性、伸长率和压缩强度；化学稳定性好，耐许多溶剂和油类；耐磨性优良，还有优良的加工性、绝热性、黏合性等性能，是一种性能优良的缓冲材料。可用于制作塑料地板等。

9.1.4.8 环氧树脂塑料（EP）

环氧树脂是一种高分子聚合物，是分子中含有两个以上环氧基团的一类聚合物的总称。环氧树脂最突出的特点就是黏结能力强，是万能胶的主要成分。此外，环氧树脂还耐化学品腐蚀、耐热、电气绝缘性能良好，收缩率小，比酚醛树脂有更好的力学性能。环氧树脂的缺点是耐候性差，抗冲击强度低，质地脆。可制成涂料、复合材料、浇铸料、胶黏剂、模压材料等，在国民经济的建筑领域中得到广泛的应用。

9.1.4.9 有机硅树脂塑料（SI）

有机硅树脂塑料是以硅树脂为基本成分，与云母粉、石棉、玻璃纤维或玻璃布等填料，经压塑或层压而制成。按其成型方法不同，主要可分为层压塑料、模压塑料和泡沫塑料三种类型。它们有较高的耐热性，较优良的电绝缘性和耐电弧性以及防水、防潮等性能，主要用于制作防水材料、胶黏剂、涂料等。

9.1.4.10 玻璃纤维增强塑料（GRP）

玻璃纤维增强塑料（GRP）俗称玻璃钢，是聚合物复合材料的主要品种，是以玻璃纤维及其制品（玻璃布、带、毡、纱等）作为增强材料，以合成树脂作基体材料的一种复合材料。比普通塑料具有更强的耐冲击性；它质轻、机械强度高、耐腐蚀性强。玻璃钢是近五十年来发展迅速的一种复合材料，我国已广泛采用玻璃钢制造装饰板、卫生洁具、建筑施工模板、筋材以及太阳能利用装置等。

任务9.2

胶黏剂

建议课时：1学时

教学目标

知识目标：能识记胶黏剂的定义、组成和分类；
能识记常用胶黏剂的性质和应用范围。

技能目标：能够结合工程实际，合理选择和使用常用的胶黏剂。

思政目标：培养求真创新精神、广阔的专业视野；
树立精益求精的工匠精神。

胶黏剂（又称黏合剂、黏结剂）是一种能在两个物体表面间形成薄膜并能把它们紧密地胶接起来的材料。

胶黏剂

其中用合成高分子材料（合成树脂、合成橡胶）配制的胶黏剂，其胶接强度等性能均优于天然胶黏剂，广泛用于建筑工程中，包括地板、墙板、吸声板等的胶接，釉面砖、水磨石、壁纸等的铺贴，混凝土裂缝和破损的修补，以及复合材料的胶接等。

9.2.1 胶黏剂的组成

胶黏剂大多数由多种组分物质组成，主要有胶料、固化剂、填料和稀释剂等组分。

胶料是胶黏剂的基本组分，它由一种或几种聚合物配制而成，对胶黏剂的性能（胶接强度、耐热性、韧性、耐老化等）起决定性作用，主要有合成树脂和橡胶。

固化剂可以增加胶层的内聚强度，它的种类和用量直接影响胶黏剂的使用性质和工艺性能，如胶接强度、耐热性、涂胶方式等，主要有胺类、高分子类等。

填料可以改善胶黏剂的性能，如提高强度，提高耐热性等，常用的填料有金属及其氧化物粉末、水泥、玻璃及石棉纤维制品等。

稀释剂用于溶解和调节胶黏剂的黏度，主要有环氧丙烷、丙酮等。为了提高胶黏剂的某些性能还可加入其他添加剂，如防老剂、防霉剂、防腐剂等。

9.2.2 胶黏剂的分类

胶黏剂品种繁多，分类方式各不相同。

按化学成分可分为有机胶黏剂和无机胶黏剂。有机胶黏剂又分为合成胶黏剂和天然胶黏剂。合成胶黏剂有树脂型、橡胶型、混合型等；天然胶黏剂有动物胶黏剂、植物胶黏剂等。无机胶黏剂按化学组分有磷酸盐、硅酸盐、硫酸盐、硼酸盐等多种。表 9-1 列出了胶黏剂按化学成分的分类。

表 9-1　胶黏剂按化学成分的分类

<table>
<tr><td rowspan="11">胶黏剂</td><td rowspan="6">有机类胶黏剂</td><td rowspan="4">合成类</td><td rowspan="2">树脂型</td><td>热塑性：聚乙酸乙烯酯胶黏剂、聚氯乙烯－乙酸乙烯酯胶黏剂、聚丙烯酸酯胶黏剂、聚苯乙烯胶黏剂、聚酰胺胶黏剂、醇酸树脂胶黏剂、纤维素胶黏剂、饱和聚酯胶黏剂等</td></tr>
<tr><td>热固性：酚醛树脂胶黏剂、环氧树脂胶黏剂、不饱和聚酯胶黏剂、聚氨酯胶黏剂、脲醛树脂胶黏剂等</td></tr>
<tr><td>橡胶型</td><td>再生橡胶胶黏剂、丁苯橡胶胶黏剂、氯丁橡胶胶黏剂、聚硫橡胶胶黏剂等</td></tr>
<tr><td>混合型</td><td>酚醛－聚乙烯醇缩醛、酚醛－氯丁橡胶胶黏剂、环氧－酚醛胶黏剂、环氧－聚硫橡胶胶黏剂等</td></tr>
<tr><td rowspan="2">天然类</td><td>动物胶</td><td>骨胶、皮胶、虫胶等</td></tr>
<tr><td>植物胶</td><td>淀粉胶、大豆胶等</td></tr>
<tr><td rowspan="5">无机类胶黏剂</td><td colspan="3">硅酸盐类</td></tr>
<tr><td colspan="3">磷酸盐类</td></tr>
<tr><td colspan="3">硼酸盐</td></tr>
<tr><td colspan="3">硫黄胶</td></tr>
<tr><td colspan="3">硅溶胶</td></tr>
</table>

按形态可分为液体胶黏剂和固体胶黏剂。有溶液型、乳液型、糊状、胶膜、胶带、粉末、胶粒、胶棒等。

按用途可分为结构胶黏剂、非结构胶黏剂和特种胶黏剂（如耐高温、超低温、导电、导热、导磁、密封、水中胶黏剂等）三大类。

按应用方法可分为室温固化型、热固型、热熔型、压敏型、再湿型等胶黏剂。

9.2.3　常用胶黏剂

表 9-2 列出了建筑上常用胶黏剂的性能及应用。

表 9-2　建筑上常用胶黏剂的性能及应用

<table>
<tr><th colspan="2">种类</th><th>特性</th><th>主要用途</th></tr>
<tr><td rowspan="3">热塑性树脂胶黏剂</td><td>聚乙烯缩醛胶黏剂</td><td>107 胶粘接强度高，抗老化，成本低，施工方便</td><td>粘贴塑胶壁纸、瓷砖、墙布等。加入水泥砂浆中改善砂浆性能，也可配成地面涂料</td></tr>
<tr><td>聚乙酸乙烯酯胶黏剂</td><td>黏附力好，水中溶解度高，常温固化快，稳定性好，成本低，耐水性、耐热差</td><td>粘接各种非金属材料、玻璃、陶瓷、塑料、纤维织物、木材等</td></tr>
<tr><td>聚乙烯醇胶黏剂</td><td>水溶性聚合物，耐热、耐水性差</td><td>适合胶接木材、纸张、织物等，与热固性胶黏剂并用</td></tr>
<tr><td rowspan="3">热固性树脂胶黏剂</td><td>环氧树脂胶黏剂</td><td>万能胶，固化速率快，粘接强度高，耐热、耐水、耐冷热冲击性能好，使用方便</td><td>粘接混凝土、砖石、玻璃、木材、皮革、橡胶、金属等，多种材料的自身粘接与相互粘接，适用于各种材料的快速胶接、固定和修补</td></tr>
<tr><td>酚醛树脂胶黏剂</td><td>黏附性好，柔韧性好，耐疲劳性好</td><td>粘接各种金属、塑料和其他非金属材料</td></tr>
<tr><td>聚氨酯胶黏剂</td><td>较强粘接力，良好的耐低温性与耐冲击性，耐热性差，自身强度低</td><td>适用于胶接软质材料和热膨胀系数相差较大的两种材料</td></tr>
</table>

续表

种类		特性	主要用途
合成橡胶胶黏剂	丁腈橡胶胶黏剂	弹性及耐候性良好，耐疲劳、耐油、耐溶剂性好，耐热，有良好的混容性，黏着性差，成膜缓慢	适用于耐油部件中橡胶与橡胶、橡胶与金属、织物等的胶接，尤其适用于粘接软质聚氯乙烯材料
	氯丁橡胶胶黏剂	黏附力、内聚强度高，耐燃、耐油、耐溶液性好，储存稳定性差	用于结构粘接或不同材料的粘接，如橡胶、木材、陶瓷、金属、石棉等不同材料的粘接
	聚硫橡胶胶黏剂	很好的弹性、黏附性，耐油、耐候性好，对气体和蒸汽不渗透，防老化性好	作密封胶及用于路面、地坪、混凝土的修补、表面密封和防滑，以及海港、码头和水下建筑物的密封
	硅橡胶胶黏剂	良好的耐紫外线性、耐老化性、耐热耐腐蚀性，黏附性好，防水防震	用于金属陶瓷、混凝土、部分塑料的粘接，尤其适用于门窗玻璃的安装以及隧道、地铁等地下建筑中瓷砖、岩石接缝间的密封

思考与练习

1. 与传统建材相比，塑料有哪些主要优点?
2. 名词解释：热塑性塑料和热固性塑料。
3. 简述常用建筑塑料的特点和用途。
4. 简述胶黏剂的基本组成及各组分的作用?

绝热材料与吸声材料

绝热材料与吸声材料均属于功能性材料，对于建筑物选用适当的绝热材料，一方面可以保证室内有适宜的温度，为人们构筑一个温暖舒服的居住生活环境；另一方面可以减少建筑物的采暖和空调能耗以节约能源。采用吸声材料可以改善室内音质效果，并减少噪声污染。绝热材料和吸声材料可以改善工作与居住环境，提高人们的生活质量。

任务10.1

绝热材料

建议课时： 1学时

教学目标

知识目标：认识绝热材料的作用原理；
知道绝热材料性能的影响因素。

技能目标：能够掌握绝热材料的常用类型及技术性能；
能够正确进行绝热材料的选用。

思政目标：培养分析与解决问题的能力；
培养绿色节能、创新思维的工匠精神。

建筑物中起保温、隔热作用的材料，称为绝热材料，主要用于房屋建筑的墙体、屋面，工业管道、窑炉，以及冷藏设备等工程或冬季施工等。其中，保温作用是指防止室内热量的散失，隔热作用是指防止外部热量的进入。合理地使用绝热材料可以减少热损失、节约能源，还可以减少建筑外墙厚度、减轻屋面体系的自重，从而节约材料、降低造价。

10.1.1 绝热材料的基本要求及影响因素

绝热材料的基本要求及影响因素

建筑工程中对绝热材料的基本要求是：导热性低[热导率不大于0.23W/(m·K)]，表观密度小（不大于600kg/m^3），有一定的强度（大于0.3MPa），以满足建筑构造和施工安装上的需要。材料绝热性能的好坏，主要受以下5种因素的影响。

10.1.1.1 材料的化学组成和分子结构

不同化学成分的材料，热导率有很大差异。一般来说，热导率最大的是金属，非金属次之，液体最小。对于同一种材料，内部结构不同，其热导率差别很大。绝热材料的微观分子结构中晶体结构的热导率最大，微晶体结构的次之，玻璃体结构的最小。

对于多孔材料来说，由于孔隙率较高，气体（或空气）对热导率的影响起主要作用，此时晶体结构对材料的热导率影响较小。

10.1.1.2 材料的表观密度和孔隙特征

由于材料中固体物质的导热能力比空气大得多，因此，表观密度小的材料，其孔隙率一般较大，故其热导率较小。在孔隙率相同的条件下，孔隙尺寸越大，热导率越大，互相连通孔隙比封闭孔隙的导热性高。

对于表观密度很小的材料，特别是纤维状材料，当其表观密度低于某一极限时，热导率反而会增大，这是由于孔隙率增大时，互相连通的孔隙增多，从而使得对流作用增强。因此，这类材料存在一个最佳表观密度，当表观密度为最佳表观密度时，热导率最小。

10.1.1.3　温度

材料的热导率随温度的升高而增大，这是因为当温度升高时，材料分子的热运动增强，同时材料孔隙中的空气对流现象增强，而且孔壁间的辐射作用也有所增强。但这种影响在温度为 0 ~ 50℃时并不显著，只有处于高温（大于 50℃）或者低温（小于 0℃）下的材料，才需要考虑温度的影响。

10.1.1.4　湿度

当材料受潮后，材料孔隙中含水率增加，即增加了水蒸气的散布，增强了水分子的热传导作用，导致材料的热导率增大；而材料受冻之后，由于冰的热导率更大，从而使绝热材料的绝热效果大大降低。因此，绝热材料在使用时应严禁受潮受冻。

10.1.1.5　热流方向的作用

建筑材料通常是各向异性的，如木材等纤维类材料，当热流平行于纤维延伸方向时，受到的热阻较小；而热流垂直于纤维方向时，受到的热阻较大。以松木为例，当热流垂直于木纹时，热导率为 0.175W/（m·K）；平行于木纹时，热导率为 0.349W/（m·K）。

对于常用绝热材料，上述各项因素中以表观密度和湿度的影响最大。因此，在测定材料的热导率时，必须同时测定材料的表观密度。至于湿度，对于多数绝热材料可取空气相对湿度为 80% ～ 85% 时材料的平衡湿度作为参考状态。应尽可能在这种湿度条件下测定材料的热导率。

10.1.2　常用绝热材料

根据化学组成不同，绝热材料可分为无机、有机和复合三大类型。其中，无机绝热材料是用矿物质原材料制成的，一般呈纤维状、松散状或多孔状，可制成板、片、卷材或者套管制品。一般来说，无机绝热材料的表观密度大，有不易腐蚀、耐高温的优点，而有机绝热材料是用有机原料制成的，其特点为吸湿率大，不耐久，不耐高温，只能用于低温绝热。

常用绝热材料

10.1.2.1　无机绝热材料

无机绝热材料不易腐朽生虫，不会燃烧，有的还能耐高温。常用的无机绝热材料有以下几种。

（1）石棉及其制品（图 10-1）。具有极高的抗拉强度，以及耐高温、耐腐蚀、绝缘、绝热等优良特性，是一种优质的绝热材料，通常将其加工成石棉板、石棉毡、石棉粉等制品，用于热表面绝热和防火覆盖。其缺点是吸水性大、弹性小。

（2）矿棉及其制品（图 10-2）。岩棉和矿渣棉统称为矿棉。矿棉有质轻、不燃、绝热以及绝缘等优点，被广泛应用于建筑保温大体积工程中，如墙体保温、屋面保温、地面保温等。其缺点类似于石棉及其制品，有吸水性大、弹性小的缺点。

（3）玻璃棉及其制品（图 10-3）。玻璃棉的主要原料是石灰石、萤石等天然矿物质。玻璃棉及其制品具有不燃、无毒、耐腐蚀、容重小、热导率小、化学稳定性强、吸湿率小、憎水性好等诸多优点，是目前公认性能优越的保温隔热材料之一。

(a) 石棉粉

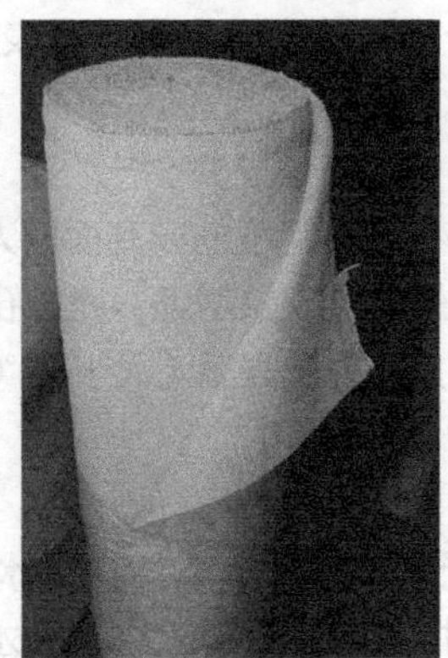
(b) 石棉网

图 10-1 石棉及其制品

(a) 矿棉板（含高领土）

(b) 矿棉板（含玄武岩）

图 10-2 矿棉及其制品

(a) 玻璃棉板

(b) 玻璃棉卷毡

图 10-3 玻璃棉及其制品

（4）膨胀珍珠岩及其制品（图 10-4）。膨胀珍珠岩颗粒的内部是蜂窝状结构，无毒、无味、不腐、不燃、耐酸、耐碱，并可用不同的黏合剂制成不同性能的制品，其特点是质轻、绝热及吸声性能好。由于其原材料丰富、价格低廉、使用安全、施工方便，被广泛应用于工业窑炉、建筑物屋面和墙体的保温隔热等。

(a) 膨胀珍珠岩粉

(b) 膨胀珍珠岩板

图 10-4　膨胀珍珠岩及其制品

（5）膨胀蛭石及其制品（图 10-5）。蛭石具有隔热、耐冻、抗菌、防火、吸水、吸声等优异性能，在 80 ～ 100℃下焙烧 0 ～ 1.0min 体积可迅速增大 8 ～ 15 倍，最高达 30 倍。膨胀后颜色变为金黄或银白色，生成一种质地疏松的膨胀蛭石。膨胀蛭石具有表观密度小、热导率小、防火、耐腐蚀、化学稳定性强、无毒无味等优点，被广泛用作建筑保温隔热材料。

(a) 膨胀蛭石

(b) 膨胀蛭石板

图 10-5　膨胀蛭石及其制品

（6）泡沫玻璃及其制品（图 10-6）。泡沫玻璃是以天然玻璃或人工玻璃碎料和发泡剂配制成的混合物经高温煅烧而得到的一种内部多孔的块状绝热材料。它具有良好的防火性、防水抗渗性、耐腐蚀性、耐热性和抗冻性。泡沫玻璃与各类泥浆黏结性好，是一种性能稳定的建筑外墙和屋面保温隔热材料。

(a) 泡沫玻璃板

(b) 泡沫玻璃管

图 10-6 泡沫玻璃及其制品

10.1.2.2 有机绝热材料

（1）泡沫塑料。又称多孔塑料，是由大量气体微孔分散于固体塑料中而形成的一类高分子材料。我国目前生产的有聚苯乙烯、聚氨酯及脲醛等泡沫塑料，日常生活中，常见的泡沫塑料如图 10-7 所示。泡沫塑料具有质轻、绝热、吸声、防震、耐腐蚀等特点，广泛用作绝热、隔声、包装材料及制造船壳体等。

(a) 泡沫塑料板

(b) 泡沫塑料箱

图 10-7 常见的泡沫塑料

（2）碳化软木板（图 10-8）。碳化软木板是以一种软木橡胶的外皮为主要原料，经过碳化制成的软木制品，它具有致密疏松的细孔，所制成的产品环保、不老化、质轻、耐水、耐油、耐稀酸，是保温、绝热、隔声的绝好原料。碳化软木板是一种高级绝热材料，由于价格昂贵，只用于冷藏库和某些重要的工程。

图 10-8 碳化软木板

（3）植物纤维复合板（图 10-9）。植物纤维复合板是用植物纤维加入胶黏材料和填料经热压而制成的板材。植物纤维复合板与木质板相似，具有隔声、防火、防潮、防蛀、不变形、易清洗等优点，可代替木材，同时可降低整体造价，是一种较好的隔热保温材料。

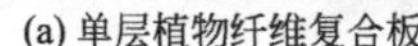
(a) 单层植物纤维复合板

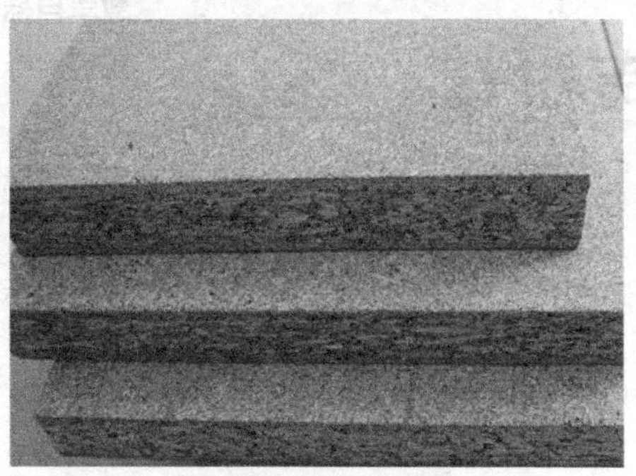

(b) 多层植物纤维复合板

图 10-9　植物纤维复合板

10.1.2.3　复合绝热材料

复合绝热材料是由有机与无机绝热材料复合而成的，根据不同的需要，可以制作出不同类型的复合绝热材料。目前常用的复合绝热材料有橡塑复合绝热材料、微纳米多孔复合绝热材料等。

任务10.2

吸声材料

建议课时： 1学时

教学目标

知识目标：认识吸声材料的作用原理；
知道吸声材料性能的影响因素。

技能目标：能够熟悉吸声材料的常用类型及技术性能；
能够正确进行吸声材料的选用。

思政目标：养成理论与实践相结合的能力；
形成务实求真、举一反三的学习精神。

吸声材料主要用于音乐厅、影剧院、大会堂、播音室等建筑的内部墙面、地面、顶棚等部位，能有效改善声波在室内传播的质量，从而获得良好的音响效果。

10.2.1 吸声材料的基本要求

吸声材料的基本要求及影响因素

衡量材料吸声性能的重要指标是吸声系数，即被材料吸收的声能与传递给材料的全部入射声能之比，其值为 0 ～ 1。吸声系数越大，材料的吸声效果越好。材料的吸声性能除与声波方向有关外，还与声波的频率有密切关系。同一材料对高、中、低不同频率声波的吸声系数有很大差别，故不能按个别频率的吸声系数来评定材料的吸声性能。因此，对 125Hz、250Hz、500Hz、1000Hz、2000Hz 及 4000Hz 六个频率的平均吸声系数大于 0.2 的材料，才称为吸声材料。

10.2.2 影响材料吸声性能的因素

10.2.2.1 材料的表观密度

对同一种多孔材料来讲，当其表观密度增大（即孔隙率减小）时，对低频声波的吸声效果有所提高，而对高频声波的吸声效果则有所下降。

10.2.2.2 材料的厚度

增加多孔材料的厚度，可提高低频声波的吸声效果，而对高频声波的吸声效果影响不大。由此可见，为提高材料的吸声性能而盲目增加材料的厚度是不可取的。

10.2.2.3 材料的孔隙特征

材料的孔隙越多、越细小，材料的吸声效果越好。如果孔隙太大，则吸声效果较差；如果材料中的孔隙大部分为单独的封闭气泡，则声波不能进入材料内部而不具有吸声性能；当多孔材料的表面涂刷油漆或材料吸湿时，因材料表面的孔隙被涂料或水分所堵塞，其吸声效果大大降低。

10.2.3 常用吸声材料和结构

常用吸声材料和结构

10.2.3.1 多孔吸声材料

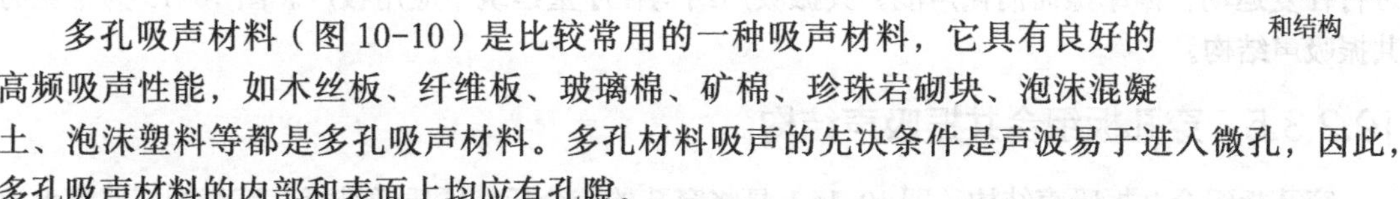

多孔吸声材料（图 10-10）是比较常用的一种吸声材料，它具有良好的高频吸声性能，如木丝板、纤维板、玻璃棉、矿棉、珍珠岩砌块、泡沫混凝土、泡沫塑料等都是多孔吸声材料。多孔材料吸声的先决条件是声波易于进入微孔，因此，多孔吸声材料的内部和表面上均应有孔隙。

(a) 木丝板多孔吸声材料

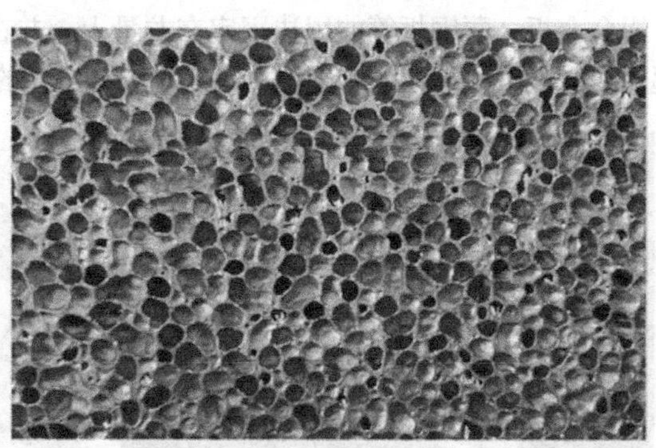

(b) 金属多孔吸声材料

图 10-10 多孔吸声材料

10.2.3.2 柔性吸声材料

柔性吸声材料（图 10-11）是指具有密闭气孔和一定弹性的材料，如聚氯乙烯泡沫塑料。其原理是声波使材料产生振动，由于材料克服内部的摩擦会消耗声能，从而会使声波衰减。

10.2.3.3 薄板振动吸声结构

常用的薄板振动吸声结构是将胶合板、薄木板、硬质纤维板、石膏板、石棉水泥板或金属板等的周边固定在墙或顶棚的龙骨上，并在背后留有空气层而形成的结构。薄板振动吸声结构在声波作用下发生振动，板与木龙骨间出现摩擦损耗，使声能转变为机械振动而吸声。由于低频声波比高频声波更易激起薄板产生振动，因此，薄板振动吸声结构对低频声波的吸声效果较好。图 10-12 为常见的薄板振动吸声结构。

图 10-11 柔性吸声材料

图 10-12 常见的薄板振动吸声结构

10.2.3.4 共振吸声结构

共振吸声结构又称共振器，它形似一个瓶子，具有封闭的空腔和较小的开口。当瓶腔内空气受到外力激荡时，会按一定的频率振动，此时开口颈部的空气分子在声波的作用下像活塞样进行往复运动，因摩擦而消耗声能。共振吸声结构在厅堂建筑中应用极广。图 10-13 为常见的共振吸声结构。

10.2.3.5 穿孔板组合共振吸声结构

穿孔板组合共振吸声结构（图 10-14）是将穿孔的胶合板、硬质纤维板、石膏板、石棉水泥板、铝合金板、薄钢板等的周边固定在龙骨上，并在背后留有空气层而形成的结构。这种结构可以起到扩宽吸声频率范围的作用，特别对中频声波的吸声效果较好，在建筑中使用比较普遍。

图 10-13 常见的共振吸声结构

图 10-14 穿孔板组合共振吸声结构

思考与练习

1. 什么是绝热材料？影响材料绝热性能的因素有哪些？
2. 常用的绝热材料有哪些？
3. 什么是吸声材料？影响材料吸声性能的因素有哪些？
4. 试列举几种常用的吸声材料和吸声结构？

建筑装饰材料

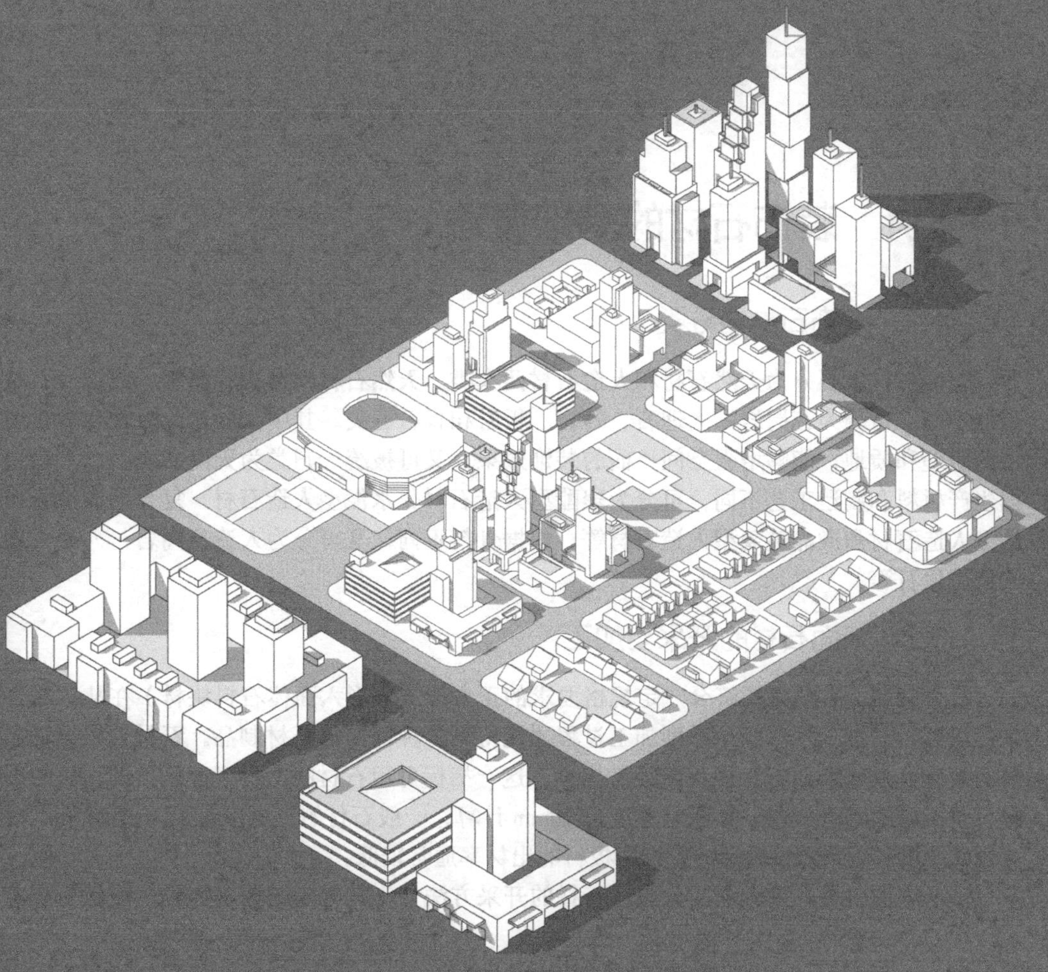

建筑装饰是采用装修材料对建筑物的内外表面及空间进行各种处理的过程，装饰材料是建筑装饰工程的物质基础，是装饰工程的实际效果与装饰材料的色彩、质感和纹理的具体展现。秉承着安全坚固、美观大方和便捷舒适等设计原则，将适合的装饰材料与正确的施工工艺相结合，可以展现更美好的装饰效果。因此，人们对某一场所进行装饰时，必须首先了解各类装饰材料的性能特征，然后才能合理而艺术地使用装饰材料。随着装饰行业的迅猛发展，人们对装饰材料的研发、生产与应用有了更高的要求及更严格的标准，同时也提出了环保与环境的可持续发展的要求。

任务11.1

建筑饰面石材

建议课时：2学时

教学目标

知识目标：了解建筑饰面石材的分类、性能和作用；
掌握建筑饰面石材的特性与发展趋势。

技能目标：能够掌握饰面石材的常用类型及技术性能；
能够正确进行饰面石材的选用。

思政目标：培养分析与解决问题的能力；
培养绿色节能、创新思维的工匠精神。

11.1.1 装饰石材的基础概述

11.1.1.1 装饰石材的分类

装饰石材主要分为天然石材和人造石材两大类。天然石材根据岩石类型、成因及石材硬度高低不同，可分为花岗岩、大理石、砂岩、板岩和青石五类。其中，砂岩、板岩和青石因其独特的肌理和质地，能够增强空间界面的装饰效果，又可被统一归类为天然文化石。人造石材根据生产材料和制造工艺不同，可分为聚酯型人造石材、水泥型人造石材、复合型人造石材、烧结型人造石材和微晶玻璃型人造石材等；根据骨料不同，又可分为人造花岗岩、人造大理石和人造文化石等。

11.1.1.2 饰面石材的开采与加工

石材荒料（荒料是指符合一定规格要求的正方形或矩形六面体石料块材）在从矿山开采出来后运到石材加工厂，经一系列加工过程才能得到各种饰面的石材制品。石材荒料锯切出毛板材的数量是反映饰面石材加工的经济指标。这一指标可用石材的出材率表示，即 $1m^3$ 的石材荒料可获板材的面积（m^2）。如板材厚度按 20mm 计算，一般石材的出材率为 12 ～ $21m^2/m^3$。因此，受锯片厚度和荒料质量的影响，饰面板材的出材率通常较低。

（1）饰面石材开采方法的分类。石材的开采方法分为孔内刻槽爆破劈裂、液压劈裂、凿岩爆裂、火焰切割、爆裂管控制爆破、金刚石串珠锯和圆盘锯切割等，不同的方法在开采工艺不同阶段有不同的作用，会产生不同的效果。

（2）饰面石材的加工方法。根据加工工具及工艺的不同特点，饰面石材的加工有磨切加工和凿切加工两种基本的方法。

磨切加工是最具现代化，也是目前最常采用的一种加工方法。它根据石材的硬度特点，采用不同的锯、磨、切割的刀具及机械完成饰面石材的加工。其特点是自动化、机械化程度高，生产效率高，材料利用率高。

凿切加工是广泛采用的一种石材加工方法。它采用人工或半人工的凿切工具，如利用凿子、剁斧、钢錾和气锤等对石材进行加工。其特点是可形成凹凸不平、明暗对比强烈的表面，突出石材的粗犷质感。但劳动强度较大，需要人工较多，虽然可采用气动或电动式机具，但很难实现完全的机械化和自动化。

每种加工方法又分为两个阶段：第一个阶段是锯切加工阶段，使饰面石材具有初步的形状、厚度或满足一定要求的幅面；第二个阶段是表面加工阶段，石材处于荒料和毛板阶段时，并不能清楚地显示其颜色和花纹，通过表面加工使饰面石材充分显示出自身的质感和色泽，具有装饰性和观赏性。表面加工可分为研磨、刨切、烧毛和凿毛等几种。

① 研磨。研磨一般有粗磨、细磨、半细磨、精磨和抛光五道工序。抛光是研磨的最后一道工序，它可使石材表面具有最大反射光线的能力及良好的光滑度，同时使石材最大限度地显示固有的色泽花纹，最终使饰面板成为平整且具有镜面反射的镜面板。

② 刨切。刨切是使用刨床式的刨石机对毛板表面进行往复式的刨切，使表面平整，同时形成有规律的平行沟槽或刨纹。这是一种粗面板材的加工方式，最终使饰面板成为平整且具有规则条纹的机刨板。

③ 烧毛。烧毛是将锯切后的石材毛板用火焰进行表面喷烧，利用某些矿物在高温下开裂的特性进行表面烧毛，使石材恢复天然粗糙的表面，以达到独特的色彩和质感，最后加工成平整且具有粗糙肌理的火烧板。

④ 凿毛。凿毛是利用专用凿切手工工具，如剁斧、钢錾或花锤（一种带有25齿、36齿或64齿的钢锤），在石材表面剁切，形成凹凸深度不同的表面，最后加工成剁斧板或荔枝板。这种表面加工主要适用于中等硬度以上的各种火成岩和变质岩。

11.1.2 装饰石材的性能参数

装饰石材的技术性质包括物理性质、力学性质和工艺性质。

11.1.2.1 物理性质

（1）表观密度。天然石材根据表观密度的大小可分为：轻质石材，表观密度≤ 1800kg/m^3；重质石材，表观密度＞180kg/m^3。表观密度的大小反映了石材的致密程度与孔隙多少。在通常情况下，同种石材的表观密度越大，则抗压强度越高，吸水率越小，耐久性越好，导热性越好。

（2）吸水性。通常用吸水率表示石材吸水性的大小。石材的孔隙率越大，吸水率越大；孔隙率相同时，开口孔数越多，吸水率越大。例如，花岗岩的吸水率通常小于0.5%，致密的石灰岩吸水率可小于1%，而多孔的贝壳石灰岩吸水率可高达15%。

（3）耐水性。通常用软化系数表示石材的耐水性。岩石中含的黏土或易溶物质越多，岩石的吸水性越强，耐水性越差；反之，则其耐水性越好。

（4）抗冻性。抗冻性是指石材抵抗冻融破坏的能力，通常用冻融循环次数 F 表示，一般有 $F10$、$F15$、$F25$、$F100$、$F200$。能经受的冻融循环次数越多，表示抗冻性越好。石材的抗冻性与吸水性有密切的关系，吸水率大的石材其抗冻性差。通常吸水率小于 0.5% 的石材是抗冻的。

（5）耐热性。它与石材的化学成分及矿物组成有关。石材经高温后，由于热胀冷缩导致体积变化而产生内应力，或因组成矿物发生分解和变异等导致结构破坏，如含有石膏的石材，在100℃以上时，结构就开始被破坏。

11.1.2.2 力学性质

（1）抗压强度。通常用 100mm×100mm×100mm 的立方体试件的抗压破坏强度的平均值表示。《砌体结构设计规范》（GB 50003-2011）规定，石材共分 9 个强度等级：MU100、MU80、MU60、MU50、HU40、MU30、MU20、MU15 和 MU10。

（2）冲击韧性。它取决于岩石的矿物组成与构造。石英岩和硅质砂岩脆性较大，冲击韧性较强。含暗色矿物较多的辉长岩、辉绿岩等具有较强的冲击韧性。通常晶体结构的岩石比非晶体结构的岩石冲击韧性强。

（3）硬度。它取决于造岩矿物的硬度与构造。凡由致密、坚硬的矿物组成的石材，硬度就高。石材的硬度以莫氏硬度表示。

（4）耐磨性。耐磨性是指石材在使用条件下抵抗摩擦、边缘剪切以及冲击等复杂作用的能力。石材的耐磨性包括耐磨损与耐磨耗两方面。凡是用于可能遭受磨损作用的场所，如台阶、人行道、地面及楼梯踏步等，以及可能遭受磨耗作用的场所，如道路路面的碎石等，都应采用具有高耐磨性的石材。

11.1.2.3 工艺性质

石材的工艺性质是指石材便于开采、加工和施工安装的性质。

（1）加工性。加工性是指对岩石进行开采、锯解、切割、凿琢、磨光和抛光等加工的难易程度。凡强度高、硬度大、韧性强的石材，都不易加工；凡质脆而粗糙，有颗粒交错结构，含有层状或片状构造以及已风化的岩石，都难以满足加工要求。

（2）磨光性。磨光性是指石材能否磨成平整光滑表面的性质。致密、均匀、细粒的岩石，一般都有良好的磨光性，可以磨成光滑亮洁的表面；疏松多孔、有鳞片状构造的岩石，磨光性不好。

（3）抗钻性。抗钻性是指石材钻孔时的难易程度。影响抗钻性的因素很复杂，一般石材强度越高，硬度越大，越不易钻孔。

11.1.3 天然石材

天然大理石

11.1.3.1 天然大理石

（1）大理石的命名。大理石是石灰岩或白云岩在高温、高压的地质作用下重新结晶变质而成的一种变质岩，常呈层状结构，属于中硬石材。大理石色泽鲜艳、花纹美丽，有较高的抗压强度和良好的物理化学性能，资源分布广泛，易于加工。随着大理石开采加工技术的发展、国际贸易的加强，大理石装饰板材大批量地进入建筑装饰行业，不仅用于豪华的公共建筑物，也进入了家庭装修，是理想的室内高级装饰材料，如图 11-1 所示。大理石还大量用于制造精美的家居用品，如大理石壁画、家具、灯具、烟具及艺术雕刻等。在大理石开采和加工过程中产生的碎石、边角余料也常用于人造石、水磨石、石米和石粉的生产。

图 11-1　天然大理石在室内装饰中的应用

大理石外观虽然美丽，但一般都含有杂质，而且其中的碳酸钙（$CaCO_3$）在大气中受 CO_2、碳化物和水汽的作用，容易风化和溶蚀，使其表面很快失去光泽。因此只有少数的，如汉白玉、艾叶青等质纯、杂质少的比较稳定耐久的品种可用于室外，其他品种不宜用于室外，一般只用于室内装饰面。

（2）大理石的组成和外观特征

① 化学成分。主要有 CaO 和 MgO，占总量的 50% 以上，以及少量 SiO_2 等，化学性质呈碱性。

② 矿物成分。主要为方解石、白云石，还有少量石英石和长石等。由白云岩变质成的大理石，其性能比由石灰岩变质成的大理石优良。

③ 外观特征。天然大理石分纯色和花纹两大类，纯色大理石为白色，如汉白玉。当变质过程中含有 Fe_2O_3、石墨等矿物杂质时，可呈玫瑰红、浅绿、米黄、灰、黑等色彩。磨光后，光泽柔润，花纹和结晶粒的粗细千变万化，有山水形、云雾形、图案形（螺纹、柳叶、古生物等）和雪花形等，装饰效果好。

（3）大理石的命名识别。《天然大理石建筑板材》（GB/T 19766—2016）中对大理石板材的命名和标记方法的规定如下。

① 板材命名顺序为：荒料产地地名、花纹色调特征描述、大理石代号（M）。

② 板材标记顺序为：编号、分类（普型板 PX，圆弧板 HM）、规格尺寸（单位：mm）、等级、标准号。

例如，标记为房山汉白玉大理石：H1101 PX 600mm×600mm×20mm A GB/T 19766 的板材，表示该板材是用房山汉白玉大理石荒料加工的普型板材，规格尺寸为 600mm×1500mm×20mm，等级为一等品，GB/T 19766 为标准号。

（4）大理石的规格。大理石板材的分类与花岗岩板材的分类相同，但大理石板材多为镜面板材。大理石板材及其他特殊板材规格由设计或施工部门与生产厂家商定。国际和国内板材的通用厚度为 20mm，称为厚板。厚板的厚度较大，可钻孔、锯槽，适用于传统湿作业法和干挂法等施工工艺，但施工较复杂，进度也较慢。随着石材加工工艺的不断改进，厚度较小的板材也开始应用于装饰工程，常见的有 10mm、8mm 和 7mm 等，也称为薄板。薄板可采用水泥砂浆或专用胶黏剂直接粘贴，石材利用率高，便于运输和施工。但幅面不宜过大，以免在加工和安装过程中发生碎裂或脱落，造成安全隐患。

（5）大理石的特性

① 表观密度为 2600 ～ 2700kg/m³，抗压强度为 70 ～ 300MPa，吸水率低，不易变形，耐久、耐磨。

② 硬度中等，较花岗岩低，莫氏硬度为 3 ～ 4，易加工，磨光性好。但在地面使用时，尽量不要选择大理石，因为其硬度较低，磨光面易受损。

③ 抗风化性能差，除了极少数杂质含量少、性能稳定的大理石（如汉白玉、艾叶青等）以外，磨光大理石板材一般不适宜用于室外装饰。由于大理石中所含的白云石和方解石均为碱性石材，空气中的 CO_2、硫化物和水汽等对大理石具有腐蚀作用，会使其表面失去光泽，变得粗糙多孔或崩裂。

我国大理石矿产资源极其丰富，储量大、品种多，总储量居世界前列。据不完全统计，初步查明国产大理石有近 400 个品种。

花色品种比较名贵的大理石有如下几种。

① 白色系：如北京房山汉白玉、安徽怀宁和贵池白大理石、河北曲阳和涞源白大理石、四川宝兴蜀白玉、江苏赣榆白大理石、云南大理苍山白大理石、山东平度和莱州雪花白大理石等。

② 红色系：如安徽灵璧红皖螺和橙皮红大理石等。

③ 黄色系：如河南淅川的松香黄、松香玉、金线米黄和金花米黄大理石等。

④ 灰色系：如浙江杭州的杭灰和云南大理的云灰大理石等。

⑤ 黑色系：如广西桂林的桂林黑大理石，湖南邵阳黑大理石以及黑金花和海贝花大理石等。

⑥ 绿色系：如辽宁丹东的丹东青大理石等。

⑦ 彩色系：如大花白和大花绿大理石等。

天然大理石常见装饰制品有大理石踢脚板、柱头、浮雕、家具、灯具及艺术雕刻等。

（6）大理石选用质量标准

① 大理石质量等级。根据《天然大理石建筑板材》（GB/T 19766—2016），天然大理石分为优等品（A）、一等品（B）和合格品（C）三个等级。

② 大理石技术要求。规格尺寸允许偏差、平面度允许极限公差、角度允许极限公差应符合规定。其测量方法同花岗岩板材，异形板材的规格尺寸偏差由供需双方商定。板材厚度≤ 15mm 时，同一块板材上的厚度允许极差为 1mm；板材厚度＞ 15mm 时，同一块板材上的厚度允许极差为 2mm。拼缝板材，正面与侧面的夹角不得大于 90°。

③ 性质要求

a. 力学性质。为了保证天然大理石板材的质量，要求表观密度不小于 2.6g/cm³，吸水率≤ 0.75%，干燥状态下的抗压强度≥ 20MPa，弯曲强度≥ 7MPa。

b. 镜面光泽度。大理石板材需要经过抛光处理，抛光面应具有镜面光泽，能清晰地反映出景物，镜面光泽度不应低于 70 光泽单位。

11.1.3.2 天然花岗岩

天然花岗岩

花岗岩（Granite）的语源是拉丁文的“Granum”，意思是谷粒或颗粒。因为花岗岩是深成岩，常能形成发育良好、肉眼可辨的矿物颗粒，因而得名。汉字花岗岩则由日文翻译而来，“花”形容这种岩石有美丽的斑纹，“岗”则表示这种岩石很坚硬，也就是有着似花斑纹的刚硬岩石的意思。花岗岩硬度仅次于钻石，列居第二，不易风化，颜色美观，外观色泽可保持百年以上。由于其硬度高、耐磨损，除了是高级建筑装饰工程墙、地面的理想材料外，还是露天雕刻材料的首选之一。图 11-2 和图 11-3 所示为天然花岗岩在室外的应用案例。

图 11-2　花岗岩在建筑外立面的应用

图 11-3　花岗岩盲道

花岗岩在地表的分布很广泛，是人类最早发现和利用的天然岩石之一。在世界各地有许多古代开发利用花岗岩的遗迹，如4000多年前古埃及人建造的金字塔、古希腊的神庙、古印度的寺庙圣窟和古罗马的斗兽场等。

根据《天然花岗石建筑板材》(GB/T 18601—2009)，按照尺寸允许偏差、平面度允许极限公差、角度允许极限公差和外观质量来划分，天然花岗岩分为优等品（A）、一等品（B）和合格品（C）。我国天然石材的命名与标记方法，除国家标准外，各专业石材进口公司和中国石材协会也对部分出口石材做了编号（如花岗岩是 JG，大理石是 JM）。

11.1.3.3　天然文化石

文化石不是专指一种岩石，而是对一类能够体现独特建筑装饰风格的饰面石材的统称。这类石材本身不包含任何文化含义，而是利用其自然原始的色泽纹路展示出石材的内涵与艺术魅力，与人们崇尚自然、回归自然的文化理念相吻合，因此被人们统称为文化石或艺术石，如图 11-4 所示。文化石可分为天然文化石和人造艺术石两大类。

天然文化石

图 11-4 天然文化石用作卧室墙

天然文化石根据材质不同，主要分为砂岩、板岩等。

（1）砂岩。砂岩是一种碎屑成分占 50% 以上的机械沉积岩，由碎屑和填充物两部分组成。按其沉积环境可分为石英砂岩、长石砂岩和岩屑砂岩。

① 化学成分。主要是 SiO_2 和 Al_2O_3。砂岩的化学成分变化很大，主要取决于碎屑和填充物的成分。

② 矿物成分。主要以石英为主，其次是长石、岩屑、白云母、绿泥石和重矿物等。

③ 外观特征。砂岩结构致密、质地细腻，是一种亚光饰面石材，具有天然的漫反射性和防滑性，有的则具有原始的沉积纹理，天然装饰效果理想。常呈白色、灰色、淡红色和黄色等。

④ 技术特性。砂岩的表观密度为 2200 ～ 2500kg/m^3，抗压强度为 45 ～ 140MPa。吸湿性能良好，不易风化，不长青苔，易清理；但脆性较大，孔隙率和吸水率大，耐久性差。

（2）板岩。板岩是一种变质岩，由黏土岩、粉砂岩或中酸性凝灰岩变质而成，包括黑板岩、瓦板岩、锈板岩。

① 化学成分。主要是 SiO_2、Al_2O_3 和 Fe_2O_3。

② 矿物成分。主要为矿物颗粒极细的石英、长石、云母和黏土等，其中绿泥石呈片状，平行定向排列；黄铁矿及电气石呈星散状分布。

③ 外观特征。板岩结构致密，具有变余结构和构造，易于劈成薄片，获得板材。常呈黑、蓝黑、灰、蓝灰、红及杂色斑点等不同色调。板岩饰面在欧美大多用于覆盖斜屋顶以代替其他屋面材料。近些年也常用于做非光面的外墙饰面以及室内局部墙面装饰，通过其特有的色调和质感，营造一种欧美乡村风情。

④ 技术特性。板岩硬度较大，耐火、耐水、耐久、耐寒；但脆性大，不易磨光。

板岩还包括瓦板岩和锈板岩。瓦板岩属于粘连板岩，与晶体状岩石最接近，所以与它们有很多共同点，是板岩层状片里最极致的表现和运用。瓦板岩主要用于安装屋顶，多种规格和形式与多变的排列及叠加，使屋面更富立体感。瓦板岩一直是欧洲的一种传统建筑用材，近年来欧美诸国，亚洲的日本、新加坡和韩国，以及澳大利亚及新西兰，对瓦板岩的需求量都逐年增加。天然锈板岩的形成主要是由于板岩中含有一定比例的铁质成分，当这些铁质成分与水和氧气充分接触后，就会引起氧化反应，生成锈斑。这些锈斑形成天然的纹理，色彩绚丽，图案多变，每一块都绝无仅有。锈板岩有粉锈板岩、水锈板岩、玉锈板岩和紫锈板岩等类型。

11.1.4 人造石材

人造石材

人造石材是采用胶凝材料黏结，以天然砂、碎石、石粉或工业渣等为填充料，经成型、固化和表面处理而人工合成的一种材料，能够模仿天然石材的花纹和质感。

11.1.4.1 外观特征

人造石材色泽鲜艳、花色繁多、装饰性好。人造石材的色彩和花纹均可根据设计意图制作，如仿花岗岩、仿大理石或仿玉石等，所达到的效果可以以假乱真。人造石材还可以被加工成各种曲面、弧形等天然石材难以加工成的形状，表面光泽度高，某些产品的光泽度指标可大于100，甚至超过天然石材。人造石材质量轻、厚度小，厚度一般小于10mm，最薄的可达8mm。通常不需要专用锯切设备锯割，可一次成型为板材。

11.1.4.2 人造石材的分类

按材质可分为水泥型人造石材、聚酯型人造石材、复合型人造石材、烧结型人造石材和微晶玻璃型人造石材等。

按仿天然石材类型可分为人造花岗岩、人造大理石（含人造玉石）、水磨石制品和人造艺术石等。

（1）水泥型人造石材。水泥型人造石材是以各种水泥（白色或彩色的硅酸盐水泥、普通硅酸盐水泥和铝酸盐水泥）为胶结材料，以天然砂为细骨料，以天然花岗岩碎石、天然大理石碎石等为粗骨料，加颜料与水按一定比例混合，经成型、加压蒸养、磨光和抛光等主要工序而制成的材料。水泥型人造石材主要有水磨石、花阶砖和人造艺术石等。这类石材中，以硅酸盐水泥作为胶结材料的性能最为优良。铝酸盐水泥的主要成分为铝酸钙，水化反应后产生$Al(OH)_3$凝胶层，这种胶状的凝胶层在硬化过程中不断地填塞着骨料间的孔隙而形成致密结构，表面光亮并呈半透明状。如果使用其他品种水泥，则不能形成具有光泽的面层。其特性是表面光泽度高，花色、纹理耐久性好，抗风化，防潮、耐冻和耐火的性能优良。但耐腐蚀能力较差，不好养护，易产生龟裂。

（2）聚酯型人造石材。聚酯型人造石材是以有机树脂为胶结剂，与天然碎石、石粉、颜料及少量助剂等原料配制搅拌成混合料，经固化、脱模、烘干、抛光等主要工艺制成的材料，俗称聚酯合成石。这种石材的颜色、花纹和光泽都可以仿制天然大理石的装饰效果，所以近年来在高级室内装饰工程中得到广泛应用。主要包括人造大理石、人造花岗岩、人造玉石和人造玛瑙等，多用于卫生洁具、工艺品及浮雕线条等的制作。聚酯型人造石材卫生洁具包括浴缸、马桶、水斗、脸盆和淋浴房等。聚酯型人造石材可以用于室内墙面、地面、柱面和台面的镶贴。其特性是质量轻、强度大，表观密度比天然石材小，但抗压强度高（可达110MPa）；不易碎，可制成大幅面薄板；耐磨、耐酸碱腐蚀，具有较强的耐污力；可钻、可锯、可黏结，加工性能良好；但耐热、耐候性较差，易发生翘曲。

（3）复合型人造石材。复合型人造石材是指用既含水泥又含有机树脂的胶结材料制成的人造石材。以水泥（普通硅酸盐水泥、白色硅酸盐水泥、快硬硅酸盐水泥或铝酸盐水泥）和树脂（苯乙烯、乙酸乙烯、甲基丙烯酸甲酯或二氯乙烯）为胶结材料，用水泥将填料胶结成型后，再将坯体浸渍在有机单体中，使其产生聚合反应而成。也可用水泥型人造石材作基材，然后在表面敷树脂和天然石粉颜料，添加要求的色彩或图案制作罩光层。其特性是表面光泽度高，花纹美丽，抗污染和耐候性都较好。

（4）烧结型人造石材。烧结型人造石材的制作工艺类似于陶瓷等烧土制品的生产工艺，是将长石、石英、辉石、方解石粉、赤铁矿粉以及部分高岭土按比例混合（一般配比为黏土 40%，石粉 60%），采用泥浆法制坯，半干压法成型，经窑炉 1000℃左右的高温焙烧而成。这种人造石材因采用高温焙烧，所以能耗大，造价较高，实际应用得较少。

（5）微晶玻璃型人造石材。微晶玻璃型人造石材又称微晶板或微晶石，是指由适当组成的玻璃颗粒经焙烧和晶化，制成由玻璃相和结晶相组成的复相材料。微晶玻璃型人造石材色泽多样，有白色、米色、灰色、蓝色、绿色、红色、黑色和花色等，且色差小，光泽柔和，装饰效果好，是一种较理想的高档装饰材料。主要用于建筑物内、外墙面、柱面、地面和台面等部位的装饰。其特性是抗压强度高、硬度高、耐磨；抗冻、耐污、吸水率低、耐酸、耐碱、耐腐蚀、耐风化，无放射性；可制成平板和曲板，热稳定性能和电绝缘性能良好。

11.1.5 石材新型材料

石材复合板是一种将天然石材超薄板与陶瓷、铝塑板和铝蜂窝板等基材复合而成的高档建筑装饰新产品，属于石材新型材料，因与其复合的基材不同而具有不同的性能特点。可根据不同的使用要求和使用部位采用不同基材的复合板。石材复合板的技术诞生在西班牙，我国最早开始技术研制是在 1997 年。随着技术设备的进一步成熟，市场也逐渐得到拓展。目前石材复合板的销售市场主要集中在国际市场，国外对石材复合板的认知度和认可度都较国内要高，使用量也要远远大于国内，主要集中在西欧几个国家（如西班牙、意大利、德国等）以及美国、澳大利亚、日本和韩国。

11.1.5.1 特性

（1）质量轻。石材复合板最薄可达 5mm（铝塑板基材），常用的瓷砖复合板厚度也只有 12mm 左右，成为对楼体有承重限制的建筑装饰的最佳选择。

（2）强度高。天然石材与瓷砖和铝蜂窝板等复合后，其抗弯、抗折和抗剪切的强度明显得到提高，大大降低了在运输、安装和使用过程中的破损率。

（3）抗污染能力提高。湿贴安装容易使天然石材表面泛碱，出现各种不同的变色和污渍，难以去除，而石材复合板因其底板更加坚硬致密，同时具有胶层，避免了这种情况。

（4）更易控制色差。石材复合板通常是用 1m^2 的原板（通体板）切割成 3 ～ 4 片，这样它们的花纹与颜色几乎 100% 相同，因而更易保证大面积使用时，其颜色与花纹的一致性。

（5）安装方便。因具备以上特点，在安装过程中，大大提高了安装效率和安全性，同时也降低了安装成本。

（6）装饰部位的突破。无论内外墙、地面、窗台、门廊或桌面等，普通的天然石材原板都不存在问题，唯独对顶棚的装饰，不管是大理石还是花岗岩都存在安全隐患，而花岗岩和大理石铝塑板、铝蜂窝黏合后的复合板就突破了这个石材装饰的禁区。它非常轻盈，质量只有通体板的 1/10 ～ 1/5，隔声、防潮。石材铝蜂窝复合板采用等边六边形做成中空的铝蜂芯，拥有隔声、防潮、隔热和防寒的性能。

（7）节能、降耗。石材铝蜂窝复合板因其有隔声、防潮和保温的性能，在室内外安装后可较大降低电能和热能的消耗。

（8）降低成本。因石材复合板材质较轻薄，在运输安装上节省了成本，而且对于较贵的石材品种，做成复合板后都不同程度地降低了原板成品板的价格。

11.1.5.2　适用范围

基材采用瓷砖的复合板几乎与通体板的使用范围相同，但更加适合有特殊的承重限制的楼体。这种复合板不但质量轻，而且强度也提高了许多。基材选用铝塑板的复合板因其超薄超轻的性能，非常适用于墙面与天花板的装饰，并且在装饰天花板时，具有其他石材无可代替的优势。石材铝蜂窝复合板在内、外墙的干挂材料中备受消费者青睐，一般用于大型或高档的建筑，如机场、展览馆和五星级酒店等。基材采用玻璃的复合板，具备透光的装饰效果，一般使用干挂和镶嵌方式安装，里面也可安装不同颜色的彩灯。

任务11.2

建筑陶瓷

建议课时：2学时

教学目标

知识目标：了解建筑陶瓷的分类、性能和作用；
掌握建筑陶瓷的特性与发展趋势。

技能目标：能够掌握建筑陶瓷的常用类型及技术性能；
能够正确进行建筑陶瓷的选用。

思政目标：培养分析与解决问题的能力；
培养绿色节能、创新思维的工匠精神。

11.2.1 陶瓷基础概述

11.2.1.1 建筑陶瓷品种

建筑陶瓷按品种可分为陶瓷墙地砖、饰面瓦和陶管；按制品材质可分为粗陶、精陶、半瓷和瓷质四类；按坯体烧结程度可分为多孔性、致密性以及带釉、不带釉制品。其共同特点是强度高、防火、防潮、抗冻、耐酸、耐碱、不变质、不老化、不褪色。其中粗陶的坯料由含杂质较多的砂黏土组成，建筑上常用的砖、瓦等均属于这类产品。精陶是指坯体呈现白色或者是象牙白色的多孔制品，多以塑性黏土、高岭土、长石与石英等为原料。精陶通常素烧后施釉。一般是釉烧温度（1060～1150℃）低于素烧温度（1240～1280℃），也有采用施釉前不经过素烧的一次烧成法制造的。按坯体性质可分为硬质精陶及软质精陶。建筑上常用的釉面砖一般属于精陶。许多化工陶瓷和建筑陶瓷属于炻器范围。炻器按其坯体的细密性、均匀程度及粗糙程度分为粗炻器和细炻器两大类。建筑装饰用的外墙砖、地砖以及耐酸化工陶瓷等均属于粗炻器。日用炻器及陈设品，如我国著名的宜兴紫砂陶即是一种无釉细炻器。炻器的机械强度和稳定性均优于瓷器，而且成本较低。

11.2.1.2 陶瓷的主要生产原料

（1）黏土。黏土是由多种矿物组成的混合物，具有可塑性，是陶瓷坯体生产的主要原料。黏土大致分为三种：高岭土，是最纯的黏土，可塑性低，烧后颜色从灰色到白色；黏性土，为含黏土粒较多、透水性较小的土，压实后水稳性好，强度较高，毛细作用小；瘠性黏土，较坚硬，遇水不松散，可塑性小，含杂质较多。

（2）石英。石英为无机矿物质，主要成分是 SiO_2，为半透明或不透明的晶体，质地坚硬，一般为乳白色。石英可提高釉面的耐磨性、硬度、透明度以及化学稳定性。

（3）长石。长石是陶瓷制品中常用的溶剂，也是釉料的主要原料。

（4）滑石。滑石是热液蚀变矿物。滑石是一种常见的硅酸盐矿物，它非常软并且具有滑腻的手感。

滑石的加入可改善釉层的弹性、热稳定性，加宽熔融的范围，也可使坯体中形成含镁玻璃，这种玻璃湿膨胀小，能防止后期龟裂。

（5）硅灰石。硅灰石在陶瓷中使用较广，在原料中加入适量的硅灰石粉，可以大幅度缩短烧成时间，降低烧成温度，实现低温快速一次烧成。此外它还可以使釉面不会因气体析出而产生釉泡和气孔。

11.2.1.3 陶瓷的制作

制造陶瓷分调整、上釉、烧成等各个过程，大致生产过程如下。

（1）配料和配浆。按坯料要求配比将粉碎精制的原料加水细磨，淘选除去杂质和粗粒，精制成泥浆。

（2）成型和干燥。根据坯料含水量多少，成型方法有干法、半干法与湿法。如果按工艺划分，有脱模法、挤出法、压制法、旋坯法。脱模法是采用模具，将泥浆置于其中，硬化后脱模成型；挤出法是将可塑性坯料从挤出机的定型孔中挤出，按一定尺寸切断；压制法是将挤出的坯料再用模型压制；旋坯法是用辘轳机旋转切割制成形状对称的坯料。

坯体要干燥到一定含水率之后才能装窑，所以干燥的好坏影响制品的质量。干燥有人工干燥和自然干燥两种方法。前者一般用烧成窑的余热烘干，后者先阴干，再晒干。

（3）烧成和上釉。干燥好的坯体可着手烧成，按预热、烧成、冷却过程进行。有的制品的坯体成型、干燥后即上釉，烧成后即为制品。有的制品则在坯体成型、干燥后先素烧，然后上釉再烧成。

11.2.1.4 陶瓷的表面装饰

陶瓷坯体表面粗糙，容易沾污，装饰效果差。除紫砂、地砖等产品外，大多数陶瓷制品都要表面装饰加工。最常见的陶瓷表面装饰工艺是施釉面层、彩绘、饰金等。

11.2.2 釉面砖

11.2.2.1 釉面砖的品种和特点

釉面砖又称内墙面砖，是指正面施釉的瓷砖，用耐火黏土或瓷土经过低温烧制而成，多用于建筑物内墙面（如卫生间、厨房、公共设施）装饰。

（1）釉面的分类。装饰釉面的种类决定了釉面陶瓷的装饰效果。根据釉料的装饰效果分类，釉面可以分为以下几种。

① 光泽釉、半无光釉、无光釉。根据对光线吸收程度的不同，釉面分为光泽釉、半无光釉和无光釉。釉面色彩丰富，釉色的种类也很多。光泽釉的釉色十分丰富，使陶瓷制品具有很强的反光性，经过600～900℃的熔烧，形成了犹如彩虹般光线衍射的装饰釉面。这类装饰釉面通过添加各种金属原料形成了铁红光泽釉、黄色光泽釉和驼色光泽釉等。无光釉所形成的釉层效果是由于光线的漫反射造成的，这种反射作用降低了光泽度，能产生特殊的装饰效果。无光釉属于较高档的装饰釉面。半无光釉的特性则是介于两者之间。目前瓷砖釉面的发展趋势已经逐渐向半无光釉和无光釉系列发展，具有此类釉面效果的釉面砖色泽柔和、性能稳定且装饰效果好。

② 碎纹釉。顾名思义碎纹釉是釉面形成了形状各异、大小不一的碎裂纹路，这种纹路似网状的龟裂纹。这类釉面烧制的装饰材料装饰效果很好。碎裂现象的产生有很多方法，如采用急冷工艺可生成碎纹釉，用两种具有不同收缩率的釉料，将有高收缩率的釉料施于普通釉上，经过高温烧成后上层釉龟裂，可以透见下层釉，甚至有的釉料在经年放置后也能形成碎纹釉。

③ 彩色釉。彩色釉的釉面效果是由釉料的化学组成、色料添加量、施釉厚度与均匀性、烧成时窑炉温度等因素决定的。釉面的颜色主要由多种金属氧化物作用而成，黑色氧化钴是釉料中最强烈的着色剂之一，能形成鲜艳的蓝色；氧化铬在釉中可以形成红色、黄色、粉红色或棕色；二氧化锰可以形成黑色、红色、粉红色与棕色；钒与锆可以制成钒锆黄、钒锆蓝等成色稳定的釉；氧化铁可形成淡蓝灰色、淡黄色、绿色、蓝色或黑色等。

（2）釉面砖的种类及主要特点。釉面砖由坯体和表面釉彩层组成，坯体呈白色，表面根据要求可喷施透明釉、乳浊釉、无光釉、花釉和结晶釉等艺术装饰釉。烧制后表面平滑、光亮，色泽丰富，图案繁多，具有装饰、防水、耐火、抗腐蚀和易清洗等功能。

11.2.2.2 釉面砖的规格、要求及应用

（1）规格尺寸偏差。由于釉面砖在烧制时存在着温度较高且有极小温差的问题，因而釉面砖的尺寸是允许有偏差的。

（2）外观质量。根据外观质量可将釉面砖分为优等品、一级品和合格品三个等级。

（3）釉面砖的应用。釉面砖常用于大型公共空间，如游泳池、医院、实验室和洗浴中心等，这些空间需要的釉面砖具有耐污性、耐腐蚀性和耐清洗性等特点。在一些民用住宅或高档宾馆的卫生间内，可选用具有图案、颜色或不同釉面效果的釉面砖，以提升整体空间的品位。

11.2.3 装饰陶瓷地砖

11.2.3.1 墙地砖的作用、品种与特点

（1）墙地砖的作用。墙地砖以优质陶土为主要原料，掺入其他原配料，经过压制成型，再经 1100℃左右煅烧而成，多用于建筑物室内外地面、外墙面的陶质建筑装饰砖。

（2）墙地砖的品种及特点。墙地砖品种较多，按其表面是否施釉可分为彩釉墙地砖和无釉墙地砖；按形状可分为正方形、长方形、六角形和扇面形等；按着色方法可分为自然着色、人工着色和色釉着色；按表面的质感可分为平面、麻面、毛面、磨光面、抛光面、纹点面等。墙地砖与其他建筑材料砖相比，具有强度高、致密坚实、吸水率小、易清洗、防火、防水、防滑、耐磨、耐腐蚀和维护成本低等优点。

11.2.3.2 釉面墙地砖

（1）彩釉墙地砖。彩釉墙地砖简称为彩釉砖，是以陶土为主要原料配料制浆后，经半干压成型、施釉和高温焙烧制成的。彩釉砖结构致密，抗压强度较高，易清洁，装饰效果好，广泛应用于各类建筑物的外墙、柱的饰面和地面装饰，由于墙、地两用，又称为彩色墙地砖。

（2）无釉墙地砖。无釉墙地砖简称为无釉砖，是以优质瓷土为主要原料的基料喷雾料，加一种或数种着色喷雾料（单色细颗粒），经混匀、中压、烧制而成的。无釉砖吸水率较低，包括无釉瓷质砖、无釉炻瓷砖和无釉细炻砖。结合它们各自的特点，无釉瓷质砖适用于商场、宾馆、饭店、游乐场、会议厅和展览馆等的室内外地面和墙面的装饰，无釉的细炻砖和炻质砖是专用于铺地的耐磨砖。

11.2.3.3 其他墙地砖

随着人们对建筑装饰材料要求的不断提高和现代建筑装饰技术的革新，新型墙地砖层出不穷，相继出现了抛光砖、玻化砖、劈离砖、陶瓷透水砖、仿古砖、金属釉面砖、大颗粒瓷质砖、

麻面砖等新型墙地砖。

（1）抛光砖。抛光砖是表面经过打磨而成的一种光亮的砖。抛光砖表面光洁、坚硬耐磨，适合在除洗手间和厨房以外的多数室内空间中使用。抛光砖可以做出各种仿石、仿木效果。抛光砖的种类繁多，包括雪花白、云影、金花米黄和仿石材等系列，如图11-5所示。

一般的抛光砖规格（长×宽×厚）有400mm×400mm×6mm、500mm×500mm×6mm、600mm×600mm×8mm、800mm×800mm×10mm和1000mm×1000mm×10mm等。抛光砖主要应用于室内或公共空间内的墙面和地面，因其自身原因，抛光砖的耐污性较差，在施工前应打水蜡，可防止其他原因产生的污染，增加美感。抛光砖的保养可用加少量氨水的肥皂水进行擦拭；也可用带有少许亚麻籽油的碎布，擦去抛光砖上的泥水；或者当抛光砖表面出现轻微划痕时，用牙膏涂在划痕周围，用干布用力反复擦拭，并用净布擦几下，即可消除划痕，达到光亮如新的效果。

（2）玻化砖。玻化砖（图11-6）是一种强化的抛光砖，是采用高温烧制而成的全瓷砖。其表面光洁，这种瓷砖不需要抛光。

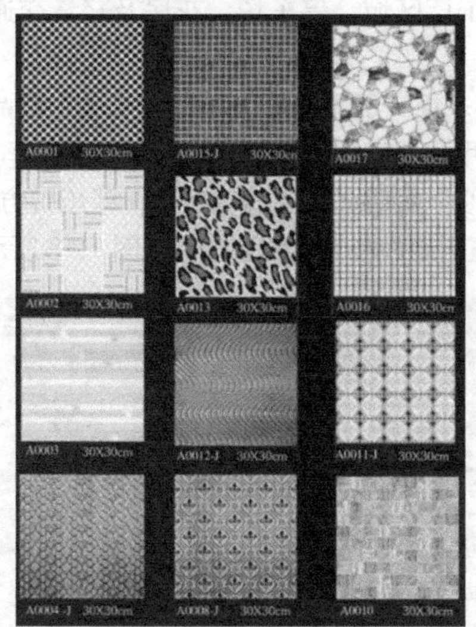

图11-5 抛光砖的品种

图11-6 玻化砖

随着陶瓷技术的日益发展，近年来，大规格的瓷质花岗岩和大理石玻化砖已经发展成为居室装饰的主流。这种陶瓷砖具有天然石材的质感，更具有高光度、高硬度、高耐磨、吸水率低、色差少以及规格多样化和色彩丰富等优点。玻化砖的种类有单一色彩效果、花岗岩外观效果、大理石外观效果和印花瓷砖效果之分，还有采用上釉玻化砖装饰法、粗面或上釉等多种新工艺的产品。其中印花瓷砖采用特殊的印花模板新技术，烧制工艺是将色料在压制之前加到模具腔体中，放置于被压粉料之上并与坯体一起烧结，产生多色的变化效果。玻化砖也有缺陷，这种材料特有的微孔结构是它的致命缺陷，一般在铺设完玻化砖后，需要对砖的表面进行打蜡处理，若不打蜡，水易从砖面微孔渗入砖体。

玻化砖的常用规格有400mm×400mm、500mm×500mm、600mm×600mm、800mm×800mm、900mm×900mm和1000mm×1000mm。

玻化砖常应用于宾馆、写字楼、车站和机场等内外装饰及家庭装修装饰中，如墙面、地面、饰板、家具和台盆面板等。

（3）劈离砖。劈离砖又称劈裂砖，是一种用于内外墙或地面装饰的建筑装饰瓷砖，以软质黏土、页岩、耐火土和熟料为主要原料再加入色料等，经配料、混合细碎、脱水、练泥、真空挤压成型、干燥及高温焙烧而成。由于其成型时为双砖背连坯体，烧成后劈离开两块砖，故称劈离砖。

劈离砖按表面的粗糙程度可分为光面砖和毛面砖两种，前者坯料中的颗粒较细，产品表面较光滑和细腻，而后者坯料颗粒较粗，产品表面有凸出的颗粒和凹坑；按用途可分为墙面砖和地面砖两种，按面形状可分为平面砖和异形砖等。劈离砖质地密实、抗压强度高、吸水率小、耐酸碱、耐磨耐压、防滑防腐、表面硬度大、性能稳定、抗冻性好。劈离砖主要用于建筑内外的墙面装饰，也适用作车站、机场、餐厅和楼堂馆所等室内地面的铺贴材料。其中厚型砖多用于室外景观如甬道、花园及广场等露天地面的地面铺装材料。

（4）陶瓷透水砖。陶瓷透水砖是通过特殊工艺在1200℃高温下烧制而成的，虽呈多孔结构，却具有较高的机械强度和耐磨度、孔梯度结构、透水、保水及装饰等功能。陶瓷透水砖可使45%以上的自然降水全方位渗入地下，能彻底解决定点灌溉给水率低、润湿土体积小的问题，从而降低土壤内的含盐量。陶瓷透水砖具有环保、舒适、色彩丰富、强度高和安全等特点，适用于城市建设中住宅、道路、广场、公园、植物园、工厂区域、停车场、花房及轻量交通路面等道路的铺设，如图11-7所示。

（5）仿古砖。仿古砖实质上是一种釉面装饰砖，其表面一般采用亚光釉或无光釉，产品不磨边，砖面采用凹凸模具。其坯体有两种：一种是直接采用瓷质砖坯体原料，烧成后的吸水率在3%左右，即瓷质仿古砖；另一种是吸水率在8%左右，类似一次烧成的水晶地板砖，即炻质仿古砖。它适用于各类公共建筑室内外地面和墙面及现代住宅的室内地面和墙面的装饰，如图11-8所示。

图11-7　陶瓷透水砖及其装饰效果

图11-8　仿古砖及其装饰效果

（6）金属釉面砖。金属釉面砖采用了一种新的彩饰方法，通过在釉面砖表面热喷涂着色工艺，使砖表面呈现金、银等金属光泽。金属光泽釉面砖具有清新绚丽、金碧辉煌的特殊效果。这种面砖抗风化、耐腐蚀、持久长新，适用于高级宾馆、饭店以及酒吧、咖啡厅等娱乐场所的柱面和门面的装饰，处于当今国内市场的领先地位，如图11-9所示。

（7）大颗粒瓷质砖。大颗粒瓷质砖是相对无釉瓷质砖的喷雾造粒的小斑点而言的。它使用专用的造粒机，把部分喷雾干燥的粉料加工成直径1～7mm的颗粒，用专门的布料设备进行布料，再压机成型，经干燥、焙烧而成。大颗粒瓷质砖具有花岗岩外观质感和陶瓷马赛克的色点装饰外观，有极好的耐磨、抗折、抗冻和防污等特性，适用于各类公共建筑室内外地面和墙面及现代住宅的室内地面和墙面的装饰，如图11-10所示。

（8）麻面砖。麻面砖是以仿天然岩石色彩的原料进行配料，通过压制使其表面形成凹凸不平的麻面坯体，一次烧制成的炻质面砖。麻面砖的外表面与人工修凿过的天然岩石面极为相似，纹理清晰、粗犷高雅，有黑、灰、红、黄、白等多种颜色，通常有200mm×100mm、

200mm×75mm 和 100mm×100mm 等主要规格尺寸。

图 11-9 金属釉面砖及其装饰效果

图 11-10 大颗粒瓷质砖及其装饰效果

麻面砖具有强度高、质地密实、吸水率小、防滑和耐磨等特点。其中薄型麻面砖广泛应用于建筑物外墙装饰，而厚型麻面砖则较多地使用在广场、停车场、草坪、码头及人行道等的地面铺设。

（9）瓷制彩胎砖。瓷制彩胎砖是一种本色无釉的瓷制饰面砖，是以仿天然岩石的彩色颗粒土为原材料，通过混合配料，压制成多彩坯体后，经高温一次烧制而成的瓷质制品。瓷制彩胎砖具有天然花岗岩的纹理，硬度和耐久度高，多为灰、棕、蓝、绿、黄、红等基色。瓷制彩胎砖的表面有两种，即平面型和浮雕型，平面型又分为磨光和抛光两种。表面经过抛光的彩胎砖称为抛光砖，在人流密度大的商场、影院和酒店等公共场所广泛使用。

（10）仿天然石材墙地砖。仿天然石材墙地砖包括仿花岗岩墙地砖和仿大理石墙地砖，这类材料效仿天然石材的肌理效果可以假乱真，其中仿花岗岩墙地砖的装饰效果更加美观大方。仿花岗岩墙地砖是一种全玻化、瓷质无釉墙地砖，是国际上流行的新型高档建筑饰面材料。20 世纪 80 年代中期意大利首先推出，它具有天然花岗岩的质感和色调，可代替价格日益昂贵的天然花岗岩。

仿天然石材墙地砖可用于会议室、宾馆、饭店、展览馆、图书馆、商场、舞厅、酒吧、车站、飞机场等的墙地面装饰。

（11）装饰木纹砖。装饰木纹砖是一种表面呈现木纹装饰图案的高档陶瓷劈离砖新产品，其纹路逼真、易保养，是一种亚光釉面砖，以线条明快和图案清晰为特色。装饰木纹砖逼真度高，能惟妙惟肖地仿造出木头的细微纹路；耐用、耐磨、不含甲醛、纹理自然，表面经防水处理，易于清洗，如有灰尘沾染，可直接用水擦拭；具有阻燃、不腐蚀的特点，是绿色及环保型建材，使用寿命长，无须像木制产品那样周期性地打蜡保养。装饰木纹砖适用于快餐厅、酒吧和专卖店等商业空间，也适用于居室空间如客厅、阳台、厨房、居室和洗手间等。

11.2.4 陶瓷锦砖

陶瓷锦砖俗称陶瓷马赛克，马赛克（Mosaic）一词来源于古希腊文，它由各种颜色、多种几何形状和一般长边不大于 50mm 的小块瓷片铺贴于牛皮纸上形成色彩丰富、图案繁多的陶瓷装饰制品。通常贴在牛皮纸上形成的一张成品叫做“联”。

11.2.4.1 陶瓷锦砖的品种

按表面质地分为有釉锦砖、无釉锦砖和艺术马赛克。

按材质分为金属马赛克、玻璃马赛克、石材马赛克和陶瓷马赛克。

按形状分为正方形、长方形、六角形和菱形等。

按砖的色泽分为单色和拼花。

按用途分为内外墙马赛克、铺地马赛克、广场马赛克、梯阶马赛克和壁画马赛克。

11.2.4.2 陶瓷锦砖的规格

陶瓷锦砖是由各种不同规格的数块小瓷砖粘贴在牛皮纸上或粘在专用的尼龙丝网上拼成联构成的。单块规格一般为25mm×25mm、45mm×45mm、100mm×100mm或95mm×95mm，单联的规格一般有285mm×285mm、300mm×300mm或318mm×318mm等种类。

11.2.4.3 陶瓷锦砖的特性、特点及用途

（1）陶瓷锦砖的特性。按照陶瓷锦砖的特性，其材质应属于瓷质砖的范围，吸水率应小于0.5%。陶瓷锦砖具有较强的抗冻性、破坏强度、断裂模数、抗热震性、耐化学品腐蚀性、耐磨性、抗冲击性和耐酸碱性。陶瓷锦砖是由数块小瓷砖组成一联的，因此拼贴成联的每块小砖的间距，即每联的线路要求均匀一致，以达到令人满意的铺贴效果。

（2）陶瓷锦砖的特点。陶瓷锦砖不但质地坚实、色泽图案多样、吸水率极低、抗压性好、成本低廉，而且具有耐酸、耐碱、耐磨、耐水、耐压、耐冲击、易清洗和防滑等优点。

（3）陶瓷锦砖的用途。由于马赛克色彩表现丰富、色泽美观稳定，单块元素小巧玲珑，可拼成风格迥异的图案，如风景、动物和花草等，从而达到不俗的视觉效果。因此，陶瓷锦砖适用于喷泉、游泳池、酒吧、舞厅、体育馆和公园的装饰。同时，由于其防滑性能优良，故也常用于家庭卫生间、浴池、阳台、餐厅和客厅的地面装修，还广泛应用于工业与民用建筑的工作车间、实验室、走廊和门庭的墙地饰面、另外由于陶瓷锦砖砖体薄，自重轻，每个瓷片都能通过背后的缝隙坚固地贴服在砂浆中，因此不易脱落，即使少数砖块掉落下来，也不会有伤人的危险性，具有很好的安全性能。

11.2.5 装饰琉璃制品

11.2.5.1 装饰琉璃制品概述

建筑装饰琉璃制品从古至今被广泛应用于古典式或具有民族风格的建筑物，它是以难熔黏土为主要原料制成坯泥，成型后经干燥、素烧、施琉璃彩釉釉烧而成。

（1）装饰琉璃制品的特点。由于其特殊的烧制工艺，在建筑装饰琉璃制品表面形成了釉层，在完善表面美观效果的同时，也提高了表面的强度和防水能力。它具有质地细密、表面光润、坚实耐用、色彩夺目、形制古朴和民族气息浓厚等优点，是我国特有的建筑艺术制品之一。

（2）装饰琉璃制品的用途。琉璃制品造型复杂，制作工艺烦琐，成本造价高，因而主要应用于体现我国传统建筑风格的建筑群和具有纪念意义的建筑。如园林式建筑中的亭、台、楼、阁中，形成具有古代园林特色的风格。琉璃制品作为近代建筑的高级屋面材料，还应用于当代建筑的各个角落，用以体现古代与近代的完美结合。

11.2.5.2 装饰琉璃制品的分类

在古代建筑中，琉璃制品分为瓦制品和园林制品两类。其中琉璃瓦制品主要用于建筑的屋

顶，起排水防漏、房屋构件和装饰点缀的作用，而园林制品多用于窗、栏杆等部件。在现代建筑装饰中，琉璃制品主要有仿古代建筑的琉璃瓦、琉璃砖、琉璃兽以及琉璃花窗、栏杆等各种装饰制件，还有供陈设用的建筑工艺品，如琉璃桌、绣墩、鱼缸、花盆和花瓶等。

11.2.5.3　装饰琉璃砖与琉璃瓦

装饰琉璃砖与琉璃瓦是高档的室内装饰材料。装饰琉璃砖工艺精细、外观精美、立体感强，可用于室内吊饰、墙面、吧台、顶棚、地面、背景、凹嵌、门牌和标牌等装饰部位，具有极高的观赏性。装饰琉璃砖与琉璃瓦是以人造水晶为原料，凭借其雅致的风格品位和文化气质，为空间增色许多。装饰琉璃砖在光的投射下辉映出各种形态的图案，具有逼真的造型和自然色彩，充分体现了当今室内装饰推崇自然、追求返璞归真的设计趋势，成为空间环境艺术的组成部分。

11.2.6　装饰陶瓷的新品种

11.2.6.1　陶瓷装饰浮雕

随着建筑装饰规模的不断扩大，陶瓷装饰制品的总体发展趋势是尺寸多样、做工细腻、品种繁多、颜色丰富、图案新颖且坚实耐用，同时装饰陶瓷的使用范围和用量也随之加大，装饰陶瓷已经成为现今重要的建筑装饰材料。

陶瓷浮雕壁画是大型画，是以陶瓷面砖和陶板等建筑材料制作而成的现代建筑装饰，此类材料具有凹凸的浮雕效果，属新型高档装饰。陶瓷壁画并非将原画稿进行简单的复制，而是经过放大、制版、刻画、配釉、施釉和焙烧等多道复杂工序制作而成的，具有较高的艺术价值。

陶瓷浮雕壁画具有单块砖面积大、厚度薄、强度高、平整度好、吸水率低、抗冻性高、抗化学腐蚀和耐急冷急热等特点，适用于镶嵌在商场、宾馆、酒楼以及会所等高层建筑物上，也可镶贴于公共活动场所。

11.2.6.2　陶土板

陶土板又称为陶板，是以天然陶土为主要原料，添加少量石英、浮石、长石及色料等其他成分，经过高压挤出成型、低温干燥及1200℃的高温烧制而成的，具有绿色环保、无辐射、色泽温和、不带有光污染等特点。经过烧制的陶土板通过磨边切割、检验合格后即可供应市场。陶土板常规厚度为15～30mm不等，常规长度为300mm、600mm、900mm和1200mm，常规宽度为200mm、250mm、300mm和450mm。陶土板可以根据不同的安装需要进行任意切割，以满足建筑风格的需要。陶土板的颜色可以是陶土经高温烧制后的天然颜色，通常有红色、黄色和灰色三个色系。陶土板背后形成密闭的空气层，有很好的保温节能功效。双层陶土板具有空腔结构，安装时陶土板背部有一定的空间，可有效降低传热系数，起到保温和隔声的作用。陶土板可降低建筑能耗，节约能源，可作为大型场馆、公共设施及楼宇的外墙材料，还可用于大空间的室内墙壁，如办公楼大厅、地铁车站、火车站候车大厅、机场候机大厅、博物馆和歌舞剧院等。

11.2.6.3　软性陶瓷

软性陶瓷通过对普通泥土或黏土的改良再经高温烧结而成，其烧制的时间越久，质地越柔软，弹性也就更强。软性陶瓷具有手感柔软、富有弹性、防滑防潮和质地坚硬的特点，能够产生较强的立体效果，装饰性能优良。软性陶瓷的适用范围非常广泛，如部分建筑外墙、商业空间室内墙体、娱乐空间和健身场所地面装饰等，家庭装饰方面十分适用于儿童房和浴室等空间。软性陶瓷的出现解决了陶瓷制造业存在的能耗高、污染严重以及过分依赖陶土资源的问题，是目前新兴的一种陶瓷装饰材料。

11.2.6.4 陶瓷彩铝

陶瓷彩铝表面采用等离子体增强电化学表面陶瓷化（PECC）技术制作陶瓷化膜层，颜色丰富多彩。有各种单一颜色，也有色彩斑斓的花纹图案，有高光，也有亚光。陶瓷彩铝具有耐磨损、耐腐蚀和抗酸碱、抗老化、抗紫外线等优异性能。陶瓷彩铝的问世，突破了金属材料表面阳极氧化和静电喷涂等技术的局限，在陶瓷材料的生产行业中掀起了一场新的技术革命。陶瓷彩铝还具有豪华气派的装饰效果，给人以典雅高贵的感官享受，可满足各类建筑的高品位需求。目前已有陶瓷彩铝门窗应用于室内装饰工程中，门窗内表面与外表面可采用不同颜色进行搭配，适合于不同的装饰环境。这种材料具有质量轻、强度高、变形小、稳定性高、耐久性强、利于定型和装饰性强等显著优点。

11.2.6.5 其他新材料

随着现代科学技术的发展，近年来我国自主开发研究并生产了一系列其他新型建筑陶瓷产品，如无硼－锆釉釉面砖、陶瓷彩色波纹贴面砖、皮革砖、黑瓷装饰板以及一些利用工业废渣生产的建筑陶瓷制品等。

11.2.7 陶瓷制品的发展趋势

陶瓷制品作为最古老的装饰材料之一，为现代建筑装饰装修工程带来了越来越多兼具实用性和装饰性的材料。随着现代科学技术的发展，装饰陶瓷制品在花色、品种和性能等方面都有了巨大的变化，在今后陶瓷制品仍是一种有发展前途并有竞争力的装饰材料。其发展趋势主要表现在以下几个方面。

（1）色彩向低调转变。陶瓷色彩由白色、米色、灰色和土色向深蓝色及墨绿色等发展，这些低调的色彩将成为近些年及以后建筑装饰材料的主色调。

（2）形态向多样转变。圆形、十字形、长方形、椭圆形、六角形和五角形等形状的陶瓷制品的销量将逐渐增大。

（3）规格向大型转变。40mm 以上的大规格瓷砖越来越时兴，将取代原来的小规格瓷砖制品。

（4）感观向雅致转变。随着人们对艺术理解和欣赏能力的提高，质地细腻、风格雅致的建筑陶瓷饰品已成为国内外市场发展的新方向。

（5）釉面向复杂转变。今后陶瓷面砖的釉面将以全光面、半光面、半雾面及雾面为主。

任务11.3 木材

建议课时： 2学时

教学目标

知识目标：了解木材的分类、性能和作用；
掌握木材的特性与发展趋势。

技能目标：能够掌握木材的常用类型及技术性能；
能够正确进行木材的选用。

思政目标：培养分析与解决问题的能力；
培养绿色节能、环保的工匠精神。

11.3.1 木材基础

11.3.1.1 木材的分类

木材按树种进行分类，一般分为针叶树材和阔叶树材。

（1）针叶树材。针叶树的树干笔直而且高大，纹理直且粗犷、清晰，价格相对低廉，材质较软而且均匀，容易加工，属于软质木材。针叶树总的材质强度较高，表观密度和膨胀变形较小，耐腐性强。针叶树的板、方材既可以作为基材、承重构件，如制作墙板、楼梯踏步和家具等，又因为其纹理粗犷、明显等特点而加工成饰面材料，体现出特有的自然肌理。常用的树种有：红松、马尾松、云南松、白松、水松、杉木、红豆杉、铁杉、银杏等。

（2）阔叶树材。阔叶树的树干通直部分一般比较短，材质较硬，加工较难，属于硬质木材。其强度高，表面密度大，耐磨性较强，色泽丰富，大多数树种的纹理直而细，细腻自然。虽然它的胀缩变形较大，容易开裂，但是经过现代加工处理后，性能有了很大的提高。它广泛用于地板材料和墙面、柱面、门窗、家具等主要饰面用材以及各种装饰线材。常用的树种有白杨木、黄杨木、赤杨木、白桦、紫椴、水曲柳、东北榆、柞木、栎木、白栎木、红栎木、樟木、楠木、榉木、红榉木、白榉木、柚木、紫檀、樱桃木、胡桃木等。

11.3.1.2 木材的结构特征

树干是木材的主要取材部位，树干由树皮、木质部和髓心三个部分组成。

（1）树皮。树皮，广义的概念指茎维管形成层以外的所有组织，是树干外围的保护结构，即木材采伐或加工生产时能从树干上剥下来的树皮。树皮的外部形态、颜色、气味和质地是鉴别原木材树种的主要特征之一。

（2）木质部。木质部是树干最主要的部分，也是板、方材最主要的取材部分。该部分分为边材和芯材两部分。从横截面上看，木质部接近树干中心的部位称为芯材，靠近外围的部分称为边材。边材含水较多，强度较低，易翘曲和腐朽。木材的内部结构水较少，强度较高，不容易变形，较耐腐朽，因此芯材的利用价值比边材大一些。

（3）髓心。髓心是指树干的中心部分，又称木髓，是树木初生时存储养分用的。树心材质松软，强度较低，容易腐朽，因此不能作为结构木材使用。

（4）年轮。树木在生长周期内要分生一层层木材，这一层木材称为生长层，而生长层在横断面上形成许多深浅相同的同心圆环，称为生长轮，由于一年只有一个生长轮，因此又称年轮。

（5）横切面。垂直于树木的纤维结构方向锯开的切面称横切面。横切面上面呈现树种的年轮特征，即理纹特征。横切面木材的硬度大，耐磨损，但是易折断，难刨削，加工后不易获得光洁的表面。

（6）径切面。沿着树木的纤维结构方向，通过髓心并与年轮垂直锯开的切面称径切面。在径切面上木材纹理呈条状，直通且近乎平行。径切面板材收缩率小，直挺，不易翘曲，牢度较高。

（7）弦切面。沿着树木的纤维结构方向，但是没有通过髓心锯开的切面称弦切面。弦切面上的木纹呈 V 字形，自然美观，但易变形。

11.3.2　木质装饰制品

木质装饰制品是指利用各种天然木材及人造板材进行艺术创造，并经过加工成为建筑装饰中常用的且具有一定规格的成品或半成品。木质特有的质感、光泽、色彩、纹理等是其他材料无法比拟的，特别是木制品还具有天然的芳香和调节空气湿度、吸声调光的功能。因此，木质装饰制品在建筑装饰领域中始终保持着重要的地位，被广泛应用于室内外装饰中。

目前，应用较多的木质装饰制品包括木地板、防腐木、木装饰线条、薄木饰面板、木门、木花格、竹质装饰品、藤质装饰品等。

11.3.2.1　木地板

木地板是由软木材料（如松、杉等）或硬木材料（如水曲柳、柞木、榆木、樱桃木及柚木等）经加工处理而成的木板面层。木地板是高级的室内地面装饰材料，具有自重轻、弹性好、脚感舒适、导热性低、冬暖夏凉等特点。木地板从原始的实木地板发展至今，已由单一的实木地板衍生为众多的木地板品种。目前，常用的木地板主要有实木地板、复合木地板、软木地板和竹地板。

木地板

（1）实木地板。实木地板取自天然原木芯材及部分边材，不做任何黏结处理，通过锯切、刨光等机械加工成型，再经过干燥、防腐、防蛀、阻燃、涂装等工艺处理而成。按成品材质的等级分类，可分为特级、A 级和 B 级。特级：全用芯材，纹理一致，色泽相近，无任何瑕疵，大小规格一致。A 级：全用芯材，纹理、色泽和大小规格基本一致。B 级：略用边材。

① 条木地板是室内装饰中使用最普遍的木质地板。它通常采用直径级较大的优良树种，如松木、杉木、水曲柳、樱桃木、柞木、柚木、桦木及榉木等。条木地板有双层和单层两种。双层板下层为毛板，面层为硬木板；单层板的板材一般为软木材料。条木地板的宽度一般不大于 120mm，厚度不大于 25mm。按照地板铺设要求，条木地板接缝可做成平头、企口或错口。企口实木地板应用最为普遍，一般规格有：长 450mm、600mm、800mm、900mm，宽 60mm、80mm、90mm、100mm，厚 18mm、20mm。

② 拼花木地板是采用阔叶树种的硬木材，经干燥处理并加工成一定几何尺寸的小木条，可拼成一定图案的地板材料。拼花木地板风靡于 17 世纪欧洲的宫殿、城堡、议会大厦、修道院等处。早期的拼花木地板颜色丰富，图案精美，制作工艺复杂。现在普遍使用的拼花木地板是通过小木条不同方向的组合，拼出多种图案花纹，常见的有正芦席纹、斜芦席纹、人字纹和清水砖墙纹等。拼接时，应根据个人的喜好和室内面积的大小决定地面的图案及花纹，以达到最佳的装饰效果。

③ 实木马赛克选用天然木材为原料，以马赛克的形式展示木材独特的质感。实木马赛克是新型的装饰材料，由于其价格昂贵，还未得到广泛的应用。

（2）复合木地板。随着木材出口国环保意识的加强和对木材出口的控制，木材资源的开采受到一定程度地限制，因此，复合木地板作为节约天然资源的良好途径得到广泛的开发和应用。复合木地板分为实木复合地板和强化复合地板两大类。

① 实木复合地板。实木复合地板分为三层实木复合地板和多层实木复合地板。

a. 三层实木复合地板是由面层、芯层、底层三层实木板相互垂直层压，通过合成树脂胶热压而成（图 11-11）。面层为耐磨层，厚度为 4 ～ 7mm，应选择质地坚硬、纹理美观的珍贵树种，如柚木、榉木、橡木、樱桃木、水曲柳等锯切板；芯层厚 7 ～ 12mm，可采用软质速生木，如松木、杉木、杨木等；底层（防潮层）厚 2 ～ 4mm，采用速生杨木或中硬杂木悬切单片。由于三层实木复合地板各层纹理相互垂直胶结，减少了木材的膨胀率，因而不易变形和开裂，并保留了实木地板的自然纹路和舒适脚感。三层实木复合地板的常用规格一般为 2200mm×（180 ～ 200）mm×（14 ～ 15）mm。

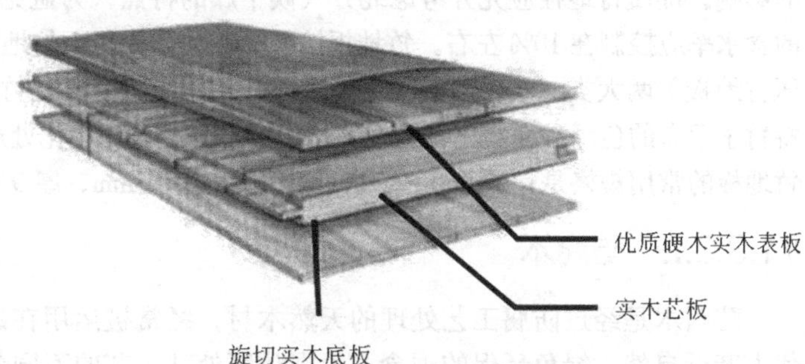

图 11-11　三层实木复合地板的结构

b. 多层实木复合地板是以多层实木胶合板为基材，在基材上覆贴一定厚度的珍贵硬木薄片或刨切薄木，通过合成树脂胶热压而成。硬木薄片厚度通常为 1.2mm，刨切薄木为 0.2 ～ 0.8mm，总厚度通常不超过 12mm。

② 强化复合地板。强化复合地板又称强化地板或浸渍纸压地板，由耐磨层、装饰层、芯层、防潮层通过合成树脂胶热压而成。耐磨层是指在强化地板表层上均匀压制的一层三氧化二铝耐磨剂。三氧化二铝的含量和薄膜的厚度决定了耐磨的转数，含量和薄膜厚度越大，转数越高，也就越耐磨。装饰层是三聚氰胺树脂浸渍的木纹图案装饰纸。芯层为高密度纤维板。防潮层为浸渍酚醛树脂的平衡纸。强化木地板的常用规格一般是：宽 180mm、200mm，长 1200mm、1800mm，厚 6mm、7mm、8mm、12mm 等。

（3）软木地板。软木最初是葡萄牙人用于制作葡萄酒瓶塞的材料，进行处理后也被用作保温材料，并制作成装饰墙板等用于各个领域，直至应用到今天的装饰地板中。软木实际上并非木材，其原料是阔叶树种的树皮上采割获得的“栓皮”。该类栓皮质地柔软、皮厚、纤维细、成片状剥落。软木地板以优质天然软木为原料，经过粉碎、热压而成板材，再通过机械设备加工成地板。软木地板弹性好、耐磨、防滑、脚感舒适，抗静电、阻燃、防潮、隔热性好，其独特的吸声效果和保温性能非常适用于卧室、会议室、图书馆、录音棚等场所。软木地板分为纯软木地板、软木夹层地板、软木（静音）复合地板三类。

① 纯软木地板。纯软木地板是用纯软木制成的，质地纯净，环保性能好。其厚度通常为 4 ～ 5mm，花色原始粗犷，虽然有数十种，但区分并不十分明显。这种软木地板采用粘贴式安装，即用专用胶直接粘在地板上，对地面平整度要求较高。

② 软木夹层地板。软木夹层地板由软木表层、软木底层和带有企口的中密度板夹层构成。这种软木地板的安装方法与强化地板相似，对地面要求也不太高。

③ 软木（静音）复合地板。软木（静音）复合地板是由软木底层与复合地板表层结合而成

的。底层的软木可起到降低噪声的作用。

（4）竹地板。竹地板是以天然优质竹子为原料，经过制材、漂白、硫化、脱水、防蛀、防腐等二十几道工序，脱去竹子原浆汁，再经高温、高压，热固胶合而成的。竹地板有竹子的天然纹理，清新文雅，给人以回归自然、高雅脱俗的感觉。竹地板的硬度高，密度大，质感好，热传导性能、热稳定性能、环保性能、抗变形性能均优于其他木制地板。另外，竹地板冬暖夏凉、防潮防水的特性使其尤为适宜用作热采暖的地板。竹地板与多层实木复合地板一样，易受到空气湿度的影响。优质竹地板应充分考虑北方气候干燥的特点，为避免收缩变形，运往北方销售的竹地板的含水率应控制在10%左右。竹地板按表面不同分为径面竹地板（侧压竹地板）和弦面竹地板（平压竹地板）两大类。按竹地板加工处理方式不同又分为本色竹地板和炭化竹地板。本色竹地板保持竹子原有的色泽，而炭化竹地板的竹条经过高温高压炭化处理后颜色加深，并且色泽均匀一致。竹地板的常用规格是：长460～2200mm、宽6～15mm、厚9～30mm，也可以根据需要定做。

11.3.2.2 防腐木

防腐木是经过防腐工艺处理的天然木材，经常被运用在建筑与景观环境设施中，体现了现代人亲近自然、绿色环保的理念。根据防腐处理工艺的不同分为经过防腐剂处理的防腐木、热处理的炭化木和不经任何处理的红崖柏。

（1）经过防腐剂处理的防腐木。经过防腐剂处理的防腐木选用世界各地的优质木材，经过传统的CCA（铬化砷酸铜）防腐剂或当今环保的ACQ（烷基铜铵化合物）防腐剂对木材进行真空加压浸渍处理。经过此法处理的防腐木材在室外条件下，正常使用的寿命可达到20～40年之久。经过防腐处理的木料不会受到真菌、昆虫和微生物的侵蚀，性能稳定、密度高、强度大、握钉力好、纹理清晰，极具装饰效果。而且由于防腐剂与细胞之间具有极强的结合性，能够抑制木料含水率的变化，降低木料变形开裂的程度，如芬兰木。

（2）炭化木。炭化木是将天然木材放入一个相对封闭的环境中，对其进行高温（180～230℃）处理，而得到的一种拥有部分炭特性的木材。炭化木是将木材的有效营养成分炭化，通过切断腐朽菌生存的营养链来达到防腐的目的。在整个处理过程中，木材只与水蒸气和热空气接触，不添加任何化学试剂，所以可以保持木材的天然本质。同时，木材在炭化过程中，内外受热均匀一致，在高温的作用下颜色加深，炭化后效果可与一些热带、亚热带的珍贵木材相比，可以提高整体环境的品位。

（3）红崖柏。红崖柏是一种纯天然的加拿大红雪松，未经过任何处理，主要是靠木材内部含有的一种酶，散发特殊的香味来达到防腐的目的。防腐木适用于建筑外墙、景观小品、亲水平台、凉亭、护栏、花架、屏风、秋千、花坛、栈桥、雨棚、垃圾箱、木梁等的室外装饰。外墙木板常用的厚度为12～20mm，为防止木板太宽导致开裂，宽度一般控制在200mm以下，长度一般控制在5m以下。用于室外地板时，木板的厚度一般为20～40mm。

11.3.2.3 木装饰线条

木装饰线条是选用质硬、木质较细、耐磨、耐腐蚀、不劈裂、切面光滑、加工性良好、油漆上色性好、黏结好、握钉力强的木材，经过干燥处理后，用机械或手工加工而成的。它在室内装饰中起着固定、连接、加强装饰饰面的作用，可作为装饰工程中各平面相接处、分界处、层次处、对接面的衔接口及交接条等的收边封口材料。木装饰线条按材质不同分为水曲柳木线、泡桐木线、樟木线、柚木线、胡桃木线等；按功能不同分为压边线、压角线、墙腰线、收口线、挂镜线等；按断面不同分为平线条、半圆线条、麻花线条、半圆饰、齿形饰、浮饰、S形饰、十字花饰、梅花饰、雕饰、叶形饰等。木装饰线条主要用作建筑物室内墙面的墙腰饰线、墙面洞口装饰线、护墙板和踢脚的压条装饰线、门套装饰线、天花板装饰角线、栏杆扶手镶边、家具及门窗的镶边等。建筑物室内采用木线条装饰，可增加古朴、高雅的美感。

11.3.2.4 薄木饰面板

薄木饰面板是由各种名贵木材经一定的处理或加工后，再经精密刨切或旋切，厚度一般为0.8mm的表面装饰材料，常以胶合板、刨花板、密度板等为基材。它的特点是既具有名贵木材的天然纹理或仿天然纹理，又节省原木资源、降低造价，并且可方便地裁切和拼花。装饰薄木有很好的黏结性质，可以在大多数材料上进行粘贴装饰，是室内装饰中广泛应用的饰面装饰材料。薄木饰面板按照厚度不同分为普通薄木和微薄木。微薄木是用色木、桦木、多瘤根或水曲柳、柳桉木为原料，经水煮软化后，刨切成0.1～0.5mm厚的薄片，再用先进的粘贴工艺，将其粘贴在坚硬的纸上制成卷材，或粘贴在胶合板基层上，制成微薄木贴面板，以直纹为主，装饰感强。厚度为0.1mm的微薄木俗称实木贴皮或木皮，常用于高级家具表面的制作。薄木饰面板按制造方法不同分为旋切薄木、半圆旋切薄木、刨切薄木；按花纹不同分为径向薄木和弦向薄木；按结构形式不同分为天然薄木、集成薄木和人造薄木。

（1）天然薄木。天然薄木是采用珍贵树种，经过水热处理后刨切或半圆旋切而成，是纯天然材料，未经分离、重组和胶结处理。因此，天然薄木的市场价格一般高于其他两种薄木。

（2）集成薄木。集成薄木是将木材按一定花纹要求先加工成规格几何体，然后将这些需要胶合的几何体表面涂胶，按设计要求组合，胶结成集成木方，再经刨切而成。集成薄木实际上是一种薄木拼花，对木材的质地有一定要求，制作精细，图案花色繁多，色泽与花纹的变化依赖天然木材，自然真实。一般幅面不大，多用于家具部件、木门等局部的装饰。

（3）人造薄木。人造薄木是使用计算机设计花纹并制作模具，采用普通树种的木材单板经染色、层压和模压后制成木方，再经刨切而成。人造薄木可仿制各种珍贵树种的天然花纹，甚至可以假乱真，也可制作出天然木材没有的花纹图案。

11.3.2.5 木门

木门根据材料不同分为原木门、实木门、实木复合门、免漆门、模压门等。

（1）原木门。原木门是用原木大料制成的，直接采用木头破开的板子，选料考究，价格较高。

（2）实木门。实木门是以天然原木制作门芯，干燥处理后，再经创光、开榫、打眼、高速铣形等工序加工而成的。实木门所选用的多是名贵木材，如樱桃木、胡桃木、柚木、红梨木、花梨木等，经加工后的成品门具有不变形、耐腐蚀、无裂纹及隔热保温、吸声良好等特点。

（3）实木复合门。其门芯多以松木、杉木或进口填充材料等黏合而成，外贴密度板和实木木皮，经高温热压后制成，并用实木线条封边。

（4）免漆门。免漆门和实木复合门较相似，主要是用低档木料做龙骨框架，外表面用中、低密板和免漆PVC贴膜，价格便宜。

（5）模压门。模压门是采用人造林的木材，经去皮、切片、筛选、研磨成干纤维，拌入酚醛胶（作为黏合剂）和石蜡后，在高温高压下一次模压成型。

11.3.2.6 木花格

木花格是用木板和仿木制作成具有若干个分格的木架，这些分格的尺寸或形状一般都各不相同。由于木花格加工制作比较简单，饰件轻巧纤细，加之选用材质木色好、木节少、无虫蛀、无腐朽的硬木或杉木制作，表面纹理清晰，整体造型别致，多用于室内的花窗、隔断、博古架等，能起到调节室内设计风格，改进室内空间功能，提高室内艺术效果的作用。

11.3.2.7 竹制装饰品

竹材有很高的力学性能，抗拉、抗压、抗弯能力优于木材，韧度高、弹性好、不易折断，但缺乏刚性，易变形。竹材除了制作地板外，在南方常用于家具的制作。竹材富有独特的质感和易弯性，还可用于制作花格、屏风等。竹制家具还具备以下几个特性：一是冬暖夏凉，由于竹子的天然特性，其吸湿、吸热性能高于其他木材，炎热的夏季坐在竹制椅子上面，清凉吸汗，冬天则能使人感到温暖；二是有利于环保，竹子 3 ～ 4 年就可成材，且砍伐后还可再生，对于环境恶化、天然林存量甚低的我国来说，不失为一种优质的木材替代材料；三是返璞归真，竹制家具保持了竹子原有的天然纹路，给人一种质朴、典雅的感觉。竹料由于生长周期短、原料充足、价格低廉，在全球木材资源缺乏、环保呼声越来越高的今天，竹材由于生长周期短、被崇尚环保的人们视为时尚家居的新选择。

11.3.2.8 藤制装饰品

藤是一种密实坚固又轻巧坚韧的天然材料，具有不怕挤压、柔韧有弹性的特点。藤材常被用于制作藤制家具及具有民间风格的室内装饰用品，其特点是淳朴自然、清新爽快，同时充满了现代气息和时尚韵味。

11.3.3 人造板材

11.3.3.1 胶合板

人造板材（图 11-12）是指利用木材加工过程中剩下的废料，如边皮、碎料、刨花和木屑等，对其进行加工处理而制成的板材。人造板材既可以提高木材的利用率，又能达到与天然木材相同的功能。木质人造板材既能保持天然木材的优点，又能克服木材自身的缺点，因此在现代建筑和家居装饰及家具工业中得到了广泛的应用。人造板材主要包括细木工板、胶合板（图 11-13）、宝丽板、刨花板、纤维板、澳松板和木丝板等几种。

胶合板

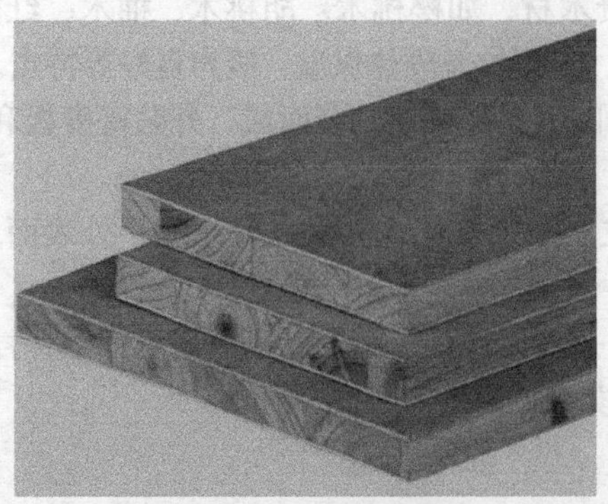
图 11-12 人造板材

图 11-13 胶合板

胶合板是用原木旋切成单板薄片，经干燥、涂胶，再用胶黏剂按奇数层数黏结，以各层纤维互相垂直的方向，使纹理纵横交错，胶合热压而成的人造板材。常用的胶合板为三夹板、五夹板、七夹板和九夹板等，胶合板的最高层数为15层，建筑装饰工程常用的是三夹板和五夹板。生产胶合板的木材通常用杨木、马尾松、桦木、水曲柳及部分进口原木，这些材料是我国目前生产胶合板的主要原料。

（1）胶合板的分类

① Ⅰ类（NOF）为耐气候和耐沸水胶合板，常用A表示。该类胶合板是以酚醛树脂胶或其他性能相当的胶黏剂胶合制成的。该类胶合板具有耐久、耐煮沸或耐蒸汽处理和抗菌等性能，能在室外使用。

② Ⅱ类（NS）为耐水胶合板，常用B表示。这类胶合板能在冷水中浸渍，也能经受短时间热水浸渍，并具有抗菌性能，但不耐煮沸。该类胶合板的胶黏剂同上。

③ Ⅲ类（NC）为耐潮胶合板，常用C表示。这类胶合板能耐短期冷水浸渍，适于室内常态下使用。这类胶合板是以低树脂含量的脲醛树脂胶、血胶或其他性能相当的胶黏剂胶合制成的。

④ Ⅳ类（BNC）为不耐潮胶合板，常用D表示。这类胶合板只能在室内常态下使用，具有一定的胶合强度。这类胶合板是以豆胶或其他性能相当的胶合剂胶合制成的。胶合板按材质和加工工艺质量不同，分为特等、一等、二等和三等4个等级。其中一等、二等和三等为普通胶合板的主要等级，同样亦用A、B、C、D表示，故有所谓"三A"板之说。

（2）胶合板规格及物理力学性质。胶合板的厚度为2.7mm、3.0mm、3.5mm、4.0mm、5.0mm、5.5mm和6.0mm等。自6.0mm起，厚度按1mm递增。

（3）特点及用途。胶合板具有幅面较大、不翘不裂、花纹美丽、表面平整、容易加工、材质均匀、强度较高、收缩性小和装饰性好等优点，适用于建筑室内的墙面装饰，是建筑装饰工程应用量最大的人造板材。设计和施工时采取一定手法可获得线条明朗、凹凸有致的效果。亦可用作家具的旁板、门板和背板等。胶合板表面可油漆成各种类型的漆面，还可以进行涂料的喷涂处理。

（4）宝丽板。宝丽板（图11-14）属装饰胶合板的一种，也称为华丽板或者不饱和聚酯树脂装饰胶合板，是以Ⅱ类胶合板为基材，贴以特种花纹装饰纸，再在纸面涂饰一层不饱和聚酯树脂，经加压固化而成。如果不加塑料薄膜保护层则称为富丽板。宝丽板的规格与普通胶合板相同。宝丽板表面硬度中等，耐热和耐烫性能优于油漆面，色泽稳定性好，耐污染性高，耐水性较高，易擦洗。板面光亮、平直，色调丰富且有花纹图案，但一般多使用如白色等素色，多用于室内墙面和墙裙等的装饰以及隔断、家具等。

图11-14 宝丽板

11.3.3.2 纤维板

纤维板

纤维板是以植物纤维（木材加工剩余的板皮、刨花和树枝等废料，以及稻草、麦秸、玉米秆、竹材等）为主要原料，经破碎浸泡、研磨成木浆，加入一定的胶料，再经过热压成型和干燥等工序制成的一种人造板材。根据生产过程中浆料含水率的不同，纤维板的生产方式分为湿法、半干法和干法三种。纤维板的材质和强度都较为均匀，抗弯强度高，胀缩性小，平整性好，不易开裂腐朽，较耐磨，有一定的绝热和吸声功能，可以代替木板用于室内装饰等。根据纤维板的体积密度不同，可分为硬质纤维板、中密度纤维板和软质纤维板三种。

（1）硬质纤维板。密度大于 13.88g/cm^3 的纤维板称为硬质纤维板。其强度高、不易变形，是木材的优良替代品。按照物理力学性能和外观质量可分为特级、一级、二级、三级和四级。

（2）中密度纤维板。密度为 0.55 ～ 0.88g/cm^3 的纤维板称为中密度纤维板。和硬质纤维板有所不同的是，中密度纤维板只分为特级、一级和二级共 3 个等级。将其制成带有一定孔型的盲孔板，施以白色涂料，兼有吸声和装饰作用，可作为室内的顶棚材料。

（3）软质纤维板。密度小于 0.55g/cm^3 的纤维板称为软质纤维板。因其结构松软，故强度较低，保温性能和吸声效果较好，常用作顶棚和隔热材料。

11.3.3.3 细木工板

细木工板是特种胶合板的一种，又称大芯板，是用长短不一的芯板木条拼接而成，表面为胶贴木质单板的实心板材。细木工板的表面平整光滑，不易变形，且绝热吸声。按表面加工状况，分为一面砂光、两面砂光和不砂光三种；按所使用的胶合剂，分为Ⅰ类胶细木工板、Ⅱ类胶细木工板两种；按面板的材质和加工工艺质量，分为一等、二等和三等。

细木工板

11.3.3.4 刨花板及澳松板

（1）刨花板。刨花板是以刨花和木渣为原料，利用胶料和辅料在一定温度及压力下压制而成的人造板材。它具有隔声吸声、隔热保温、防虫蛀且经济实惠等特点，适用于室内墙壁、地板、家具、车厢和建筑物装修等。刨花板按制造方法分为平压、辊压和挤压三种；按密度分为高密度、中密度和低密度三类；按结构分为单层、三层、渐变、多层、定向和模压等；按表面装饰处理分为磨光、不磨光、浸渍纸饰面、单板贴面、表面涂饰、PVC 和印刷饰面等；按外观质量和物理力学性能分为优等品、一等品和二等品。在装饰工程中常使用 A 类刨花板。

（2）澳松板。澳松板（又称定向结构刨花板）是一种进口的中密度板，板材用辐射松原木制作而成。这种板材是大芯板和欧松板的替代升级产品，这种升级产品在很大程度上提升了材料的安全环保性能。

澳松板的板材表面经过高精度的砂光处理，具有很高的光洁度，并且板材的内部强度也很大，具有良好的传热性能、内部黏结等物理性能优良。澳松板的含水率为 6% ～ 9%，生产规格允许厚度有 0.2mm 的误差。澳松板规格有 3mm、5mm、9mm、12mm、15mm 和 18mm 等。3mm 的澳松板用量最多、最广，主要代替三夹板用于门、门套、窗套等部位；5mm 的澳松板通常用作夹板，这种材料不易变形；9mm 和 12mm 的澳松板通常用来做门套、门档和踢脚板；15mm 和 18mm 的澳松板可代替大芯板直接用于做门套、窗套或雕刻、镂铣造型，也可直接用来做衣柜门，用此类材料生产出的产品环保且不易变形。

澳松板被广泛用于装饰、家具、建筑和包装等行业。澳松板硬度大，适合做衣柜和书柜，不会变形，其最大的特点是制作的家具不污染环境，具有很好的环保效应。

11.3.3.5 木丝板及木屑板

木丝板、木屑板与刨花板的制造工艺较为相似，分别是以短小废料刨制的木丝和木屑等为原料，经干燥后拌入胶料，再经热压制成的人造板材。所用胶料为合成树脂、水泥或菱苦土等无机胶结料。这类板材质量较轻、强度较低、价格较为便宜，主要用作绝热和吸声材料。其中经热压合成的木屑板，其表面可粘贴塑料贴面或胶合板作为饰面层，这样既增加了板材的强度，又使板材具有装饰性，可用作顶棚材料。

任务11.4

涂料

建议课时： 2学时

教学目标

知识目标：了解建筑涂料的分类、性能和作用；
掌握建筑涂料的特性与发展趋势。

技能目标：能够掌握涂料的常用类型及技术性能；
能够正确进行涂料的选用。

思政目标：学生分析与解决问题的能力；
培养绿色环保、创新思维的工匠精神。

11.4.1 涂料概述

涂料，在中国传统称为油漆。中国涂料界比较权威的《涂料工艺》一书是这样定义的：涂料是一种材料，这种材料可以用不同的施工工艺涂覆在物件表面，形成黏附牢固、具有一定强度、连续的固态薄膜，这样形成的膜通称涂膜，又称漆膜或涂层。

14.1.1.1 涂料的组成

建筑装饰涂料是由多种成分组成的混合物，通常按照涂料中各个组成部分的作用，将涂料分为主要成膜物质、次要成膜物质、稀释剂和助剂四个部分。

（1）主要成膜物质。主要成膜物质又称为基料，它的作用是将其他成分黏结成一个整体，并能牢固地附着在基层的表面，形成连续均匀并具有较高的化学稳定性和一定机械强度的保护膜。主要成膜物质的性质对涂膜的坚韧性、耐磨性、耐候性等方面有重要的影响。涂料中使用的主要成膜物质主要有油料和树脂两类。树脂类主要成膜物质多以合成树脂为主，用合成树脂制得的涂料性能优异，是涂料生产中品种最多也是应用最广的一种。

（2）次要成膜物质。次要成膜物质是指涂料生产中所使用的颜料和填料，是构成涂膜的重要组成部分。它们以微细粉状均匀地分散在涂料的介质中，使形成的涂膜带有更多的色彩和质感，并具有一定的遮盖力，还可以增加涂膜的机械强度，防止紫外线的穿透以及提高涂膜的抗老化性和耐候性等。

（3）稀释剂。稀释剂又称溶剂，是涂料的挥发性组分，它主要是使涂料具有一定的黏度以利于施工。把涂料涂刷在基层上后，随着稀释剂的蒸发，涂膜逐渐干燥硬化，形成连续均匀的涂膜。稀释剂还能增加涂料的渗透力，改善涂料与基层之间的黏结情况，节省涂料用量。

（4）助剂。助剂又称为辅助材料，是为了进一步改善或增加涂料的某些性能而在配制涂料时加入的物质。助剂的掺量很少，一般只占涂料总量的百分之几到万分之几，但效果显著。

11.4.1.2 涂料的分类

（1）按照构成涂膜主要成膜物质的化学成分分类。按照构成涂膜主要成膜物质的化学成分，涂料分为有机涂料、无机涂料、复合涂料。有机涂料又分为溶剂型涂料、水溶性涂料、乳胶涂料。溶剂型涂料是以高分子合成树脂为主要成膜物质，以有机溶剂为稀释剂，加入适量的颜料、填料及助剂，经研磨、分散配制而成的涂料。这类涂料形成的涂膜细腻光洁而坚韧，有较好的硬度、光泽度、耐水性、耐候性、气密性和耐酸碱性，可对建筑物起到较强的保护作用。

无机涂料是最早使用的涂料，如石灰水、可赛银。目前所使用的无机涂料是以水玻璃、硅溶胶、水泥为基料，加入颜料、填料、助剂等经研磨、分散而成的涂料。无机涂料的价格低，资源丰富，无毒不燃，具有良好的遮盖力，对基层材料的处理要求不高，可在较低温下施工，涂膜具有良好的耐热性、保色性、耐久性等。

复合涂料，例如聚乙烯醇水玻璃内墙涂料就比聚乙烯醇有机涂料的耐水性好，以硅溶胶、丙烯酸系列复合的外墙涂料在涂膜的柔韧性及耐候性方面更能适应气候的变化。

（2）按照构成涂膜的主要成膜物质分类。按构成涂膜的主要成膜物质，涂料分为聚乙烯醇系列建筑涂料、丙烯酸系列建筑涂料、氯化橡胶建筑涂料、聚氨酯建筑涂料和水玻璃及硅溶胶建筑涂料。

（3）按建筑物使用部位分类。按建筑物使用部位，涂料分为外墙建筑涂料、内墙建筑涂料、地面建筑涂料、顶棚建筑涂料和屋面防水涂料等。

11.4.2　常用涂料

11.4.2.1　内墙涂料

内墙涂料通常用于顶棚和墙面，功能是保护和装饰内墙及顶棚，使其达到良好的使用功能和装饰效果。内墙涂料要求颜色丰富多样，质地平滑、细腻、色调柔和，对人体无危害。内墙涂料要具有一定的耐碱性，否则会因碱性腐蚀而泛黄。为保持内墙洁净，内墙需要刷洗，为此必须要有一定的耐水、耐刷洗性。另外若室内湿度大、墙面透气性不好，给人的感觉不舒服，透气性差还会使墙面结露，因此涂料还要求透气性好。在施工方面要求内墙涂料涂刷方便、复涂性好。常用的内墙涂料有合成树脂乳液内墙涂料、多彩花纹涂料、多彩立体涂料。

（1）合成树脂乳液内墙涂料。合成树脂乳液内墙涂料以合成树脂乳液为主要成膜物质。它是现在使用最普遍的内墙涂料之一，广泛应用于室内墙面装饰，但不宜用于厨房、卫生间、浴室等容易受潮的墙面。常用的品种有苯-丙乳胶漆、氯偏共聚乳液内墙涂料、聚乙酸乙烯乳胶内墙涂料等。

苯-丙乳胶漆涂料无毒、无味、不燃，能在略微潮湿的表面上施工，流平性好且干燥快。涂膜质感细腻，色彩丰富，尤其是它的耐碱、耐水、耐擦洗及耐久性均优于其他各种内墙装饰涂料，适用于住宅及各种公共建筑内墙。

氯偏共聚乳液内墙涂料无毒、无味、不燃，具有良好的耐水、耐擦洗、耐碱性、耐化学腐蚀性，涂层干燥快，可在较潮湿基层上施工。

聚乙酸乙烯乳胶漆内墙涂料具有无毒、无味、易于施工、涂膜干燥快、透气性好、附着力强、装饰效果好的特点。这种涂料可用于新旧石灰、水泥基层，施工方便。

（2）多彩花纹内墙涂料。多彩花纹内墙涂料是一种较常用的墙面及顶棚装饰材料。将有颜色的溶剂型树脂涂料不断搅拌慢慢地渗入甲基纤维素和水组成的溶液中，使其分散成为细小的溶剂型油漆涂料滴，形成有色油滴的混合悬浊液，即为多彩花纹内墙涂料。

多彩花纹内墙涂料涂膜质地厚且具有良好的弹性，立体感强，可以营造出壁纸的感觉，色彩丰富，装饰效果好，又耐油、耐水、耐化学腐蚀、耐擦洗、透气性良好。这种涂料的使用范围较广，可用于混凝土、砂浆、石膏板、木材、钢材等多种基面的装饰。

（3）多彩立体涂料。多彩立体涂料也称为幻彩涂料、梦幻涂料，是用特种树脂乳液和专门的有机、无机颜料制成的纤维质水溶性涂料，主要成分为水溶性乳胶和人造纤维、天然纤维。多彩立体涂料色彩丰富，色泽高雅，涂膜能够呈现珍珠贝壳所具有的优美质感，具有良好的装饰效果。它无毒、无味、无污染、防潮，易于施工，防冻性良好，维护方便，适用面广，可用于混凝土、砂浆、石膏、木材、玻璃、金属等多种基层材质。

11.4.2.2 外墙涂料

外墙涂料的主要功能是装饰和保护建筑物的外墙，使建筑物外观整洁美观并延长建筑物的使用时间。为了获得良好的装饰与保护效果，外墙涂料一般应具有良好的装饰性、耐水性、防污性以及耐候性。

（1）溶剂型外墙涂料。溶剂型外墙涂料形成的涂膜具有较好的光泽、硬度、耐水性、耐酸碱性及良好的耐候性。目前使用较多的溶剂型外墙涂料主要有丙烯酸酯外墙涂料、聚氨酯系外墙涂料等。

（2）乳液型外墙涂料。以高分子合成树脂乳液为主要成膜物质，水为稀释剂的外墙涂料，称为乳液型外墙涂料。这种涂料不易燃，具有良好的耐候性，透气性好，可以在微湿的基层上施工，施工方便，涂料中不含有机溶剂，不会污染环境。按照涂料的质感一般分为薄质涂料、厚质涂料。

目前常用的薄质乳液型外墙涂料有苯－丙乳液涂料、聚丙烯酸酯乳液涂料等，厚质涂料有氯偏厚质涂料、砂壁状涂料等。

（3）复层外墙涂料。复层外墙涂料也称凹凸花纹涂料或浮雕涂料，它由底层涂料、主层涂料和罩面涂料三个部分组成。复层外墙涂料具有透水性好、耐酸碱、耐冲击、耐沾污性良好等特点。

11.4.2.3 地面涂料

地面涂料的主要功能是装饰和保护地面，地面涂料一般应具有耐水性好、较高的耐磨性、耐冲击性好、硬度较高、黏结强度较高、施工方便、复涂性好等特点。

（1）环氧树脂厚质地面涂料。环氧树脂厚质地面涂料是目前最常用的地面涂料，是以环氧树脂为主要成膜物质的双组分常温固化型涂料。这种涂料由两种组分组成：一种是以环氧树脂为主要成膜物质，加入填料、颜料和助剂等组成；另一种是以胺类为主的固化剂组成。环氧树脂涂料涂层坚硬、耐磨，且具有一定的韧性，有良好的耐化学腐蚀、耐油、耐水等性能。涂层在基层上的附着力强，耐久性好，它也可刷涂成各种图案，有一定的装饰效果。但是这种涂料的施工复杂，对基层要求也较高。环氧树脂厚质地面涂料的应用如图 11-15 所示。

图 11-15 环氧树脂厚质地面涂料的应用

（2）聚氨酯地面涂料。聚氨酯地面涂料涂层耐磨性好，并且耐油、耐水、耐酸碱。涂层固化后具有一定的弹性，步感舒适，复涂性好，便于维修，涂布后地面有很好的整体性，装饰性好，也便于清扫。适用于会议厅、放映厅、图书馆等面积较大的弹性装饰地面，地下室、卫生间的防水装饰地面，以及工厂车间的耐磨、耐腐蚀地面等。

11.4.2.4 特殊涂料

（1）防锈漆。防锈漆分为油性防锈漆和树脂防锈漆两种。油性防锈漆是以精炼干性油、各种防锈颜料和体质颜料经混合研磨后，再加入助剂和稀释剂制成，其油脂的渗透性、湿润性较好，结膜之后能充分干燥，附着力强，柔韧性好，是目前广泛使用的防锈漆。树脂防锈漆是以各种树脂为主要成膜物质，表面单薄，密封性强。防锈漆主要用于金属装饰构造的表面。在施工时一定要对构造表面进行仔细处理，注意金属结构的边角和接缝，缝隙有可能使金属产生氧化，最终导致防锈漆脱落。

（2）防火涂料。防火涂料是由难燃性树脂、阻燃剂和防火填料等制成的，用来提高被涂物体耐火极限的一种特殊涂料。防火涂料既和普通涂料一样具有装饰性，又能在发生火灾时在一定时间内阻止基材燃烧，为人员撤离和灭火提供时间。防火涂料分为饰面型防火涂料和钢结构防火涂料两类。饰面型防火涂料适用于可燃基材表面，如纤维板、木材、塑料等。钢结构防火涂料则用于建筑物的钢结构表面。

（3）防霉涂料。防霉涂料以不易发霉物质（硅酸钾水玻璃涂料、氧乙烯偏氯乙烯共聚物乳液）为主要成膜物质，加入两种或两种以上的防霉剂（多数为专用杀菌剂）制成，既具有良好的装饰效果，对蚊子、蟑螂等害虫也有驱杀功能。防霉涂料更适用于南方炎热潮湿地区的住宅、医院、宾馆、仓库等容易产生霉变的室内空间里。

（4）发光涂料。发光涂料分为蓄光性发光和自发性发光两类。蓄光性发光涂料主要由成膜物质、填料、荧光颜料等成分组成，由于涂料中的荧光原料（主要是硫化锌等无机颜料）受到光线的照射后被激活，释放出能量，使其在白天和夜晚都可发出明显可见的光。自发性发光涂料的组成成分除了蓄光性发光涂料中所含的组成成分外，还含有极少量的放射性物质，当荧光颜料的蓄光消耗完毕之后，放射性物质就会放出射线刺激，使得涂料继续发光。

（5）真石漆。真石漆是目前使用非常广泛的一种仿天然石材涂料，它既可以作内墙装饰涂料，也可以作外墙涂料。这种涂料由合成树脂乳液、石英砂骨料和助剂等组成。真石漆具有花岗石、大理石逼真的天然形态以及坚固的质感，硬度很高，耐候性极好，适于高层建筑、别墅等高档建筑物涂饰，装饰性极强。真石漆的装饰效果主要取决于骨料的大小和颜色。较粗的骨料组成的涂层较粗犷，牢固感较强，但是凹凸太强易积灰尘而不易清扫，涂料用量较大，施工也较困难，喷涂时落砂可能性大。骨料较细时，组成的涂层更加精美、细腻，但天然质感显得不足。

11.4.2.5 油漆类涂料

（1）清漆。清漆俗称凡立水，是一种以树脂为主要成膜物质、不含颜料的透明涂料，分为油基清漆和树脂清漆两类。油基清漆含有干性油，树脂清漆不含干性油。一般多用于木器家具、金属构造的表面，尤其是门、窗、扶手等细部构造的涂饰，对被涂物有较强的保护作用，具有较好的干燥性。

（2）混油。混油又称为铅油，是彩色颜料与干性油经混合研磨而成的产品。这种涂料色彩丰富，具有很强的装饰性，且外观黏稠，需要加清油溶剂搅拌才可以使用。混油遮覆力强，可以覆盖原材料纹理，与面漆的黏结性好，因此经常被用作涂刷面漆前的打底，也可以单独用作面层涂刷，但是漆膜柔软，一般只用于对外观要求不高的材料表面。

（3）调和漆。调和漆是一种色漆，是在清漆的基础上加入无机颜料制成的，适用于涂饰室内外的木材、金属表面、家具及木装修。调和漆分为油性调和漆及磁性调和漆两类。油性调和漆是以干性油和颜料研磨后加入助剂和稀释剂而制成的，漆膜附着力强，不易脱落、松化，经久耐用，但干燥、结膜所需时间较长。磁性调和漆又称为瓷漆，是用甘油、松香酯、干性油与颜料研磨后加入助剂和稀释剂而制成的，其干燥性能比油性调和漆要好，结膜较硬，平滑光洁，但容易失去光泽，产生龟裂。

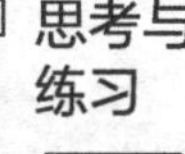

思考与练习

1. 什么是天然石材？什么是人造石材？
2. 常见的人造石材有哪几种类型
3. 简述釉面砖、装饰陶瓷地砖、陶瓷锦砖、装饰琉璃制品、装饰陶瓷等各自品种有哪些？特点及用途是什么？
4. 简述常用木材的分类及各自结构特征。
5. 简述人造板材的常用种类及各自特点和用途。
6. 常用涂料的种类有哪些？

常用建筑材料性能试验

任务12.1

建筑材料的基本性质试验

建议课时： 2学时

教学目标

知识目标：能识记建筑材料基本性能试验方法；
能识记建筑材料基本性能试验过程中的注意事项。

技能目标：能够使用已有建筑材料基本性能试验方法操作对建筑上常用的材料进行检验并得到科学的结果；
能够合理地选择恰当的建筑材料基本性能试验方法对建筑上常用的材料进行检验。

思政目标：理解建筑材料基本性能检验对建筑生产过程和人民生命财产安全的重要性；
培养严谨细致的科学态度和良好的团队协作精神；
培养沟通交流的能力及举一反三、触类旁通的能力。

12.1.1　表观密度试验

12.1.1.1　试验目的

表观密度试验的目的是测定几何形状规则的材料试件的表观密度。

12.1.1.2　试验仪器与工具

（1）天平：感量 0.1g。
（2）游标卡尺：精度 0.1mm。
（3）烘箱：能控温在 105℃ ±5℃。
（4）其他仪器：干燥器、漏斗、直尺、搪瓷盘等。

12.1.1.3　试验步骤

（1）对几何形状规则的材料试件，将其放入 105℃ ±5℃烘箱中烘干至恒重，取出置入干燥器中冷却至室温。

（2）用卡尺量出试件尺寸（每边测 3 次，取平均值），并计算出体积 V_0（cm^3），再称出试样质量 m（g）。

12.1.1.4　计算

形状规则的材料试件的表观密度按式（12-1）计算，以 5 次试验结果的算术平均值为最后结果，精确至 $10kg/m^3$。

$$\rho_0=\frac{1000m}{V_0} \tag{12-1}$$

式中　ρ_0——表观密度，kg/m^3；

m——材料试件的质量，kg；

V_0——材料试件的体积，m^3。

12.1.2　砂的松散堆积密度及紧密堆积密度试验

12.1.2.1　试验目的

本试验的目的是测定砂在自然状态下的松散堆积密度、紧密堆积密度及空隙率。

12.1.2.2　试验仪器与工具

（1）天平：称量10kg，感量1g。

（2）容量筒：金属制，圆筒形，内径为108mm，净高为109mm，筒壁厚为2mm，筒底厚为5mm，容积约为1L。

（3）垫棒：直径为10mm、长为500mm的圆钢。

（4）烘箱：能控温在105℃±5℃。

（5）方孔筛：孔径为4.75mm的筛一个。

（6）其他工具：小勺、漏斗、直尺、浅盘、毛刷等。

12.1.2.3　试验准备

（1）用浅盘装试样约3L，在温度为105℃±5℃的烘箱中烘干至恒重，取出并冷却至室温，筛除大于4.75mm的颗粒，分成大致相等的两份备用。

（2）容量筒容积的校正方法。以温度为20℃±5℃的洁净水装满容量筒，用玻璃板沿筒口滑移，使其紧贴水面，玻璃板与水面之间不得有空隙。擦干筒外壁水分，然后称量，用式（12-2）计算容量筒的容积V。

$$V = m'_2 - m'_1 \tag{12-2}$$

式中　V——容量筒的容积，mL；

m'_1——容量筒和玻璃板的总质量，g；

m'_2——容量筒、玻璃板和水的总质量，g。

12.1.2.4　试验步骤

（1）称容量筒质量m_1，精确至1g。

（2）松散堆积密度。将试样装入漏斗中，打开底部的活动门，将砂流入容量筒中，也可直接用小勺向容量筒中装试样，但漏斗出料口或料勺距离容量筒筒口均应为50mm左右，试样装满并超出容量筒筒口后，用直尺将多余的试样沿筒口中心线向两个相反方向刮平，称取质量m_2，精确至1g。

（3）紧密堆积密度。取试样1份，分两层装入容量筒。装完第一层后，在筒底垫放一根直径为10mm的圆钢，将筒按住，左右交替颠击地面各25下，然后装入第二层。

第二层装满后用同样方法颠实（但筒底所垫钢筋的方向应与第一层放置方向垂直）。两层装完并颠实后，添加试样超出容量筒筒口，然后用直尺将多余的试样沿筒口中心线向两个相反方向刮平，称取质量 m_2，精确至 1g。

12.1.2.5　计算

（1）松散堆积密度或紧密堆积密度按式（12-3）计算，精确至 10kg/m³。

$$\rho'_{0(L,C)}=\frac{m_2-m_1}{V}\times 1000 \tag{12-3}$$

式中　$\rho'_{0(L,C)}$——砂的松散堆积密度或紧密堆积密度，kg/m³；

m_1——容量筒的质量，kg；

m_2——容量筒和砂的总质量，kg；

V——容量筒容积，L。

（2）砂的空隙率按式（12-4）计算，精确至 1%。

$$P'=\left[1-\frac{\rho'_{0(L,C)}}{\rho_0}\right]\times 100\% \tag{12-4}$$

式中　P'——砂的空隙率，%；

$\rho'_{0(L,C)}$——砂的松散堆积密度或紧密堆积密度，kg/m³；

ρ_0——砂的表观密度，kg/m³。

12.1.2.6　试验报告

试验报告以两次试验结果的算数平均值作为测定值。

任务12.2

水泥性能试验

建议课时： 2学时

教学目标

知识目标：能识记建筑材料水泥性能试验方法；
能识记建筑材料水泥性能试验过程中的注意事项。

技能目标：能够使用已有建筑材料水泥性能试验方法操作对建筑上常用的材料进行检验并得到科学的结果；
能够合理地选择恰当的建筑材料水泥性能试验方法对建筑上常用的材料进行检验。

思政目标：理解建筑材料水泥性能检验对建筑生产过程和人民生命财产安全的重要性；
培养严谨细致的科学态度和良好的团队协作精神；
培养沟通交流的能力及举一反三、触类旁通的能力。

12.2.1 水泥细度检验

12.2.1.1 试验目的

通过 80μm 筛筛析法测定水泥存留在 80μm 筛上的筛余量，用以评定水泥的质量，《通用硅酸盐水泥》(GB 175—2007)和《水泥细度检验方法筛析法》(GB/T 1345—2005)规定，普通硅酸盐水泥、矿渣硅酸盐水泥、火山灰质硅酸盐水泥和粉煤灰硅酸盐水泥，80μm 筛析法的筛余量不大于 10%。

12.2.1.2 试验仪器与工具

(1)试验筛。由圆形筛框和筛网组成。负压筛应附有透明筛盖，筛盖与筛上口应有良好的密封性。筛网应紧绷在筛框上，筛网和筛框接触处，应用防水胶密封，防止水泥嵌入。

(2)负压筛析仪。由筛座、负压筛、负压源和收尘器组成。其中筛座由转速为 30r/min±2r/min 的喷气嘴、负压表、控制板、微电机及壳体等构成，如图 12-1 和图 12-2 所示。

(3)天平：最大称量为 100g，感量不大于 0.05g。

12.2.1.3 试验步骤

(1)负压筛法

① 水泥样品应充分拌匀，通过 0.9mm 方孔筛，记录筛余物情况，要防止过筛时混进其他水泥。

② 筛析试验前，应将负压筛放在筛座上，盖上筛盖，接通电源，检查控制系统，调整负压至 4000 ～ 6000Pa。

③ 称取试样 25g，置于洁净的负压筛中，盖上筛盖，放在筛座上，开动筛析仪连续筛析 2min，在此期间如有试样附着在筛盖上，可轻轻地敲击，使试样落下。筛毕，用天平称量筛余物。

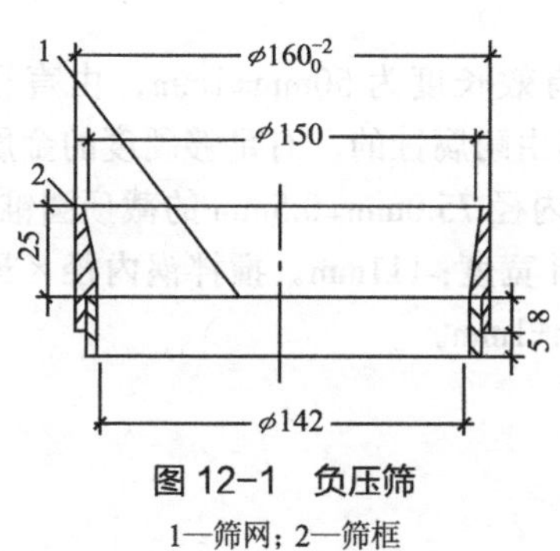

图 12-1 负压筛

1—筛网；2—筛框

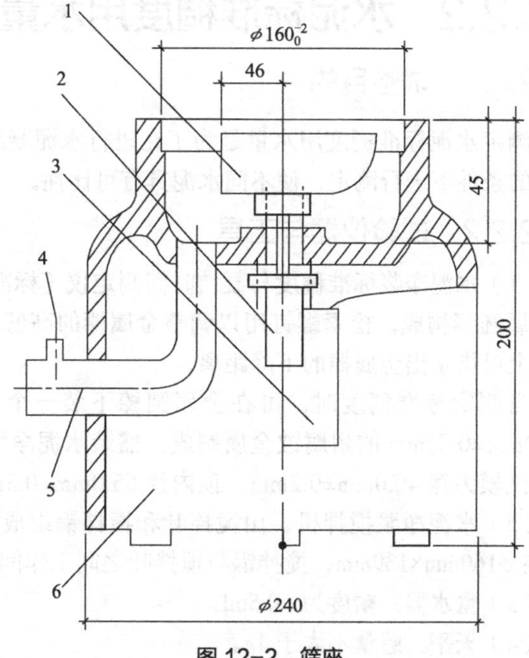

图 12-2 筛座

1—喷气嘴；2—微电机；3—控制板开关；4—负压表接口；5—负压源及吸尘器接口；6—壳体

④ 当工作负压小于 4000Pa 时，应清理吸尘器内的水泥，使负压恢复正常。

（2）水筛法

① 同前法处理样品。

② 筛析试验前，应检查水中无泥、砂，调整好水压及水筛架的位置，使其能正常运转。喷头底面和筛网之间的距离为 35 ～ 75mm。

③ 称取试样 50g，置于洁净的水筛中，立即用淡水冲洗至大部分细粉通过后，放在水筛架上，用水压为 0.05MPa±0.02MPa 的喷头连续冲洗 3min。筛毕，用少量水将筛余物冲至蒸发皿中，待水泥颗粒全部沉淀后，小心倒出清水，烘干并用天平称量筛余物。

12.2.1.4 结果整理

水泥试样的筛余率按式（12-5）计算。

$$F=\frac{R}{m}\times 100\% \tag{12-5}$$

式中 F——水泥试样的筛余率，%；

R——水泥筛余物的质量，g；

m——水泥试样的质量，g。

计算结果精确至 0.1%。

注：负压筛法与水筛法或手工干筛法测定的结果不一致时，以负压筛法为准。

12.2.2 水泥标准稠度用水量试验

12.2.2.1 试验目的

测定水泥标准稠度用水量是为了在进行水泥凝结时间和安定性试验时，对水泥净浆在标准稠度的条件下进行测定，使不同水泥具有可比性。

12.2.2.2 试验仪器与工具

（1）水泥净浆标准稠度与凝结时间测定仪（标准法维卡仪）。该仪器由铁座和可以自由滑动的金属圆棒构成。松紧螺钉用以调整金属棒的高低。金属棒上附有指针，在量程 0 ～ 70mm 的标尺上可指示出金属棒的下降距离。

当测定标准稠度时，可在金属圆棒下装一个试杆，有效长度为 50mm±1mm，由直径为 10.00mm±0.05mm 的耐腐蚀金属制成。盛装水泥净浆的试模由耐腐蚀的、有足够硬度的金属制成。试模为深 40.0mm±0.2mm、顶内径 65.0mm±0.5mm、底内径 75.0mm±0.5mm 的截顶圆锥体。

（2）水泥净浆搅拌机。由搅拌叶和搅拌锅组成，搅拌叶宽度：111mm。搅拌锅内径 × 最大深度：ϕ160mm×139mm。搅拌锅与搅拌叶之间工作间隙：2mm±1mm。

（3）量水器：精度为 ±0.5mL。

（4）天平：感量不大于 1g。

12.2.2.3 试验步骤

（1）试验前必须做到：维卡仪的金属棒能自由滑动；调整至试杆接触玻璃板时指针对准零点；搅拌机运转正常。

（2）水泥净浆的拌制。搅拌锅和搅拌叶片先用湿棉布擦过，将拌和水倒入搅拌锅内，然后在 5 ～ 10s 内小心将称好的 500g 水泥加入水中，防止水和水泥溅出；拌和时，先将锅放到搅拌机锅座上，升至搅拌位置。开动机器，同时徐徐加入拌和水，慢速搅拌 120s，停拌 15s，接着快速搅拌 120s 后停机。

（3）装模测试。拌和结束后，立即取适量水泥净浆一次性将其装入已置于玻璃底板上的试模中，浆体超过试模上端，用宽约 25mm 的直边刀轻轻拍打超出试模部分的浆体 5 次以排除浆体中的孔隙，然后在试模上表面约 1/3 处，略倾斜于试模分别向外轻轻锯掉多余净浆，再从试模边沿轻抹顶部一次，使净浆表面光滑。在锯掉多余净浆和抹平的操作过程中，注意不要压实净浆；抹平后迅速将试模和底板移到维卡仪上，并将其中心定在试杆下，降低试杆直至与水泥净浆表面接触，拧紧螺钉 1 ～ 2s 后，突然放松，使试杆垂直自由地沉入净浆中。在试杆停止沉入或释放试杆 30s 时记录试杆距底板之间的距离，升起试杆，立即擦净；整个操作应在搅拌后 1.5min 后完成。以试杆沉入净浆并距底板 6mm±1mm 的水泥净浆为标准稠度净浆。其拌和用水量为该水泥的标准稠度用水量，按水泥质量的比例（%）计。

12.2.2.4 结果整理

水泥的标准稠度用水量 P 按式（12-6）计算。

$$P=\frac{\rho V}{m}\times 100\% \tag{12-6}$$

式中 P——标准稠度用水量，%；

V——拌和用水量，mL；

m——水泥试样质量，g；

ρ——水的密度，g/mL（水在 4℃时的密度为 1g/mL）。

任务12.3

混凝土用砂性能试验

建议课时： 3学时

教学目标

知识目标：能识记建筑混凝土用砂性能试验方法；
能识记建筑混凝土用砂性能试验过程中的注意事项。

技能目标：能够使用已有建筑混凝土用砂性能试验方法操作对建筑上常用的材料进行检验并得到科学的结果；
能够合理地选择恰当的建筑混凝土用砂性能试验方法对建筑上常用的材料进行检验。

思政目标：理解建筑混凝土用砂性能检验对建筑生产过程和人民生命财产安全的重要性；
培养严谨细致的科学态度和良好的团队协作精神；
培养沟通交流的能力及举一反三、触类旁通的能力。

12.3.1　砂的筛分试验

12.3.1.1　试验目的

通过试验测定砂的颗粒级配，计算砂的细度模数，评定砂的粗细程度；掌握《建设用砂》（GB/T 14684—2011）中的测试方法，正确使用所用仪器与设备，并熟悉其性能。

12.3.1.2　试验仪器与工具

试验仪器与工具有标准筛、天平、鼓风烘箱、摇筛机、浅盘、毛刷等。

12.3.1.3　试样制备

按规定取样，用四分法分取不少于4400g试样，并将试样缩分至1100g，放在烘箱中于105℃±5℃下烘干至恒重，待冷却至室温后，筛除大于9.50mm的颗粒并计算出其筛余率，分为大致相等的两份备用。

12.3.1.4　试验步骤

（1）准确称取试样500g，精确至1g。

（2）将标准筛按孔径由大到小的顺序叠放，加底盘后，将称好的试样倒入最上层的4.75mm筛内，加盖后置于摇筛机上，摇约10min。

（3）将套筛自摇筛机上取下，按筛孔大小顺序再逐个用手筛，筛至每分钟通过量小于试样总量0.1%为止。通过的颗粒并入下一号筛中，并与下一号筛中的试样一起过筛，按这样的顺序进行，直至各号筛全部筛完为止。

（4）称取各号筛上的筛余量，精确至1g，试样在各号筛上的筛余量不得超过式（12-7）计算出的量。

$$G=\frac{Ad}{200} \tag{12-7}$$

式中 G——一个筛上的筛余量，g；

A——筛面面积，mm^2；

d——筛孔尺寸，mm。

12.3.1.5 试验结果计算与评定

（1）计算分计筛余率：各号筛上的筛余量与试样总量相比，精确至 0.1%。

（2）计算累计筛余率：每号筛上的筛余率加上该号筛以上各筛余率之和，精确至 0.1%。筛分后，若各号筛的筛余量与筛底的量之和同原试样质量之差超过 1%，需重新试验。

（3）砂的细度模数按式（12-8）计算，精确至 0.01。

$$M_x=\frac{A_2+A_3+A_4+A_5+A_6-5A_1}{100-A_1} \tag{12-8}$$

式中 M_x——细度模数；

A_1，A_2，…，A_6——4.75mm、2.36mm、1.18mm、0.60mm、0.30mm、0.15mm筛的累计筛余率，%［带入式（12-8）时需去除%］。

（4）累计筛余率取两次试验结果的算术平均值，精确至 1%。细度模数取两次试验结果的算术平均值，精确至 0.1；如两次试验的细度模数之差超过 0.20 时，需重新试验。

12.3.2 砂的表观密度试验

12.3.2.1 试验目的与适用范围

标准法试验目的是用容量瓶法测定砂（天然砂、石屑、机制砂）的表观密度，适用于含有少量大于 2.36mm 部分的细骨料。

12.3.2.2 试验仪器与工具

（1）天平：称量 1kg，感量 0.1g。

（2）容量瓶：500mL。

（3）烘箱：能控温为 105℃ ±5℃。

（4）其他：干燥器、浅盘、铝制料勺、温度计、洁净水等。

12.3.2.3 试验准备

将缩分至约 660g 的试样在温度为 105℃ ±5℃的烘箱中烘干至恒重，并在干燥器内冷却至室温，分成两份备用。

12.3.2.4 试验步骤

（1）称取烘干的试样约 300g（m_0），精确至 0.1g，装入盛有半瓶洁净水的容量瓶中。

（2）摇转容量瓶，使试样在水中充分搅动以排除气泡，塞紧瓶塞，在恒温条件下静置 24h，然后用滴管添水至与容量瓶500mL刻度线平齐，再塞紧瓶塞，擦干瓶外水分，称其总质量（m_1），精确至1g。

（3）倒出瓶中的水和试样，将瓶的内外表面洗净，再向瓶内注入同样温度的洁净水（温差不超过2℃）至500mL刻度线，塞紧瓶塞，擦干瓶外水分，称其总质量（m_2），精确至1g。

注：在砂的表观密度试验过程中应测量并控制水的温度，试验期间的温度差不得超过2℃。

12.3.2.5　计算

砂的表观密度按式（12-8）计算：

$$\rho_0=(\frac{m_0}{m_0+m_2-m_1}-\alpha_1)\times 1000 \tag{12-9}$$

式中　ρ_0——细骨料的表观密度，kg/m³；

m_0——试样的烘干质量，g；

m_1——试样、水及容量瓶总质量，g；

m_2——水及容量瓶总质量，g；

α_1——水温对砂的表观密度影响的修正系数，见表12-1。

表12-1　水温对砂的表观密度影响的修正系数

水温/℃	15	16	17	18	19	20
α_1	0.002	0.003	0.003	0.004	0.004	0.005
水温/℃	21	22	23	24	25	
α_1	0.005	0.006	0.006	0.007	0.008	

12.3.2.6　试验报告

以两次平行试验结果的算术平均值作为测定值，精确至10kg/m³，如两次结果之差值大于20kg/m³时，应重新取样进行试验。

任务12.4

混凝土性能试验

建议课时：4学时

教学目标

知识目标：能识记建筑混凝土性能试验方法；
能识记建筑混凝土性能试验过程中的注意事项。

技能目标：能够使用已有建筑混凝土性能试验方法操作对建筑上常用的材料进行检验并得到科学的结果；
能够合理地选择恰当的建筑混凝土性能试验方法对建筑上常用的材料进行检验。

思政目标：理解建筑混凝土性能检验对建筑生产过程和人民生命财产安全的重要性；
培养严谨细致的科学态度和良好的团队协作精神；
培养沟通交流的能力及举一反三、触类旁通的能力。

12.4.1 混凝土拌和物的拌和与现场取样方法

12.4.1.1 试验目的

本方法规定了在常温环境中室内混凝土拌和物的拌和与现场取样方法。为测试和调整混凝土的性能、进行混凝土配合比设计打下基础。

12.4.1.2 试验仪器与工具

（1）混凝土搅拌机：自由式或强制式。

（2）磅秤：感量满足称量总量 1%。

（3）天平：感量满足称量总量 0.5%。

（4）振动台：符合《混凝土试验用振动台》（JG/T 245—2009）的规定。

（5）其他：拌和钢板、铁铲等。

12.4.1.3 试验准备

（1）按所选混凝土配合比备料，所有材料都应符合有关要求。拌和前材料应置于温度 20℃ ±5℃环境下。

（2）为防止粗骨料的离析，可将骨料按不同粒径分开，使用时再按一定比例混合。试样从抽至试验完毕过程中，应避免风吹日晒，必要时应采取保护措施。

12.4.1.4 试验步骤

（1）混凝土拌和物的拌和

① 拌和时保持室温 20℃ ±5℃。

② 拌和物的总量应比所需量高 20% 以上。拌制混凝土的材料用量应以质量计，称量的精确度：骨料为 ±1%，水、水泥、掺和料及外加剂为 ±0.5%。

③ 粗骨料、细骨料均以干燥状态为基准，计算用水量时应扣除粗骨料、细骨料中的含水量。

注：干燥状态是指含水率小于 0.5% 的细骨料和含水率小于 0.2% 的粗骨料。

④ 外加剂的加入

a. 对于不溶于水或难溶于水且不含潮解型盐类的外加剂，应先与一部分水泥拌和，以保证充分分散。

b. 对于不溶于水或难溶于水但含潮解型盐类的外加剂，应先与细骨料拌和。对于水溶性或液体外加剂，应先与水拌和。

c. 其他特殊外加剂，应遵守有关规定。

⑤ 拌制混凝土所用各种用具如铁板、铁铲、抹刀，应先用水润湿，使用完后必须清洗干净。

⑥ 使用搅拌机前，应先用少量砂浆刷膛，以避免正式拌和混凝土时水泥砂浆黏附筒壁造成损失。刷膛砂浆的水胶比及砂灰比，应与正式的混凝土配合比相同。

⑦ 用搅拌机拌和时，拌和量宜为搅拌机公称容量的 1/4 ～ 3/4。

⑧ 搅拌机搅拌。按规定称好原材料，往搅拌机内顺序加入粗骨料、细骨料和水泥，开动搅拌机，将材料拌和均匀。在拌和过程中徐徐加水，全部加料时间不宜超过 2min。水全部加入后，继续拌和约 2min，然后将拌和物倾倒在铁板上，再经人工翻拌 1 ～ 2min，务必使拌和物均匀一致。

⑨ 人工拌和。采用人工拌和时，先用湿布将铁板、铁铲润湿，再将称好的砂和水泥在铁板上干拌均匀，加入粗骨料，再混合搅拌均匀。然后将此拌和物堆成堆，扒长槽，倒入剩余的水，继续进行拌和，来回翻拌至少 6 遍。

⑩ 从试样制备完毕到开始做各项性能试验不宜超过 5min（不包括成型试件）。

（2）现场取样

① 新混凝土现场取样。凡在搅拌机、料斗、运输小车以及浇制的构件中采取新拌混凝土代表性样品时，均需从 3 处以上的不同部位抽取大致相同分量的代表性样品（不要抽取已经离析的混凝土），集中用铁铲翻拌均匀，然后立即进行拌和物的试验。拌和物取样量应多于试验所需数量的 1.5 倍，其体积不小于 20L。

② 为使取样具有代表性，宜采用多次采样的方法，最后集中用铁铲翻拌均匀。

③ 从第一次取样到最后一次取样不宜超过 15min。取回的混凝土拌和物应经过人工再次翻拌均匀，然后进行试验。

12.4.2 混凝土拌和物坍落度试验

12.4.2.1 试验目的

坍落度是表示混凝土拌和物流动性的指标，本试验适用于测定骨料公称粒径不大于 31.5mm、坍落度不小于 10mm 的混凝土拌和物稠度。通过测定拌和物流动性，观察其黏聚性和保水性，综合评定混凝土的和易性，作为调整配合比和控制混凝土质量的依据。

12.4.2.2 试验仪器与工具

（1）台秤：称量 50kg，感量 50g。

（2）天平：称量 5kg，感量 1g。

（3）拌板：1.5m×2.0m 左右。

（4）标准坍落度筒：金属制圆锥体形，底部内径为 200mm，顶部内径为 100mm，高底为 300mm，壁厚大于或等于 1.5mm。

（5）弹头形捣棒：ϕ6mm×600mm。

（6）直尺、抹刀、小铲等。

12.4.2.3 试验准备

称量精度要求：砂石为 ±1%，水泥、水为 ±0.5%。配制用料与工程实际用料相符，同时满足技术标准。拌和时，环境温度宜处于 20℃ ±5℃。根据所设计的计算配合比，称量 15L 混凝土拌和物所需各材料用量。

12.4.2.4 试验步骤

（1）用湿布将拌板、拌铲等搅拌工具、坍落度筒擦净并润湿，置于适当的位置，按砂、水泥、石子、水的投放顺序，先将砂和水泥在拌板上干拌均匀（用铲在拌板一端均匀翻拌至另一端，再从另一端均匀翻拌回来，如此重复），再加石子干拌成均匀的干混合物。

（2）将干混合物堆成堆，其中间做一个凹槽，将已称量好的水倒入一半左右于凹槽内（不能让水流淌掉），仔细翻拌、铲切，并徐徐加入另一半剩余水，继续翻拌、铲切，直至拌和均匀。

从加水至搅拌均匀的时间控制参考值：拌和物体积在 30L 以下时为 4 ～ 5min；拌和物体积在 30 ～ 50L 时为 5 ～ 9min；拌和物体积在 50 ～ 70L 时为 9 ～ 12min。

（3）将润湿后的坍落度筒放在不吸水的刚性水平底板上，然后用脚踩住两边的脚踏板，使坍落度筒在装料时保持位置固定。

（4）将已拌匀的混凝土试样用小铲装入筒内，数量控制在经插捣后层厚为筒高的 1/3 左右。每层用捣棒插捣 25 次，插捣应沿螺旋方向由外向中心进行，各次插捣点在截面上均匀分布。插捣筒边混凝土时，捣棒可以稍稍倾斜；插捣底层时，捣棒应贯穿整个深度；插捣第二层和顶层时，捣棒应插透本层至下一层的表面以下。

插捣顶层前，应将混凝土灌满高出坍落度筒，如果插捣使拌和物沉落到低于筒口，应随时添加使之高于坍落度筒顶，插捣完毕，用捣棒将筒顶搓平，刮去多余的混凝土。

（5）清理筒周边的散落物，小心地垂直提起坍落度筒，特别注意平稳，不让混凝土试体受到碰撞或震动，筒体的提离过程应在 5 ～ 10s 内完成。从开始装料于筒内到提起坍落度筒的操作不得间断，并应在 150s 内完成。

将筒安放在拌和物试体一侧（注意整个操作基面要保持同一水平面），立即测量筒顶与坍落后拌和物试体最高点之间的高度差（以毫米表示），其即为该混凝土拌和物的坍落度值，如图 12-3 所示。

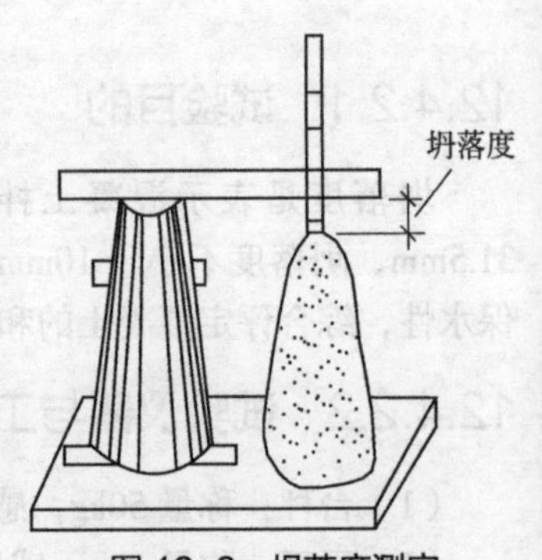

图 12-3 坍落度测定

（6）保水性目测。坍落度筒提起后，如有较多稀浆从底部析出，试体则因失浆使骨料外露，表示该混凝土拌和物保水性能不好。若无此现象，或仅有少量稀浆自底部析出，而锥体部分混凝土试体含浆饱满，则表示保水性良好，并做记录。

（7）黏聚性目测。用捣棒在已坍落的混凝土锥体一侧轻轻敲打，锥体渐渐下沉表示黏聚性良好；反之，锥体突然倒塌，部分崩裂或发生石子离析，表示黏聚性不好，并做记录。

（8）和易性调整。按计算备料的同时，还需要备好两份为调整坍落度所需的材料量，该数量应是计算试拌材料用量的5%或10%。

若测得的坍落度小于施工要求的坍落度值，可在保持水胶比（W/B）不变的同时，增加5%或10%的水泥、水的用量。若测得的坍落度大于施工要求坍落度值，可在保持砂率不变的同时，增加5%或10%（或更多）的砂、石用量。若黏聚性、保水性不好，则需要适当调整砂率，并尽快拌和均匀，重新测定，直到和易性符合要求为止。

注意事项如下。

a.若采用机械搅拌，应备用搅拌机（容量为75～100L，转速为18～22r/min），一次拌和量应不小于搅拌机额定搅拌量的1/4。使用前，先用同一配合比的少量水泥砂浆搅拌一次，倒出水泥砂浆，按石子、砂、水泥、水的投料顺序，倒入石子、砂和水泥在机内干拌1min，再徐徐倒入水搅拌约2min。

b.当坍落度筒提起后，若发现拌和物崩坍或一边剪切破坏，应立即重新拌和并重新试验测定，第二次试验又出现上述现象，则表示该混凝土拌和物的和易性不好，应予记录备查。

12.4.2.5 试验结果处理

（1）混凝土拌和物坍落度以毫米为单位，测量精确至1mm。

（2）混凝土拌和物的和易性评定，应按试验测定值和试验目测情况综合评议。其中坍落度至少要测定两次，并以两次测定值之差不大于20mm的测定值为依据，求算术平均值作为本次试验的测定结果。

（3）记录下调整前后拌和物的坍落度、保水性、黏聚性以及各材料实际用量，并以和易性符合要求后的各材料用量为依据，对混凝土配合比进行调整，求基准配合比。

12.4.3 混凝土立方体抗压强度试验

12.4.3.1 试验目的

本试验规定测定混凝土抗压极限强度的方法，以确定混凝土的强度等级，作为评定混凝土品质的主要指标。

12.4.3.2 试验仪器与工具

（1）压力试验机。精度（示值的相对误差）至少应为±1%，其量程应能使试件的预期破坏荷载不小于全量程的20%，也不大于全量程的80%。

（2）振动台。振动频率为50Hz±3Hz，空载振幅为0.5mm±0.1mm。

（3）试模。试模由铸铁或钢制成，应具有足够的刚度并拆装方便。试模内表面应进行机械加工，其不平度应为100mm（不超过0.05mm），组装后各相邻面不垂直度应不超过±0.50。

（4）捣棒、小铁铲、金属直尺、抹刀等。

12.4.3.3 试验准备

（1）试件的制作。立方体抗压强度试验以同时制作、同时养护、同一龄期的三个试件为一组进行，每组试件所用的混凝土拌和物应由同一次拌和成的拌和物中取出，取样后应立即制作试件。

试件尺寸按骨料最大粒径由表12-2选用。制作前应将试模涂上一层脱模剂。

表 12-2 不同骨料最大粒径选用的试件尺寸、插捣次数及抗压强度换算系数

试件尺寸 /mm	骨料最大粒径 /mm	每层的插捣次数 / 次	抗压强度换算系数
100×100×100	31.5	12	0.95
150×150×150	40	25	1.00
200×200×200	63	50	1.05

坍落度不大于 70mm 的混凝土宜用振动台振实。将拌和物一次装入试模，装料时应用抹刀沿试模内壁略加插捣并使混凝土拌和物高出试模上口。振动时应防止试模在振动台上自由跳动。振动至拌和物表面出现水泥浆为止，记录振动时间。振动结束时刮去多余的混凝土，并用抹刀抹平。

坍落度大于 70mm 的混凝土宜用捣棒人工捣实。将拌和物分两次装入试模，每次厚度大致相等。插捣时应按螺旋方向从边缘向中心均匀进行。插捣底层时，捣棒应达到试模底面，插捣上层时 / 捣棒应穿入下层深度 20 ～ 30mm。插捣时捣棒应保持垂直，不得倾斜。同时，用抹刀沿试模内壁略加插捣并使混凝土拌和物高出试模上口。每层的插捣次数应根据试件的截面而定，一般每 100cm^2 截面面积不应少于 12 次。插捣完毕后，刮去多余的混凝土，并用抹刀抹平。

（2）试件养护。采用标准养护的试件成型后，应用湿布覆盖表面，以防止水分蒸发，并应在温度为 20℃ ±5℃的情况下静置 24 ～ 48h，然后编号拆模。

拆模后的试件应立即放在温度为 20℃ ±2℃、湿度为 95% 以上的标准养护室中养护。在标准养护室内试件应放在架上，彼此间隔 10 ～ 20mm，并应避免用水直接冲淋试件。

无标准养护室时，混凝土试件可在温度为 20℃ ±2℃的不流动 $Ca(OH)_2$ 饱和溶液中养护。

同条件自然养护的试件成型后应覆盖表面。试件的拆模时间可与实际构件的拆模时间相同，拆模后，试件仍需保持同条件养护。

12.4.3.4 试验步骤

（1）试件从养护地点取出后应尽快进行试验，以免试件内部的温湿度发生显著变化。

（2）先将试件擦拭干净，再测量尺寸，并检查外观，试件尺寸测量精确至 1mm，并据此计算试件的承压面积。

（3）将试件安放在试验机的下压板上，试件的承压面应与成型时的顶面垂直。试件的中心应与试验机下压板中心对准。开动试验机，当上板与试件接近时，调整球座，使接触均衡。

（4）混凝土试件的试验应连续而均匀地加荷，混凝土强度等级低于C30时，其加荷速度为0.3～0.5MPa/s；若混凝土强度等级≥C30且小于C60，则为0.5～0.8MPa/s；当混凝土强度等级≥C60时，则为0.8～1.0MPa/s。当试件接近破坏而开始迅速变形时，停止调整试验机油门，直到试件破坏，并记录破坏荷载。

（5）试件受压完毕，应清除上下压板上黏附的杂物，继续进行下一次试验。

12.4.3.5 结果整理

（1）混凝土立方体试件抗压强度 f_{cu} 按式（12-10）计算，精确至 0.1MPa。

$$f_{cu}=\frac{F}{A} \tag{12-10}$$

式中 F——试件破坏荷载，N；

A——试件承压面积，mm^2。

（2）以三个试件测值的算术平均值作为该组试件的抗压强度值。如三个测值中的最大值或最小值中有一个与中间值的差值超过中间值的15%，则将最大值或最小值一并舍去，取中间值作为该组试件的抗压强度值。如最大值和最小值与中间值的差均超过中间值的15%，则该组试件的试验结果作废。

（3）混凝土立方体抗压强度以150mm×150mm×150mm的立方体试件作为抗压强度的标准值，其他尺寸试件的测定结果应乘以尺寸换算系数，200mm×200mm×200mm试供其换算系数为1.05；100mm×l00mm×100mm试件，其换算系数为0.95。

任务12.5

建筑砂浆性能试验

建议课时： 2学时

教学目标

知识目标：能识记建筑砂浆性能试验方法；
能识记建筑砂浆性能试验过程中的注意事项。

技能目标：能够使用已有建筑砂浆性能试验方法操作对建筑上常用的材料进行检验并得到科学的结果；
能够合理地选择恰当的建筑砂浆性能试验方法对建筑上常用的材料进行检验。

思政目标：理解建筑砂浆性能检验对建筑生产过程和人民生命财产安全的重要性；
培养严谨细致的科学态度和良好的团队协作精神；
培养沟通交流的能力及举一反三、触类旁通的能力。

12.5.1 砂浆稠度试验

12.5.1.1 试验目的

砂浆稠度试验是测定砂浆的流动性，用来确定配合比或施工过程中砂浆的稠度，以达到控制用水量的目的。砂浆的稠度与砂浆的用水量和外加剂等有关，砂浆稠度不同时，一定质量的试锥沉入砂浆的深度也不相同。本试验用试锥沉入砂浆的深度来表示砂浆的稠度。

12.5.1.2 试验仪器与工具

（1）砂浆稠度仪：由试锥、容器和支座三部分组成。

（2）钢制捣棒：直径为10mm，长度为350mm，端部磨圆。

（3）秒表。

12.5.1.3 试验步骤

（1）砂浆拌和物取样后，应及时试验，试验前应经人工进行翻拌，以保证其质量均匀。

（2）盛浆容器和试锥表面用湿布擦干净，并用少量润滑油轻擦滑杆后，将滑杆上多余的油用吸油纸吸净，使滑杆能自由滑动。

（3）将砂浆拌和物一次装入容器，使砂浆表面低于容器口10mm左右，用捣棒自容器中心向边缘插捣25次，然后轻轻地将容器摇动或敲击5～6下，使砂浆表面平整，随后将容器置于稠度测定仪的底座上。

（4）拧开试锥滑杆的制动螺栓，向下移动滑杆。当试锥尖端与砂浆表面刚接触时，拧紧制动螺栓，使齿条测杆下端刚接触滑杆上端，并将指针对准零点。

（5）拧开制动螺栓，同时计时，待10s立即固定螺栓，将齿条测杆下端接触滑杆上端，从刻度上读出下沉深度，即为砂浆的稠度值（精确至 1mm）。

（6）盛装容器内的砂浆，只允许测定一次稠度，重复测定时应重新取样测定。

12.5.1.4　操作注意事项

（1）拌和砂浆的时间要注意控制，拌和前工具要用水润湿。

（2）砂浆稠度仪圆锥体在圆锥筒未装砂浆前一定要固定好，防止圆锥体下落损坏尖头。

（3）圆锥形容器内的砂浆，只允许测定 1 次稠度，重复测定时应重新取样。

12.5.1.5　结果整理

（1）取两次试验结果的算术平均值作为稠度值，计算精确至 1mm。

（2）若两次试验值之差大于 10mm，则应另取砂浆搅拌后重新测定。

12.5.2　砂浆的保水性试验

12.5.2.1　试验目的与适用范围

砂浆保水性试验主要是测定新品种砂浆的保水性能，以掌握砂浆保水性试验的方法，了解对新品种砂浆保水性的意义及评定方法。本方法适用于测定大部分预拌砂浆的保水性能。

12.5.2.2　试验仪器与工具

（1）金属或硬塑料环试模：内径为 100mm，内部高度应为 25mm。

（2）可密封的取样容器：应清洁、干燥。

（3）2kg 的重物。

（4）金属滤网：网格尺寸为 0.045mm，圆形直径为 110mm±1mm。

（5）超白滤纸：应采用《化学分析滤纸》（GB/T 1914—2017）规定的中速定性滤纸，直径应为 110mm，单位面积质量为 200g/m^2。

（6）两片金属或玻璃的方形或圆形不透水片，边长或直径应大于 110mm。

（7）天平：量程为 200g，感量为 0.1g；量程为 2000g，感量为 1g。

（8）烘箱。

12.5.2.3　试验步骤

（1）称量底部不透水片与干燥试模质量 m_1 和 15 片中速定性滤纸质量 m_2。

（2）砂浆拌和物一次装入试模，并用抹刀插捣数次，当装入的砂浆略高于试模边缘时，用抹刀以 45° 一次性将试模表面多余的砂浆刮去，然后用抹刀以较平的角度在试模表面反方向将砂浆刮平。

（3）抹掉试模边的砂浆，称量试模、底部不透水片与砂浆总质量 m_3。

（4）用金属滤网覆盖在砂浆表面，再在滤网表面放上 15 片滤纸，用上部不透水片盖在滤纸表面，以 2kg 重物将上部不透水片压住。

（5）静置 2min 后移走重物及上部不透水片，取出滤纸（不包括滤网），迅速称量滤纸质量 m_4。

（6）按照砂浆的配合比及加水量计算砂浆的含水率。当无法计算时，可测定砂浆含水率。

12.5.2.4 操作注意事项

（1）取两次试验结果的算术平均值作为砂浆的含水率，精确至 0.1%。

（2）若两个测定值之差超过 2%，则此组试验结果应为无效。

12.5.2.5 砂浆保水率计算

砂浆保水率 W 按式（12-11）计算。

$$W=\left[1-\frac{m_4-m_2}{\alpha(m_3-m_1)}\right]\times100\% \tag{12-11}$$

式中 W——砂浆保水率，%；

m_1——底部不透水片与干燥试模质量，g，精确至 1g；

m_2——15 片滤纸吸水前的质量，g，精确至 0.1g；

m_3——试模、底部不透水片与砂浆总质量，g，精确至 1g；

m_4——15 片滤纸吸水后的质量，g，精确至 1g；

α——砂浆含水率，%。

12.5.2.6 测定砂浆含水率

测定砂浆含水率时，应称取 100g±10g 砂浆拌和物试样，置于一个干燥并已称重的盘中，在 105℃ ±5℃的烘箱中烘至恒重。砂浆含水率按式（12-12）计算。

$$\alpha=\frac{m_6-m_5}{m_6}\times100\% \tag{12-12}$$

式中 α——砂浆含水率，%；

m_5——烘干后砂浆样本的质量，g，精确至 1g；

m_6——砂浆样本的总质量，g，精确至 1g。

任务12.6

钢筋的力学性能试验

建议课时： 1学时

教学目标

知识目标：能识记钢筋的力学性能试验方法；
能识记钢筋的力学性能试验过程中的注意事项。

技能目标：能够使用已有钢筋的力学性能试验方法操作对建筑上常用的材料进行检验并得到科学的结果；
能够合理地选择恰当的钢筋的力学性能试验方法对建筑上常用的材料进行检验。

思政目标：理解钢筋的力学性能检验对建筑生产过程和人民生命财产安全的重要性；
培养严谨细致的科学态度和良好的团队协作精神；
培养沟通交流的能力及举一反三、触类旁通的能力。

钢筋的拉伸性能试验如下。

12.6.1 试验目的

测定低碳钢的屈服强度、抗拉强度和伸长率三个指标，作为评定钢筋强度等级的主要技术依据；掌握金属材料拉伸试验和钢筋强度等级的评定方法。

12.6.2 试验仪器与工具

（1）万能试验机。

（2）钢板尺、游标卡尺、千分尺、两脚爪规等。

12.6.3 试件要求

拉伸试件的长度为L，如图12-4所示，分别按下式计算后裁取。

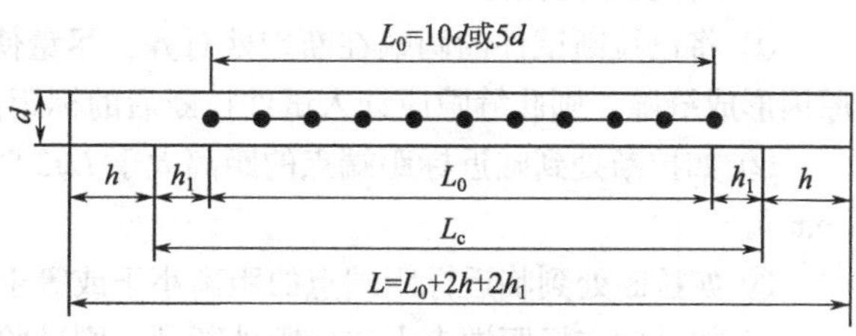

图12-4 钢筋拉伸试件

$$L=L_0+2h+2h_1 \quad (12\text{-}13)$$

式中 L——拉伸试件的长度，mm；

L_0——拉伸试件的标距长度，mm；

h——夹具长度，mm；

h_1——预留长度，mm，h_1=（0.5～1）α；

d——钢筋的公称直径，mm。

对于光圆钢筋一般要求夹具之间的最小自由长度不小于350mm。对于带肋钢筋，夹具之间的最小自由长度一般要求：$d \leqslant 25$mm时，不小于350mm；25mm $< d \leqslant 32$mm时，不小于400mm；32mm $< d \leqslant 50$mm时，不小于500mm。

12.6.4 试验步骤

（1）抗拉试验用钢筋试件不得进行车削加工，可以用两个或一系列等分小冲点或细划线标出原始标距（标记不应影响试样断裂），测量标距长度L_0（精确至0.1mm）。

（2）试件原始尺寸的测定

① 测量标距长度L_0，精确至0.1mm。

② 圆形试件横断面直径应在标距的两端及中间处两个相互垂直的方向上各测一次，取其算术平均值，选用三处测得的横截面面积中最小值，横截面面积按下式计算。

$$A_0 = \frac{1}{4}\pi d_0^2 \tag{12-14}$$

式中 A_0——试件的横截面面积，mm²；

d_0——圆形试件原始横断面直径，mm。

12.6.5 试验步骤

（1）屈服强度与抗拉强度的测定

① 调整试验机测力度盘的指针，使其对准零点，并拨动副指针，使其与主指针重叠。

② 将试件固定在试验机夹头内，开动试验机进行拉伸。拉伸速度为：屈服前，应力增加速度每秒钟为10MPa；屈服后，试验机活动夹头在荷载下的移动速度为不大于$0.5L_c$/min（不经车削试件$L_c=L_0+2h_1$）。

③ 拉伸中，测力度盘的指针停止转动时的恒定荷载，或不计初始瞬时效应时的最小荷载，即为所求的屈服点荷载P_s。

④ 向试件连续施荷直至拉断，由测力度盘读出最大荷载，即为所求的抗拉极限荷载P_b。

（2）伸长率的测定

① 将已拉断试件的两端在断裂处对齐，尽量使其轴线位于一条直线上。如拉断处由于各种原因形成缝隙，则此缝隙应计入试件拉断后的标距部分长度内。

② 如拉断处到临近标距端点的距离大于$L_0/3$时，可用卡尺直接量出已被拉长的标距长度L_1（mm）。

③ 如拉断处到临近标距端点的距离小于或等于$L_0/3$时，可按移位法计算标距L_1（mm）。

④ 如试件在标距端点上或标距处断裂，则试验结果无效，应重新试验。

12.6.6 试验结果处理

（1）屈服强度按式（12-15）计算。

$$\sigma_s = \frac{P_s}{A_0} \tag{12-15}$$

式中 σ_s——屈服强度，MPa;

P_s——屈服时的荷载，N；

A_0——试件原横截面面积，mm^2。

（2）抗拉强度按式（12-16）计算。

$$\sigma_b = \frac{P_b}{A_0} \tag{12-16}$$

式中 σ_b——屈服强度，MPa;

P_b——屈服时的荷载，N；

A_0——试件原横截面面积，mm^2。

（3）伸长率按式（12-17）计算（精确至1%）。

$$\delta_{10}(\delta_5) = \frac{L_1 - L_0}{L_0} \times 100\% \tag{12-17}$$

式中 $\delta_{10}(\delta_5)$——$L_0=10d_0$或$L_0=5d_0$时的伸长率，%;

L_0——原始标距长度，$L_0=10d_0$或$5d_0$，mm；

L_1——试件拉断后直接量出或按移位法确定的标距部分长度，mm，测量精确至0.1mm。

（4）当试验结果有一项不合格时，应另取双倍数量的试样重做试验；如仍有不合格项目，则该批钢材判为拉伸性能不合格。

参考文献

[1] 刘炯宇. 建筑工程材料[M]. 重庆：重庆大学出版社，2015.

[2] 王欣. 建筑材料[M]. 北京：北京理工大学出版社，2019.

[3] 孙武斌，张晨霞. 建筑材料[M]. 上海：上海交通大学出版社，2020.

[4] 李清江，姜勇，于全发. 建筑材料[M]. 北京：北京理工大学出版社，2018.

[5] 苏建斌. 建筑材料[M]. 北京：中国建筑工业出版社，2019.

[6] 苑芳友. 建筑材料[M]. 北京：北京理工大学出版社，2016.

[7] 王春阳. 建筑材料[M]. 北京：高等教育出版社，2013.

[8] 王秀花. 建筑材料[M]. 北京：机械工业出版社，2019.

[9] 卢经扬，余素萍. 建筑材料[M]. 北京：清华大学出版社，2011.

[10] 程沙沙. 建筑材料[M]. 北京：中国建筑工业出版社，2019.

[11] 中华人民共和国住房和城乡建设部. 普通混凝土配合比设计规程（JGJ 55—2011）[S]. 北京：中国建筑工业出版社，2011.

[12] 曹红红，曹然. 山西广武明代长城青砖的分析检测[J]. 古建园林技术，2014（04）：60-61.

[13] 刘建伟. 装饰装修工程施工[M]. 北京：化学工业出版社，2011.

[14] 刘力. 室内装饰材料及应用[M]. 北京：中国建筑工业出版社，2011.

[15] 裴刚. 建筑装饰材料[M]. 北京：中国建筑工业出版社，2011.

[16] 段先湖. 建筑装饰装修材料手册[M]. 北京：化学工业出版社，2011.